海洋观测业务培训教材

魏泉苗　主编

海洋出版社

2015年·北京

图书在版编目(CIP)数据

海洋观测业务培训教材 / 魏泉苗主编. —北京：
海洋出版社，2015.6
　ISBN 978-7-5027-9182-7

　Ⅰ.①海… Ⅱ.①魏… Ⅲ.①海洋监测－技术培训－
教材 Ⅳ.①P715

　　中国版本图书馆CIP数据核字(2015)第134757号

责任编辑：苏　勤　杨传霞
责任印制：赵麟苏

海洋出版社 出版发行
http://www.oceanpress.com.cn
北京市海淀区大慧寺路 8 号　　邮编：100081
北京画中画印刷有限公司印刷　　新华书店经销
2015年6月第 1 版　2015 年6月北京第 1 次印刷
开本：889mm×1194mm　1／16　印张：18.5
字数：403千字　　定价：90.00 元
发行部：010-62132549　邮购部：010-68038093　总编室：010-62114335
海洋版图书印、装错误可随时退换

海洋观测是人类认识海洋、利用海洋、保护海洋的基本手段；海洋观测数据更是海洋开发与管理、海洋工程建设、海洋生态文明建设、海洋防灾减灾、海洋权益和军事斗争的重要依据，其质量的优劣将直接关系到各类涉海行业工作开展的有效性和及时性。

我国《海洋观测预报管理条例》的颁布，对海洋观测活动的质量保证体系建设、数据获取和传输、观测场地的环境要求与保护等提出了明确的要求。国家海洋局印发的《海洋站（点）观测业务运行管理规定》更是对海洋观测业务化运行进行了具体规定，其中第七章第三十一条要求："建立观测人员持证上岗制度，新进人员岗前和跟班学习时间不少于3个月，经海区分局考核合格，取得资格证书后方可从事相应的专业技术工作。"

海洋观测领域不仅有一线观测人员，更包括数据传输和通信、质量控制与审核、业务管理与监督等相关方面的人员。为了提高东海区海洋观测岗位培训的效果，使大家更好地掌握相关海洋专业基础知识、提高海洋观测实践操作技能，领会和执行海洋观测业务管理规定，国家海洋局东海分局邀请了国家海洋技术中心相关专家、分局系统海洋观测预报的一线技术人员和管理人员编写了《海洋观测业务培训教材》。

《海洋观测业务培训教材》共分为四部分：第一部分 气象学和海洋学基础知识，由国家海洋局东海预报中心姚圣康高工编写；第二部分 海滨观测及观测业务管理，由国家海洋局南通中心站胡志晖高工编写；第三部分 海洋观测系统及其运行维护，由国家海洋技术中心近海室冯林强研究员、徐俊臣研究员、王强高工、张翼飞高工编写；第四部分 数据通信及常见故障分析，由国家海洋局东海预报中心王丽琳高工编写。

在教材编写过程中，得到了国家海洋局预报减灾司、国家海洋技术中心的关心和支持。由于本教材涉及的内容较多、选取的知识点难易程度不易把握，特别是近年来海洋观测仪器、数据通信方式和综合业务能力有了较快的更新和提升，很多内容不能收列其中，加之编写时间仓促，且各部分编写自成一体、缺乏很好的连贯性，难免存在不足和错误，敬请批评指正。

魏泉苗
2014年10月

第一部分　气象学和海洋学基础知识

第二部分 海滨观测及观测业务管理

第三部分　海洋观测系统及其运行维护

第四部分　数据通信及常见故障分析

第一部分　气象学和海洋学基础知识

北礵海洋站

第一章　气象学基础知识

第一节　大气概况

一、大气的组成

　　围绕地球表面的空气层称为大气，它由各种气体和微粒混合组成的，通常包括干洁空气、水汽和尘埃。

　　干洁空气是指大气中除去水汽、液体和固体微粒以外的整个混合气体，简称干空气。它的主要成分是氮、氧、氩、二氧化碳等，其容积含量占全部干洁空气的 99% 以上，其余还有少量的氢、氖、氦、氙、臭氧等。水汽在大气中含量很少，它主要集中在低层，99% 的水汽集中在 12 km 以下；大气中的水汽来源于水面、潮湿物体表面、植物叶面的蒸发。水汽含量变化是天气变化的主要原因，我们平时观测到的云、雾、雨、雪、霜、露等都是水汽的各种形态。水汽的蒸发和凝结又能吸收和放出潜热，这都直接影响到地面和空气的温度，影响到大气的运动和变化。

　　尘埃是指来源于火山爆发、尘沙飞扬、物质燃烧的颗粒、流星燃烧所产生的细小微粒和海水飞溅扬入大气后而被蒸发的盐粒等，它们多集中于大气的底层，尘埃影响大气的能见度，同时又充当水汽凝结的核心，加速大气中成云致雨的过程。

二、大气的垂直结构

　　大气的垂直结构可以按物理性质、化学成分及电离状态进行分类。

（一）按物理性质分类

　　按其成分、温度、密度在垂直方向上的变化，可以把大气层自下而上分为对流层、平流层、中间层、暖层和散逸层 5 层。

　　对流层是大气的最下层。在低纬度其高度平均为 17 ~ 18 km，在中纬度平均为 10 ~ 12 km；在高纬度仅 8 ~ 9 km。就季节而言，对流层高度夏季大于冬季。对流层的主要特征如下：

（1）气温随高度的增加而递减，平均每升高 100 m，气温大约降低 0.65℃。

（2）空气有强烈的对流运动。

（3）天气复杂多变。对流层集中了 75% 大气质量和 90% 的水汽，强烈的对流运动产生水相变化，形成云、雨、雪等天气现象。

平流层在对流层的顶部，直到高于海平面 17 ～ 55 km 的这一层。其主要特征如下：

（1）温度随高度增加由等温分布变逆温分布。平流层的下层随高度增加气温变化很小。大约在 20 km 以上，气温随高度增加而显著升高，出现逆温层。

（2）垂直气流较弱。平流层中空气以水平运动为主，空气垂直混合明显减弱，整个平流层比较平稳。

（3）水汽、尘埃含量极少，所以平流层天气晴朗，大气透明度较好。

中间层在平流层之上，到高于海平面 55 ～ 85 km 高空的一层。

从 80 ～ 500 km 的高空，称为暖（热）层，又叫电离层。

暖层顶以上的大气统称为散逸层，又叫外层。

（二）按化学成分分类

如按大气的化学成分来划分，可将大气层分为均质层和非均质层。在 90 km 高度以下，组成大气的各种成分相对比例不随高度而变化的一层叫均质层；在 90 km 高度以上，组成大气的各种成分的相对比例，是随高度的升高而发生变化的混合层叫非均质层。

（三）按电离状态分类

如按大气电离的状态来划分，可将大气层分为非电离层和电离层。在海平面以上 60 km 以内没有被电离的处于中性状态的一层叫非电离层。在 60 km 以上至 1 000 km 的这一层，大气在太阳紫外线的照射下，开始电离，形成大量的正、负离子和自由电子，这一层叫电离层。

第二节　基本气象要素

表征大气状态的物理量或物理现象，统称为气象要素，常用的气象要素有风、气压、气温、湿度、云、能见度、降水等。

一、风

风是空气的流动现象。地面气象观测中测量的是空气相对于地面的水平运动，用风向和风速表示。

风向是指风来的方向。用 16 方位表示，每相邻方位的角度差为 22.5°。以 0° 表示正北，90° 表示正东，180° 表示正南，270° 表示正西（表 1-1）。

风速是单位时间内空气移动的水平距离。常用单位有 m/s 和 km/h。

表1-1 风向方位与度数对照表

方位	记录符号	中心角度 (°)	角度范围 (°)
北	N	0.0	348.76～11.25
北东北	NNE	22.5	11.26～33.75
东北	NE	45.0	33.76～56.25
东东北	ENE	67.5	56.26～78.75
东	E	90.0	78.76～101.25
东东南	ESE	112.5	101.26～123.75
东南	SE	135.0	123.76～146.25
南东南	SSE	157.5	146.26～168.75
南	S	180.0	168.76～191.25
南西南	SSW	202.5	191.26～213.75
西南	SW	225.0	213.76～236.25
西西南	WSW	247.5	236.26～258.75
西	W	270.0	258.76～281.25
西西北	WNW	292.5	281.26～303.25
西北	NW	315.0	303.76～326.25
北西北	NNW	337.5	316.26～348.75

（一）风力

（1）表示风的强度，气象上用蒲福风级表示（表 1-2）。

（2）风在建筑物或其他物体上的作用力，常用压强或总压力 P 表示。

$$P = 0.0625v^2 \tag{1-1}$$

式中，P 为风压，单位为 kg/m^2；v 为风速。根据公式可以推算得到 11 级风的风压大约是每平方米 50 kg，强台风的风压每平方米可达到 150 kg 左右。

表1-2 蒲福风力等级

风力级数	名称	海面状况		海岸船只征象	陆地地面征象	相当于空旷平地上标准高度10 m处风速	
		一般(m)	最高(m)			m/s	km/h
0	静稳	—	—	静	静，烟直上	0~0.2	小于1
1	软风	0.1	0.1	渔船略觉摇动	烟能表示方向，树叶略有摇动	0.3~1.5	1~5
2	轻风	0.2	0.3	渔船张帆时，每小时可随风移动2~3 km	人的脸感觉有风，树叶微响	1.6~3.3	6~11
3	微风	0.6	1.0	渔船渐觉簸动，每小时随风移动5~6 km	树叶和很细的树枝摇动不息，旌旗张开	3.4~5.4	12~19
4	和风	1.0	1.5	渔船满帆时，船身向一侧倾斜	能吹起地面上的灰尘和纸张，小树枝摇动	5.5~7.9	20~28
5	清劲风	2.0	2.5	渔船缩帆（即收去帆的一部分）	带叶的小树摇摆，内陆的水面有小波	8.0~10.7	29~38
6	强风	3.0	4.0	渔船加倍缩帆，捕鱼须注意风险	大树枝摇动，电线呼呼有声，举伞困难	10.8~13.8	39~49
7	疾风	4.0	5.5	渔船停息港中，在海面上的渔船应下锚	全树摇动，迎风步行感觉不便	13.9~17.1	50~61
8	大风	5.5	7.5	进港的渔船都停留在港内不出来	折毁小树枝，迎风步行感到阻力很大	17.2~20.7	62~74
9	烈风	7.0	10.0	汽船航行困难	烟囱顶部和平瓦移动，小房子被破坏	20.8~24.4	75~88
10	狂风	9.0	12.5	汽船航行很危险	陆上少见，能把树木拔起或把建筑物摧毁	24.5~28.4	89~102
11	暴风	11.5	16.0	汽船遇之极危险	陆上很少见，有则必有严重灾害	28.5~32.6	103~117
12	飓风	14.0	—	海浪滔天	陆上绝少见，摧毁力极大	32.7~36.9	118~133
13						37.0~41.4	134~149
14						41.5~46.1	150~166
15						46.2~50.9	167~183
16						51.0~56.0	184~201
17						56.1~61.2	202~220

（二）观测预报常用风速

（1）瞬时风速：空气微团的瞬时水平移动速度，自动气象站中，瞬时风速是指3 s的平均风速。

（2）平均风速：在给定时段内风速的平均值。常用的平均风速有1 min、2 min、10 min平均风速。

（3）最大风速：在给定的时间段内10 min的平均风速的最大值。常用的最大风速有1 h、6 h、日、月及年最大风速。

（4）极大风速：在给定的时间段，瞬时风速的最大值。常用的极大风速有日、月、年最大风速。

（三）观测预报常用风向

（1）平均风向：在给定时段内风向的平均值。

（2）最多风向：在给定的时间段，出现频率最多的风向。

（四）常用风速之间的比值

常用风速之间的比值见表1–3。

表1–3　常用风速之间的比值

时距	瞬时与 1 min	瞬时与 2 min	瞬时与10 min		2 min与 10 min
			陆上	海上	
比值	1.156	1.21	1.50	1.277	1.103

（五）风速风向观测仪器

风速仪主要有电接风向风速计、自动测风仪、轻便风向风速表。按传感器类型分为风杯式、旋翼式、超声式测风传感器。

二、气压

（一）气压的定义及单位

气压指大气的压强，即从观测点到大气上界单位面积上垂直空气柱的重量。

气象学上气压的测量单位是hPa（百帕）和mmHg（毫米水银柱高）。

1 hPa等于1 cm^2面积上受到10^{-2}N压力时的压强值，1 hPa=10^{-2}（N/cm^2）

mmHg 和 hPa 之间的换算关系为：

$$1\text{hPa} = \frac{3}{4}\text{mmHg}；\quad 1\text{mmHg} = \frac{4}{3}\text{hPa} \tag{1-2}$$

1 个标准大气压：在气温为 0 ℃、纬度 45°的海平面的标准下，760 mmHg 大气压 = 1 013.25 hPa 海平面气压。即 1 个标准大气压 = 760 mmHg = 1 013.25 hPa。

（二）观测预报常用气压

（1）本站气压：测站气压表的气压。

（2）最高气压：一定时间段内本站气压的最高值。

（3）最低气压：一定时间段内本站气压的最低值。

（4）海平面气压：由本站气压换算得出的海平面高度上的气压值，绘制地面天气图时必须将本站气压换算为海平面气压。

（三）气压测量仪器

测量气压仪器主要有空盒气压表（无液）、水银气压表。

空盒气压表又称固体金属气压表，是一种轻便的测定大气压力的仪器。空盒气压表不如水银气压表精确，一般台站只作参考仪器，多用于野外观测。

三、气温

（一）温度定义

大气的温度叫气温，它是表示大气冷热程度的物理量。空气冷热的程度，实质上是空气分子平均动能的表现。当空气获得热量时，其分子运动的平均速度增大，平均动能增加，气温也就升高。反之当空气失去热量时，其分子运动平均速度减小，平均动能随之减少，气温也就降低。

常用的温度单位是摄氏度（℃）和绝对温度（K）。它以大气压为 1 013.3 hPa 时纯水的冰点为零摄氏度（0℃），沸点为 100 摄氏度（100℃），其间 100 等份，其中的每 1 份即为 1℃。绝对温标，以 K 表示。绝对温标中 1 度的间隔与摄氏度相同，其零度称为绝对零度，规定等于摄氏 –273.15℃。因此水的冰点为 273.15 K，沸点为 373.15 K。两温标之间的换算关系如下：

$$T = t + 273.15 \approx t + 273 \tag{1-3}$$

（二）观测预报常用的温度

观察预报常用的温度有：定时气温，日最高气温，日最低气温。

（三）温度测量仪器

（1）玻璃温度计：用于测量最高气温、最低气温及干湿球温度的温度计。

（2）金属温度计：自动记录气温连续变化的温度计。

（3）金属电阻温度表：标准温度表，稳定性较好，适用于遥测平均气温。

（4）热敏电阻温度表：灵敏度高于金属电阻温度表，但稳定性稍差，广泛应用于高空遥测气温。

（5）温差电偶温度表：热电偶温度表可用于遥测，在日射仪器和小气候观测中被广泛应用。

四、湿度

（一）湿度的定义和表示方法

大气中水汽含量或潮湿程度的物理量叫湿度，它是决定大气中云、降水、雾等天气现象的重要因素。大气中水汽发生相变的物理过程直接影响着天气变化和天气系统的发展。湿度通常以水汽压、绝对湿度、相对湿度、比湿、露点温度等物理量表示。

1. 水汽压和饱和水汽压

大气中由水汽所产生的压力称水汽压，用 e 表示。

在温度一定的情况下，单位体积空气中的水汽含量有一定限度，如果水汽含量达到此限度，空气就呈饱和状态，这时的空气，称饱和空气。饱和空气的水汽压（用 E 表示）称饱和水汽压，也叫最大水汽压。超过这个限度，水汽就要开始凝结。

2. 绝对湿度

绝对湿度指单位空气中含有的水汽质量，即空气中的水汽密度，用 a 表示，其单位为 g/m^3。绝对湿度不能直接测得，需要通过干湿球温度、毛发湿度表间接测得。若取 e 的单位为 hPa，绝对湿度的单位取 g/m^3，则两者的关系为：

$$a = 217\frac{e}{T}\ (g/m^3) \tag{1-4}$$

3. 相对湿度

相对湿度（f）是空气中的实际水汽压与同温度下的饱和水汽压的比值（用 % 表示），即：

$$f = \frac{e}{E} \times 100\% \hspace{4cm} (1\text{-}5)$$

相对湿度接近 100% 时，表示当时空气接近饱和。当水汽压不变时，气温升高，饱和水汽压增大，相对湿度会减小。

在实际观测中，相对湿度不能直接测量得到，需要通过干球和湿球温度观测值计算得到。

4. 露点温度

在空气中水汽含量不变，气压一定的条件下，使空气冷却达到饱和时温度，称露点温度，用 T_d 表示。其单位与气温相同。在气压一定时，露点的高低只与空气中的水汽含量有关。

上述各种表示湿度的物理量中，水汽压、绝对湿度、露点表示空气中水汽含量的多少；而相对湿度则表示空气距离饱和的程度。

（二）大气中水汽的分布

1. 垂直分布

大气中的水汽主要来源于下垫面的蒸发，并借助于垂直上升气流和乱流向上输送到中、上层大气中。因此，绝对湿度随高度的增加而迅速减小。在 1.5 ~ 2 km 高度处约为地面的 1/2，到 5 km 高度处，已减少到地面的 1/10 左右。

2. 水平分布

下垫面的性质不同，蒸发情况有差异。通常海面蒸发量多于陆地，森林多于沙漠。蒸发面相同时，蒸发量的大小与气温密切相关。因此，绝对湿度的水平分布是不均匀的，在赤道地区最大，水汽压 e 的平均值约为 25 hPa，中纬地区约为 10 hPa，两极地区最小，约为 2.5 hPa。

五、降水

降水是指从天空降落到地面的液态或固态水，包括雨、毛毛雨、雪、雨夹雪、霰、冰粒和冰雹等。降水量是表征某地干湿状态的重要的要素，指降水落到地面（固态降水则需经过融化后），未经蒸发、渗透、流失而在水平面上积聚的深度，降水量以 mm 为单位。

雨量计是测量一段时间内某地区的降水量的仪器，常用的雨量计有虹吸式雨量计、称重式雨量计、翻斗式雨量计等。

六、能见度

能见度指视力正常的人在当时天气条件下，能够从天空背景中看到和辨出目标物的最大水平距离，单位用 m 或 km 表示。常用的能见度有以下几种。

（一）白天气象能见度

视力正常的人，在当时天气条件下，能够从天空背景中看到和辨出目标物的最大水平距离。

（二）有效水平能见度

在人工观测气象能见度中，1/2 以上视野范围都能达到的最大水平距离。

（三）海面有效能见度

测站所能见到的海面 1/2 以上视野范围内的最大水平距离。

（四）海面最小能见度

测站四周各方向海面能见度不一致时所能看到的最小水平距离。

常用的能见度测量仪器有透射型能见度测量仪、散射型能见度测量仪以及能见度自动测量系统。

第三节　大气的温度

一、影响大气温度的因子

大气的温度是基本的气象要素，在地球上不同地区的气温差别很大，低纬度地区较热，高纬度地区较冷；同一地区不同季节的气温变化也较大，夏季炎热，冬季寒冷；就是一天中气温有时变化也很大。影响大气温度高低变化的原因是太阳辐射。

二、温度的日变化

在稳定的天气系统控制下，一天内气温会出现周期性的日变化。这种变化离地面越近越明显。气温日变化主要是由太阳辐射、地面吸收太阳与空气的辐射热量、空气吸收与反射太阳与地面的热量三者之间的平衡关系引起的。

在晴朗的天气系统下，陆地上最高气温一般出现在 14 时前后，海洋上最高气温一般出现在中午 12 时 30 分前后；最低气温一般在日出前后。一天中气温最高值与最低值之差称为气温日较差。气温日较差的大小与纬度、季节、下垫面性质、天气状况、海拔高度及地形等有关。日较差低纬度大，随着纬度的增高而减小，热带地区平均为 12℃，温带地区平均为 8 ～ 9℃，极地附近只有 2℃；日较差夏季大冬季小，这种随季节的变化在中纬地区最明显；陆地上日较差比海洋上大得多，陆上常在 10 ~ 15℃，沙漠最大，海洋上日较差只有 1 ~ 2℃，大洋上则更小；晴天的日较差比阴天大；海拔高度越高，气温日较差越小，在 2 ~ 3 km 高度上，其值可小于 1℃。

三、气温的年变化

一年之内，月平均气温有一个最高值和一个最低值。大陆上最高值一般出现在 7 月，最低值出现在 1 月；海洋上比大陆推迟一个月，分别为 8 月和 2 月。气温年较差的大小也随纬度、下垫面性质和海拔高度等变化。年较差赤道附近最小，两极最大；同纬度相比，气温年较差海洋上小，陆地上大，从沿海向内陆逐渐增大；海拔高度越高，气温年较差越小。

四、海平面平均气温的分布

气温的分布通常用等温线表示，图 1-1、图 1-2 是全球 1 月和 7 月平均海平面气温的地理分布，从图中我们可以看到海平面气温的主要特征。

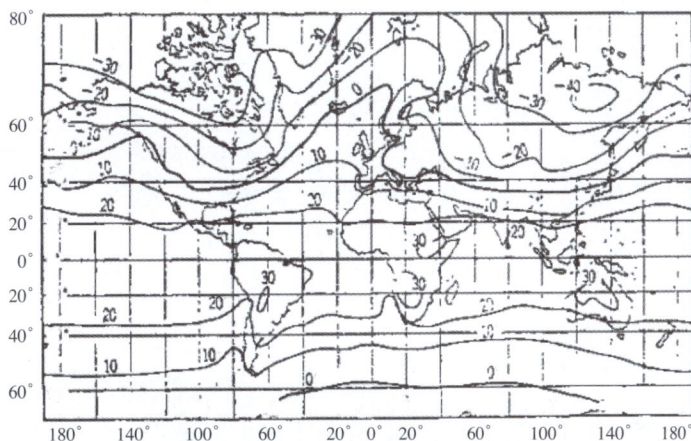

图1-1　全球1月平均海平面气温（℃）

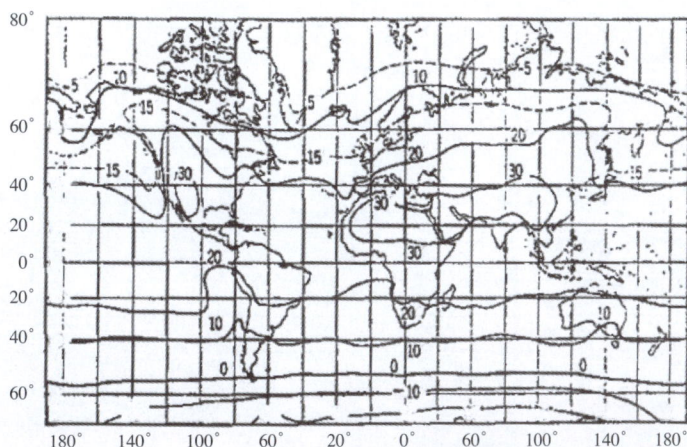

图1-2　全球7月平均海平面气温（℃）

（1）赤道地区气温高，向两极逐渐降低，表明太阳辐射增暖地面对气温的影响主要是由纬度决定的。

（2）冬季等温线在大陆上凹向赤道，海洋上凸向极地；夏季则相反。表明冬季大陆为冷源，海洋为热源；夏季则相反。这一事实表明气温的分布还要受海陆分布、地表不均匀及洋流的影响。

第四节　大气的压力

大气的压力就是大气的压强，简称气压。气压的分布与变化都与大气的运动及天气的变化有着密切的关系。

一、气压随高度的变化

气压随高度的升高而减小。在近地面层，高度每升高 10 m，气压的降低值大约为 1.3 hPa；在 0 ~ 1 000 m 的低层大气中，每上升 100 m，气压大约降低 12 hPa 左右；在 2 ~ 3 km 的高度，每上升 100 m，气压约下降 10 hPa（表 1-4）。

表1-4　气压随高度的变化

高度（km）	0 海平面	1.5	3	5.5	9	12	16	20	24	31	36	48
气压（hPa）	1 000	850	700	500	300	200	100	50	30	10	5	1

二、气压日变化

在稳定的天气系统下，一日中气压值一般有两个高值与低值。最高值出现在 9—10 时，次高值出现在 21—22 时；最低值出现在 15—16 时，次低值出现在 3—4 时（图 1-3）。

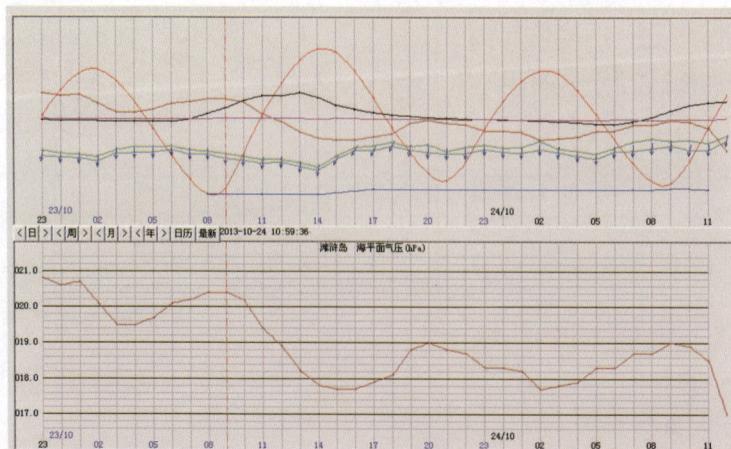

图1-3　2013年10月23日滩浒岛气压日变化曲线

引起大气压日变化的原因主要有 3 个：一是大气的运动；二是大气温度的变化；三是大气湿度的变化。

三、气压年变化

气压的年变化有三种类型，即大陆型、海洋型及高山型。

大陆型的气压年变化特征是最高值出现在冬季，最低值出现在夏季。海洋型的气压年变化特征和大陆型相反，最高值出现在夏季，最低值出现在冬季，而且气压的年较差比大陆型小。高山型的气压年变化特征是最高值出现在夏季，最低值出现在冬季，与海洋型相类似，但二者的成因不同。

第五节　空气的水平运动

空气的水平运动就是通常所指的风。空气实际上时刻都处于三维运动状态，气象学上只把空气相对于地面的水平运动称为风。大气中各种天气现象和天气变化都与大气的运动有关，而所有的大气运动都遵守质量守恒、动量守恒、能量守恒等基本物理定律。

影响大气运动的作用力可以分成基本力（或称牛顿力）及视示力（外观力）二类。真实作用于大气的力称为基本力（牛顿力），基本力主要有气压梯度力、地心引力、摩擦力等。由于坐标系随地球一起旋转所呈现出的力称为视示力（外观力），视示力主要有地转偏向力（科里奥利力）和惯性离心力等。

各个作用力对空气运动的影响是不一样的。一般而言，气压梯度力是使空气产生运动的直接动力，是最基本的力。而摩擦力、惯性离心力、地转偏向力是在空气开始运动后才开始起作用的，而且所起的作用视具体情况而有不同。地转偏向力对高纬度地区或大尺度的空气运动影响较大，而对低纬度地区特别是赤道附近的空气运动影响甚小。惯性离心力是在空气曲线运动时起作用，而在空气运动近于直线时，可以忽略不计。摩擦力在摩擦层中起作用，而在自由大气中的空气运动可不予考虑。地转偏向力、惯性离心力和摩擦力虽然不能使空气由静止状态转变为运动状态，但却能影响空气运动的方向和速度。气压梯度力和重力既可改变空气运动状态，又可使空气有静止状态转变为运动状态。

第六节 大气环流

一、大气环流的概念

大气环流是指具有全球性的、大范围的大气运行现象,既包括平均状态,也包括瞬时现象。其水平尺度在数千千米以上,垂直尺度在 10 km 以上,时间尺度在数天以上,见图 1-4。

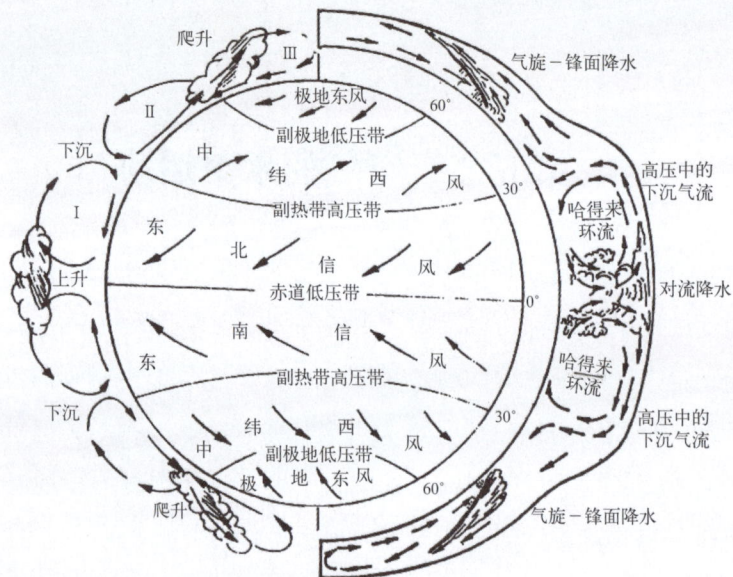

图1-4　大气环流图

二、大气环流形成原因

形成大气环流的原因主要有 4 个:一是太阳辐射,这是地球上大气运动能量的来源,由于地球的自转和公转,地球表面接受太阳辐射能量是不均匀的,热带地区多,而极区少,从而形成大气的热力环流;二是地球自转,在地球表面运动的大气都会受地转偏向力作用而发生偏转;三是地球表面海陆分布不均匀;四是大气内部南北之间热量、动量的相互交换。

三、大气环流主要方式

(一)纬向环流

纬向气流是大气环流的最基本的状态,它是以极地为中心并绕其旋转的大气运动,在低纬度地区盛行东风,称为东风带(也称为信风带);中高纬度地区盛行西风,称为西风带(也称西风急流);极地还有浅薄的弱东风,称为极地东风带。

（二）经向环流

经向环流主要指大气在经圈平面内所发生的大规模的对流性环流；通常经圈环流存在 3 个圈：低纬度是正环流（气流在赤道上升，高空向北，中低纬下沉，低空向南），又称为哈得来环流；中纬度是反环流（中低纬气流下沉，低空向北，中高纬上升，高空向南），又称为费雷尔环流；极地是弱的正环流（极地下沉，低空向南，高纬上升，高空向北）。

四、季风环流

（一）季风概述

季风是大范围盛行的、风向随季节变化显著的风系，它是由冬夏季海洋和陆地温度差异所致。在夏季由海洋吹向大陆，在冬季由大陆吹向海洋，它是大气环流的一个组成部分。世界上季风明显的地区主要有南亚、东亚、非洲中部、北美东南部、南美巴西东部以及澳大利亚北部，其中以印度季风和东亚季风最著名。有季风的地区都可出现雨季和旱季等季风气候。夏季时，吹向大陆的风将湿润的海洋空气输进内陆，往往在那里被迫上升成云致雨，形成雨季；冬季时，风自大陆吹向海洋，空气干燥，伴以下沉，天气晴好，形成旱季。

（二）我国的季风环流

我国主要受东亚季风和南亚季风的影响。冬季风（图 1-5）主要来自亚欧大陆北方严寒的西伯利亚和蒙古一带，冬季风风力较强，气流寒冷干燥，影响我国北方大部分地区，是我国冬季南北温差大的主要原因之一。风向在华北为西北风，在黄河以南为东北风。强烈发展时，带来寒潮天气，气温急剧下降。当冬季风到达流经海上时，气团产生变性，会造成雨雪天气。

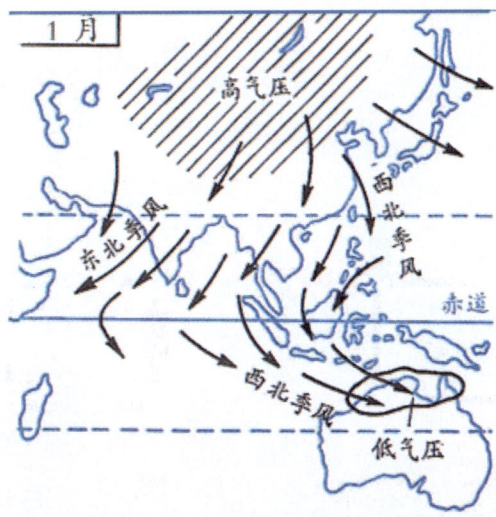

图 1-5　东亚冬季风

影响我国的夏季风（图1-6）来源于3支气流：一是印度夏季风；二是流过东南亚和南海的跨赤道西南气流；三是来自西北太平洋副热带高压西侧的东南季风，有时会转为南或西南气流。

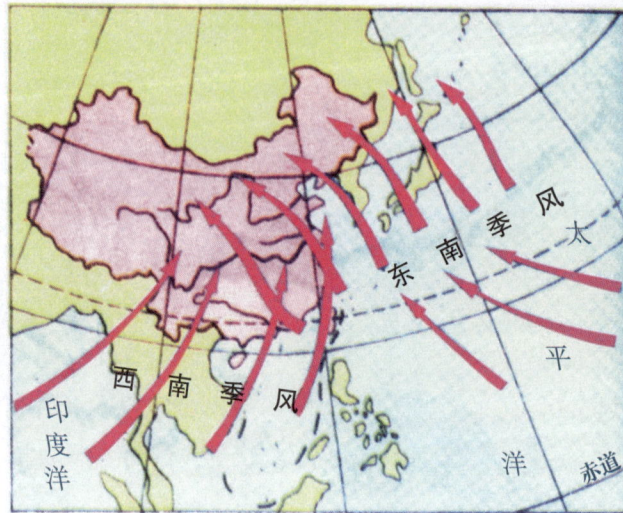

图1-6　东亚夏季风

（三）海陆风

因海洋和陆地受热不均匀而在海岸附近形成的一种有日变化的风系。在基本气流微弱时，白天风从海上吹向陆地，夜晚风从陆地吹向海洋。前者称为海风，后者称为陆风，合称为海陆风（图1-7）。

海陆风的水平范围可达几十千米，铅直高度达 1～2 km，周期为一昼夜。白天，地表受太阳辐射而增温，由于陆地土壤热容量比海水热容量小得多，陆地升温比海洋快得多，因此陆地上的气温显著地比附近海洋上的气温高。

陆地上空气柱因受热膨胀，在水平气压梯度力的作用下，上空的空气从陆地流向海洋，然后下沉至低空，又由海面流向陆地，再度上升，遂形成低层海风和铅直剖面上的海风环流。

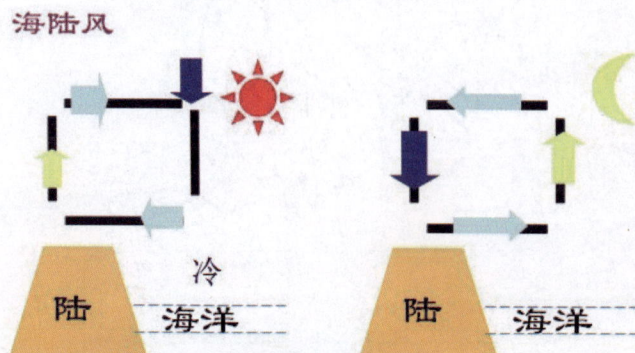

图1-7　海风环流示意图

　　海风从每天上午开始直到傍晚，风力以下午为最强。日落以后，陆地降温比海洋快；到了夜间，海上气温高于陆地，就出现与白天相反的热力环流而形成低层陆风和铅直剖面上的陆风环流。海陆的温差，白天大于夜晚，所以海风较陆风强。

第二章　天气分析

第一节　气团与锋

一、气团和锋的概念

（一）气团的概念

气团是指水平方向上温度、湿度、稳定度比较均匀的大范围的空气团，它的水平尺度可达几千里，垂直范围可达几千米到几十千米。我国境内活动的气团，多是从其他地区移来的变性气团。冬季主要是变性极地大陆气团，夏季主要是变性热带海洋气团。在气团的移动过程中，使得所经过地区变冷的气团叫冷气团；使得所经过地区变暖的气团叫暖气团。

冬半年主要受西伯利亚和蒙古东移而来的极地大陆气团影响。这种气团的地面流场特征是很强的冷性反气旋，前锋处多阴雨天气。

夏半年西伯利亚气团活动范围在我国长城以北和西北地区，它与南方热带海洋气团交绥，是构成我国盛夏南北方区域性降水的主要原因。

春季，西伯利亚气团和热带海洋气团两者势力相当，互有进退，因此是锋系及气旋活动最盛的时期。

秋季，变性的西伯利亚气团占主要地位，热带海洋气团退居东南海上，我国东部地区在单一的气团控制下，出现全年最宜人的秋高气爽的天气。

（二）锋的概念

两个不同性质的冷暖气团之间的过渡区域叫锋区。它有如下特征：① 在水平梯度上的温差较大；② 在垂直方向上，冷气团在下，暖气团在上；③ 随着高度的上升向冷区倾斜。

锋区的水平宽度在近地面约为几十千米，在空中约为几百千米（图2-1）。

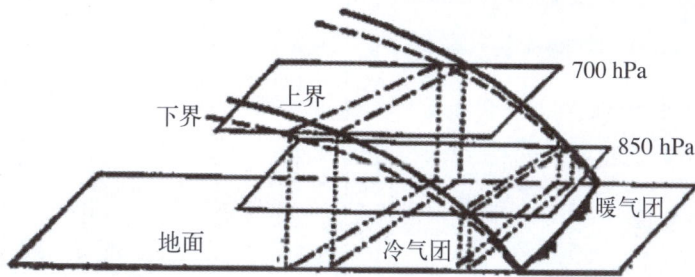

图2-1 锋面的空间结构

在空中可把它看作为空间的一个面，称为锋面，锋面与地面的交线称为锋线，锋线一般处于低压槽中，是气流的复合线。

锋主要分为冷锋、暖锋、准静止锋和锢囚锋4种。冷气团推动暖气团移动的叫冷锋，我国各地一年四季大多数活动的锋都是冷锋；暖气团推动冷气团移动的叫暖锋，暖锋一般活动在我国东北及长江流域；冷暖气团势均力敌，较少移动的锋叫准静止锋，一般发生在我国天山、云贵高原、华东及华南地区；锢囚锋是3种不同性质的气团所形成的锋，较少发生。

二、锋面天气

锋面天气主要是指锋面附近的能见度、风和降水，它们是随季节、时间和地点的不同而变化的。

（一）冷锋锋面天气

冷锋是冷气团推动暖气团向前移动而出现的锋。如果移动路径主体为南北方向时，一般在锋前出现西南风，锋后出现西北风；如果移动路径主体为东西方向时，一般在锋前出现偏西或西北风，锋后出现偏北或东北风。

当冷锋移动速度较慢时，在锋后一般会出现连续降水天气。

当冷锋移动速度较快时，暖气团被抬升的速度较快，产生强烈的上升运动，这种冷锋在夏季锋线附近产生强烈的雷暴和阵雨降水天气，特点是降雨时间较短；如果在冬季，这种冷锋在锋前一般会出现连续性降水天气，但是当暖气团比较干燥时，没有降水，只会出现大风及风沙天气，俗称干冷锋（图2-2）。

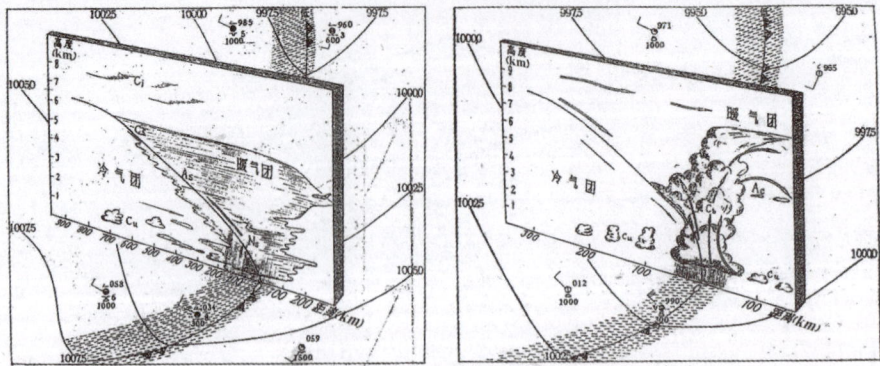

图2-2 冷锋锋面天气

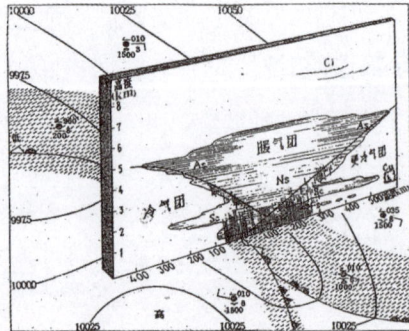

（二）暖锋锋面天气

暖锋是暖气团推动冷气团向前移动而出现的锋，锋前出现东南风，锋后出现西南大风。

暖锋在空中的坡度较小，上升运动一般比较缓慢，在锋前会出现连续性降水区域，降水宽度约 300 ～ 400 km，锋面附近能见度较差，形成锋面雾。夏季的暖锋由于暖气团中水汽含量较少，一般不出现降雨天气，能见度也较佳（图 2-3）。

（三）准静止锋及锢囚锋天气

准静止锋及锢囚锋附近的风场比较复杂，主要与地面锋线走向有关，在锋线附近风场作逆时针旋转。

我国的准静止锋一般是由冷锋演变而来的，主要出现在华南地区，其特点是移动缓慢或来回摆动，一般会出现长时间的连续降水天气。

锢囚锋（图 2-4）是由原来的两个锋面合并而成的，其天气主要保留了原有的冷锋或暖锋的天气特征。锢囚锋主要出现在我国的东北和华北地区。

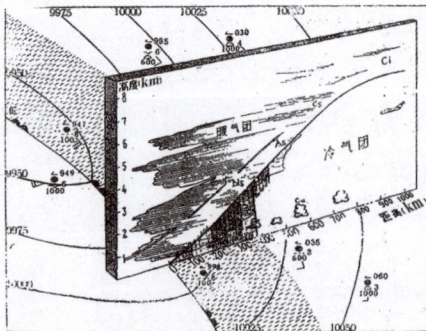

图2-3 暖锋锋面天气　　　图2-4 锢囚锋锋面天气

第二节　气旋（低压）与反气旋（高压）

一、气旋和反气旋的概念

（一）气旋和反气旋的定义

气旋是中心气压比四周低的水平涡旋，在北半球气旋区域内空气作逆时针方向流动，又称低压。气旋的垂直气流是上升的，多阴雨天气。

反气旋是中心气压比四周高的水平涡旋，在北半球反气旋区域内空气作顺时针方向流动，又称高压。反气旋的垂直气流是下沉的，多晴好天气。

从气压场的特征而言，称高压和低压；从流场的特征上称气旋和反气旋。

（二）气旋和反气旋的强度

气旋和反气旋的强度用最大风速及中心气压值来表示。最大风速大的表示气旋和反气旋强，最大风速小的表示气旋和反气旋弱。

中心气压值越高，反气旋的势力越强。地面反气旋中心气压值，一般为 1 010 ~ 1 030 hPa，最强的反气旋中心气压值可达 1 080 hPa。中心气压值越低，气旋越强；地面气旋的中心气压值一般在 980 ~ 1 010 hPa 之间，强的气旋中心气压值可低于 920 hPa。当气旋的中心气压值随时间降低时，称气旋发展或加深；当气旋中心气压值随时间升高时，则称气旋减弱或填塞。

（三）气旋的分类

按地理位置气旋可分为温带气旋、热带气旋；反气旋分为温带反气旋、副热带反气旋及极地反气旋。

根据气旋的热力结构，可分为锋面气旋和无锋面气旋。锋面气旋是温带最常见的气旋，无锋面气旋包括热带气旋和热带低压等。反气旋分为冷性反气旋和暖性反气旋。活动于中高纬度大陆近地面层的反气旋属冷性反气旋，由冷空气组成，习惯上称为冷高压。出现在副热带地区的副热带高压属暖性反气旋。

二、锋面气旋

（一）锋面气旋概述

锋面气旋即温带气旋是活跃在温带中纬度地区的一种气旋，它是一种冷心系统，其出现伴随着锋面，尺度一般较热带气旋大。

温带气旋随高空偏西气流向东移动，前部为暖锋，后部为冷锋。温带气旋从生成，发展到消亡整个生命史一般为 2 ～ 6 d。同一锋面上有时会接连形成 2 ～ 5 个温带气旋，自西向东依次移动前进，称为"气旋族"。锋面气旋中心气流是上升的，一般会产生较坏的天气，特别是发展强盛的锋面气旋，可以出现强烈的降水、雷暴、大风、风沙等恶劣天气。锋面气旋的发展过程可分为初生、发展和消亡三个阶段。一般情况下气旋移到海洋上会增强。这是由于海面上的摩擦力较陆地小的原因。我国气旋活动主要在春秋季。影响东海的温带气旋每年平均约 50 个，有强冷空气相配合的气旋危害最大，在 3 个小时内就可以形成 3 m 以上的海浪。由于不如台风浪强，容易被人忽视，因此更具有潜在的危险性（图 2-5）。

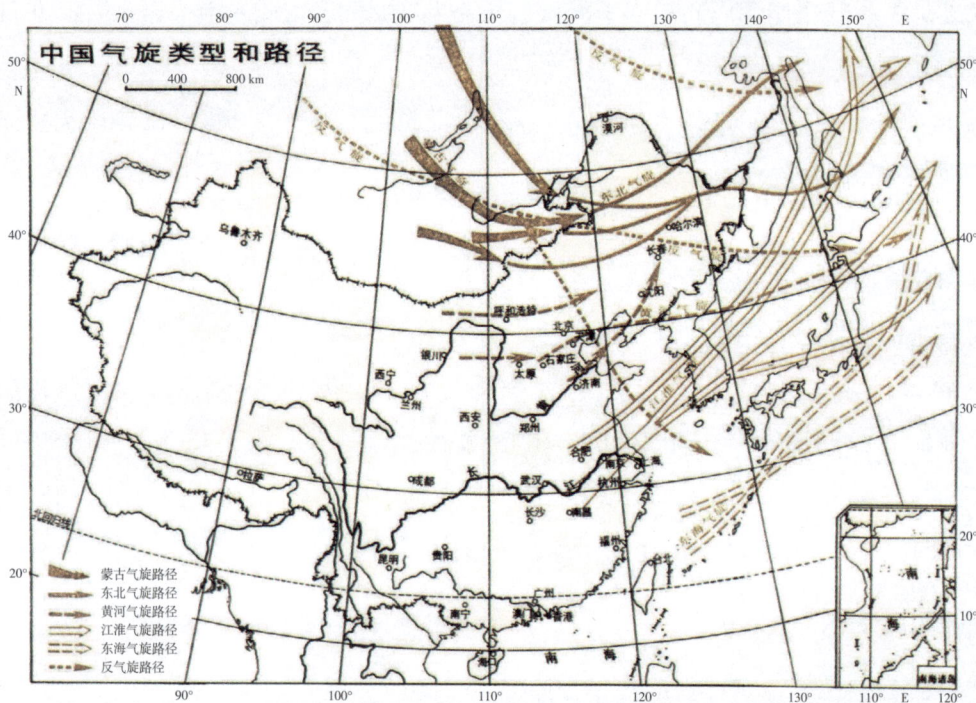

图2-5 影响我国的常见气旋路径示意图

（二）锋面气旋的产生原因及源地

锋面气旋的产生主要有三种情况：第一种是先有锋面，尔后在锋面上产生气旋；第二种是先有气旋，然后在气旋内产生锋面，或者是气旋和锋面同时生成；第三种是冷锋移入热低压或热倒槽中而形成的锋面气旋。

东亚地区的气旋主要发生在两个区域：一是从我国长江中下游到日本南部海上，习惯上称为"南方气旋"，如江淮气旋和东海气旋等；二是从蒙古中部到我国东北大兴安岭东侧，习惯上称为"北方气旋"，如蒙古气旋、东北气旋、黄河气旋、黄海气旋等。

锋面气旋的移动速度平均为 30 ～ 40 km/h。慢的为 15 km/h 左右。一般在气旋的初生阶段移动速度快，消亡阶段移动速度慢。

（三）影响我国的几种常见气旋

1. 蒙古气旋

蒙古气旋（图2-6）一年四季均可出现，但以春秋季为最多。蒙古气旋活动时，其后部总是伴有冷空气的侵袭，所以蒙古气旋发生区域一般会出现降温、风沙、吹雪、霜冻等天气现象。

2. 江淮气旋

江淮气旋（图2-6）一年四季皆可形成，但以春季和初夏较多。其发生原因主要有静止锋上的波动及地面倒槽锋形成的气旋。

江淮气旋是造成江淮地区暴雨的重要天气系统。强的江淮气旋往往伴有较强的大风，暖锋前有偏东大风，暖区有偏南大风，冷锋后有偏北大风。

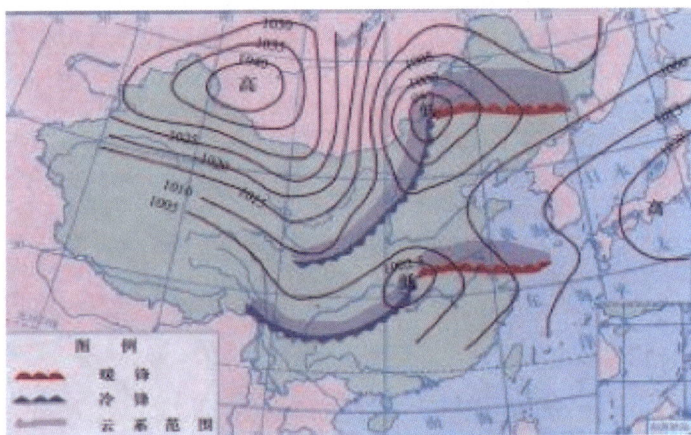

图2-6　蒙古气旋与江淮气旋

3. 黄河气旋

黄河气旋介于蒙古气旋和江淮气旋之间，形成于黄河流域，一年四季均可出现，以夏季最多，黄河气旋往往会带来较大降雨，是影响华北和东北地区的重要天气系统。

三、反气旋（高压）

（一）概述

影响我国的反气旋主要分为温带反气旋和副热带反气旋（也称副热带高压）。温带反气旋属于冷性反气旋（也称冷高压），冬半年冷性反气旋可影响到华南沿海。夏季偏北，一般活动在40°N以北地区。

（二）移动路径和速度

进入我国的温带反气旋，大多是从亚洲北部、西北部或西部移来的，只有少数是在蒙古

西部形成的。它们进入我国的路径可归纳为以下 4 条。

（1）从亚洲大陆西北方移来，经西伯利亚、蒙古，然后进入我国。

（2）从亚洲大陆北方移来，由东北向西南移动，经西伯利亚西部、蒙古，进入我国，有的经西伯利亚东部进入我国东北地区。

（3）从亚洲大陆西方移来，在 50°N 以南，多由西向东移动，有的直接侵入我国新疆地区；有的则折向东北移动，经蒙古进入我国。

（4）起源于蒙古，直接南下进入我国。

反气旋的移动路径，随季节、过程、强度的不同而有所差异。一般来说，冬半年以第 1、第 2、第 4 条为主，夏半年以第 3 条为主。

（三）发展过程

温带反气旋的发展过程和温带气旋一样主要分为以下三个阶段。

（1）初生阶段：反气旋的初生阶段，在地面上是一个高压脊，处于气旋后部的冷气团中，其南缘才是通过气旋的锋带。

（2）发展阶段：地面反气旋不断发展，已出现较多的闭合等压线。反气旋环流加强，范围扩大，当其继续发展到最盛时，就逐渐形成为一个深厚系统，闭合的等高线不仅在低空出现，同时也在 500 hPa 以上的等压面出现。

（3）消亡阶段：由于反气旋环流的增强，因此摩擦辐散以及下沉运动都比前一阶段大大加强，促使反气旋走向消亡。反气旋的消亡也是先从地面开始的。当地面反气旋完全消失以后，在空中仍能维持一个时期，以后才逐步消失。

（四）寒潮天气系统

寒潮天气系统一般是冷高压系统，多数属于热力不对称的系统，高压的前部有强冷平流，后部则为暖平流，中心区温度平流接近于零，它是热力和动力共同作用形成的结果，但也有少数过程高压始终是冷性的。

寒潮的前缘都有一条强度较强的冷锋作为寒潮的前锋，冷锋随高度向冷空气一侧倾斜，在高空等压面上有明显的冷槽。寒潮的移动路径与冷锋后的高空气流分量有关。这种气流常称为引导气流，引导气流的强弱取决于高空槽和该槽后的脊。一般槽后的脊发展，槽加深，锋后气流经向度加大，有利于寒潮冷锋南下。

1. 影响我国冷空气的源地

（1）新地岛（75°N，60°E）以西的洋面上，冷空气经巴伦支海、前苏联欧洲地区进入我国。次数最多，达寒潮强度最高。

（2）新地岛以东的洋面上，冷空气经喀拉海、太梅尔半岛、俄罗斯进入我国。它出现的次数虽少，但是气温低，可达到寒潮强度。

（3）在冰岛（70°N，20°W）以南的洋面上，冷空气经俄罗斯欧洲南部或地中海、黑海、里海进入我国。它出现的次数较多，但是温度不是很低，一般达不到寒潮强度，但如果与其他源地的冷空气汇合后也可以达到寒潮强度。

寒潮强度一般可以从地面图上冷高压的中心值的高低和冷高压的范围来判断。

2. 冷空气路径

影响我国冷空气的路径（图2-7）主要有以下4条。

（1）西北路(中路)：冷空气从西伯利亚中部经蒙古到达我国河套附近南下，直达长江中下游及江南地区。此条路径下来的冷空气，在长江以北地区所产生的寒潮天气以偏北大风和降温为主，到江南以后，则伴有雨雪天气。

（2）东路冷空气：从西伯利亚中部经蒙古到达华北北部，在冷空气主力继续东移的同时，低空的冷空气折向西南，经渤海侵入华北，再从黄河下游向南可达两湖盆地。此条路径下来的冷空气，常使渤海、黄海、黄河下游及长江下游出现东北大风，华北、华东出现回流，气温较低，并有连阴雨雪天气。

（3）西路冷空气：从西伯利亚中部经新疆、青海、西藏高原东南侧南下，对我国西北、西南及江南各地区影响较大，但降温幅度不大，不过当南支锋区波动与北支锋区波动同位相而叠加时，亦可以造成明显的降温。

（4）东路加西路：东路冷空气从河套下游南下，西路冷空气从青海东南下，两股冷空气常在黄土高原东侧，黄河、长江之间汇合，汇合时造成大范围的雨雪天气，接着两股冷空气合并南下，出现大风和明显降温天气。

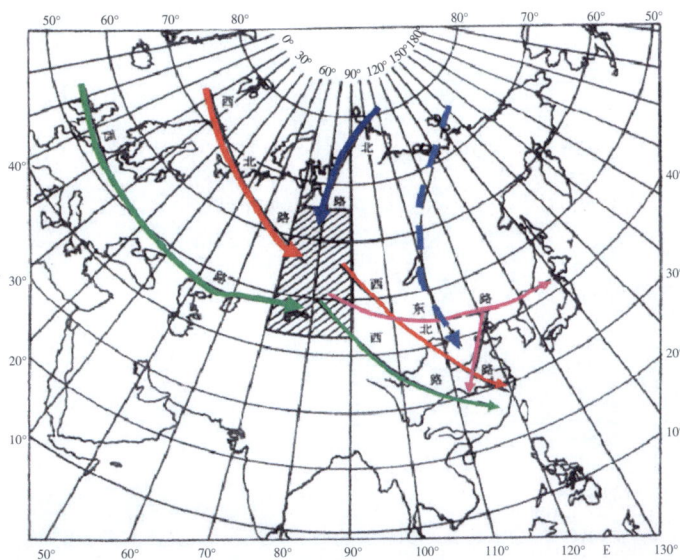

图2-7 冷空气影响我国的路径示意图

3. 中央气象台寒潮发布标准

影响我国的冷空气强度每次都不同，强冷空气会引发较大灾害，为了起到预警作用，中央台制定了寒潮发布标准。同时各个省市为了防灾减灾的需要制定了各自地区的寒潮发布标准。

在24 h内气温剧降10℃以上，同时最低气温降至5℃以下。长江中下游及以北地区48 h内降温10℃以上，长江中下游（春季为江淮地区）最低气温降至4℃或以下，陆上有3个大区伴有5～7级大风，渤海、黄海、东海先后有6～8级大风，称为寒潮。

如果上述区域48 h内降温达14℃以上，其余条件同上，则称为强寒潮。未达到以上标准者，则称为一般冷空气或较强冷空气。

四、副热带高压

（一）概述

副热带高压也称副热带反气旋或副高。存在于南北半球副热带地区（20°—35°），副热带高压主要位于海洋上，它是大型、持久的暖性深厚系统，是控制热带、副热带地区的主要天气系统。出现在西北太平洋上的副热带高压，是影响热带气旋的最主要的天气系统，其西端的脊有时伸到我国沿海，夏季可伸入我国大陆，冬季在南海上空还形成独立的南海高压，对我国及东亚的天气起到直接和重大影响。

（二）副热带高压的天气分布

副热带高压的中心一般为下沉气流区，特别是脊线附近下沉气流盛行，多晴朗少云天气，风力微弱，天气炎热。副高的北侧或西北侧与盛行西风带相邻，气旋和锋面活动频繁，上升运动较强，而西南气流中水汽丰沛，所以在副高北侧经常会形成大范围的雨带，雨带通常位于副高脊线之北5～8个纬距处。副高南侧为东风气流（信风），当无气旋性环流时，一般天气晴好，但当有东风波、热带气旋等系统活动时，则会出现雷暴、大风、暴雨等恶劣天气。副高的东部因吹偏北向的冷气流，且大洋东部存在着冷的涌升流，所以下层数百米高度内成为相对的冷空气层，大气层结稳定，大洋上有时会出现低的层云和雾；长期受其控制的一些陆地，因久旱无雨而变成沙漠。副高西部的天气与东部差异很大，在副高西部是偏南暖气流，又是位于暖海流上空，低层大气层结不稳定，多伴有雷阵雨和大风。

（三）副热带高压的活动规律

西太平洋副高的强度、位置、范围的变化有季节性和非季节性特征。常以500 hPa图上副高脊线或 588 位势什米等高线的位置来表示。西太平洋副高多呈东西向扁长形状，除在盛夏偶有南北狭长的形状外，一般脊线都呈西南西—东北东走向。

1. 季节性变化

副高的强度、位置、范围有明显的季节变化。冬季，副高强度弱，范围小，退居海上和低纬地区；夏季则势力增强，范围扩大，控制了副热带地区的海洋和大陆。从春到夏，副高不断北进，入秋以后又南退。

副高一年中北进与南退过程并不是匀速进行的，而表现为稳定少变、缓慢移动和跳跃3种形式。一般北进持续时间较久，速度较缓慢，南退经历的时间短，速度快，见图2-8。

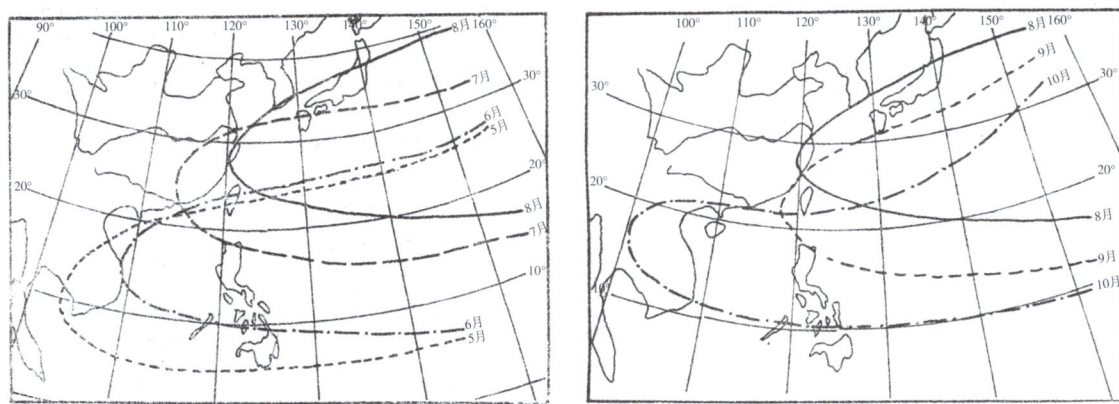

图2-8 副高（588位势什米线）5—8月位置及8—10月位置

2. 非季节性变化

西太平洋副高在随季节作南、北移动的同时，受西风槽脊影响，还有较短时期的活动，即北进中可能有短暂的南退，南退中可能出现短暂的北进，且北进常伴有西伸，南退常伴有东缩。

（四）副高活动对中国沿海天气的影响

1. 副高季节性位移的影响

副高季节性位移不仅与东亚不同纬度的季风进退有直接联系，而且影响我国东部雨带的活动。当副高脊线位于20°N以南时，雨带位于华南（27.5°N以南地区），称为华南雨季（3—6月）。2—4月，副高脊线由18°N以南的南海北部缓慢北进，则3—4月华南雨量缓慢增长；5月上中旬至6月上旬，副高脊线位于18°—20°N，华南沿海雨量陡增，6月上旬达到最大。这段时间一般称为华南前汛期。在6月中旬前后，副高脊线北跃过20°N，并稳定在20°—25°N时，雨带北移至长江中下游和日本一带，华南降水迅速减少，标志着华南前汛期结束、长江中下游梅雨期（江淮梅雨季节）开始。梅雨期平均为20 d。7月中旬前后，副高脊线第二次北跳，越过 25°N，稳定在 25°—30°N，雨带北移到黄淮流域，称为黄淮雨季；长江中下游雨量迅速减少，梅雨结束，开始被西太平洋副高所控制，天气炎热少雨，若副高强大，控制时间长，会造成严重干旱现象。此时，华南又开始多受热带气旋的影响，进入第二个雨量集中时期，称为华南后汛期。从 7 月底到 8 月初，高压脊线进一步向北越过 30°N，雨带移至华北、东北地区，华北雨季开始，黄淮地区进入酷暑盛夏。9 月副高开始南撤，雨带亦随之南撤。当副高脊线撤回 25°N 以南后，长江流域转入秋雨季节。当脊线回到 20°N 以南时，华南又多阴雨。

当副高的南北季节性移动出现异常时，往往会造成一些地区干旱，而另一些地区洪涝的反常天气。

春末夏初，当西太平洋副高脊显著加强时，若我国东部沿海地区有低压（槽）发展，构成"东高西低"的形势，脊西部常可出现偏南大风。此外，当副高西伸脊边缘控制我国沿海时，其西侧的偏南气流将低纬暖湿空气输送到沿岸冷流水域，常形成大范围的平流雾或平流低云。

副高对西北太平洋热带气旋移动路径的影响将在热带气旋一章中讨论。

2. 副高短期活动的影响

西太平洋副高脊的短期东西进退对沿海天气也有很大的影响。副高脊西伸时，西部地区往往为低压和槽控制，水汽较多，在高压脊西部气旋式风切变地区会产生热雷暴；随着脊的进一步西伸，下沉气流逐渐加强，受其控制的地区则出现晴热少云天气。当副高脊东缩时，西部常伴有低槽东移，上升运动发展，若大气潮湿不稳定，常形成大范围的雷阵雨天气。

第三节　热带气旋

一、热带气旋概念

热带气旋是生成于热带或副热带洋面上，具有有组织的对流、确定的气旋性环流和暖心结构的强烈性涡旋，总是伴有狂风暴雨，常给影响地区造成严重灾害。我国和东亚地区将这种强热带气旋称为台风；大西洋地区称为飓风；印度洋地区称为热带风暴。

世界各国一般按照热带气旋中心附近的最大限度风速对热带气旋进行分类。从 1989 年开始，我国采用世界气象组织规定的统一标准，即按照气旋中心附近最大平均风力将热带气旋分为热带低压、热带风暴、强热带风暴、台风、强台风和超强台风。

西北太平洋全年都有热带气旋活动，其中 7—10 月是盛行季节（我国称为台风季节），期间发生数占全年的 68%，并以 8 月最多；1—3 月最少，仅占 4%。热带气旋按中心附近地面最大风速划分为 6 个等级，如表 2-1 所示。

表2-1　热带气旋等级划分

热带气旋等级	底层中心附近 最大平均风速（m/s）	底层中心附近 最大风力（级）
热带低压（TD）	10.8～17.1	6～7
热带风暴（TS）	17.2～24.4	8～9
强热带风暴（STS）	24.5～32.6	10～11
台风（TY）	32.7～41.4	12～13
强台风（STY）	41.5～50.9	14～15
超强台风（SuperTY）	≥51.0	16或以上

二、热带气旋的源地

西北太平洋台风的源地分为3个相对集中区：一是菲律宾以东洋面；二是关岛附近洋面；三是南海中部。

三、热带气旋的形成条件

热带气旋的发生、发展必须满足以下4个条件。

（1）热力条件：热带气旋发生的必要条件是要有足够大的海面或洋面，同时海面水温必须在26～27℃以上。这是扰动形成暖心结构的基础。

（2）初始扰动：热带气旋发生的另一个必要条件是有一个起动机制，这个起动机制就是低层的初始扰动。初始扰动场的来源就是赤道辐合带涡旋、东风波、中纬度切断冷涡、热带高空冷涡等。

（3）一定的地转偏向力：它能使辐合气流逐渐形成为强大的逆时针旋转的水平涡旋。

（4）对流层风速垂直切变要小：如果对流层中风速的垂直切变很小，则对流层上下的空气相对运动很小，而由凝结释放的潜热始终加热一个有限范围内的同一气柱，因而可以很快地形成暖中心结构，保证了初始扰动的气压不断迅速降低，最后形成热带气旋。

四、热带气旋的天气结构

热带气旋内低空风场的水平结构可以分为以下3个部分（图2-9）。

（1）大风区，亦称台风外圈，从台风外圈向内到最大风速区外缘，其直径一般为400～600 km，有的可达8～10个纬距，外围风力可达15 m/s，向内风速急增。

（2）旋涡区，亦称台风中圈，是围绕台风眼分布着的一条最大风速带，宽度平均为10～20 km。它与环绕台风眼的云墙重合。台风中最强烈的对流、降水都出现在这个区域里，

是台风破坏力最猛烈、最集中的区域。一般在台风前进方向的右前方风力最大。

（3）眼区，亦称台风内圈。在此圈内，风速迅速减小或静风。其直径一般为 10～60 km，大多呈圆形，也有呈椭圆形的，大小和形状常多变。在海洋上台风眼区内气压较低，海平面下凹明显，波浪较小。

热带气旋的垂直结构可以分为低空流入层、中层、流出层 3 层，见图 2-9。

（1）流入层，指从地面大约到 3 km 以下的对流层下层，特别是在 1 km 以下的行星边界层内，有显著向中心辐合的气流。

（2）中层，指从 3 km 到 7～8 km 的层，这里气流主要是切向的，而径向分量很小。

（3）流出层，指从中层以上到台风顶部的对流层高层，这层内气流主要是向外辐射。成熟的热带气旋最大流出层在 12 km 附近。

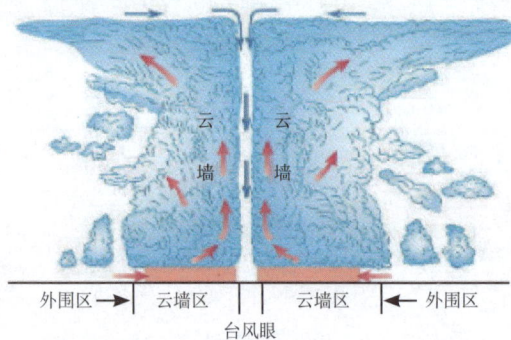

图2-9 台风的垂直结构

五、热带气旋的移动

西北太平洋热带气旋的移动路径，主要受太平洋副热带高压和西风带槽脊的位置及其强度变化影响。影响我国的台风典型路径主要有 3 种：西行路径、西北路径及转向路径，见图 2-10。

（1）西行路径：热带气旋经过菲律宾或巴林塘海峡、巴士海峡进入南海，西行到海南岛或越南登陆；有时进入南海西行一段时间后会突然北抬到广东省登陆。沿此路径的热带气旋对华南沿海地区影响最大。

（2）西北（登陆）路径：热带气旋从菲律宾以东向西北偏西方向移动，先在台湾省登陆，以后穿过台湾海峡再在福建省登陆；或者向西北方向经琉球群岛在江浙一带登陆，最后在中国大陆上消失。沿此路径的热带气旋对华东地区影响最大，对内陆也有不同程度的影响。

（3）转向路径：热带气旋从菲律宾以东海面向西北移动，在 20°—30°N 之间转向东北方，向日本方向移动，路径呈抛物线状，转向路径一般分为远转向、中转向及近转向 3 类。其中近转向路径，对中国东部沿海地区影响较大。

除常规路径外，热带气旋还可能走成如打转、蛇形、突然折向、回旋等异常路径，这些异常路径基本出现在热带气旋转向前。热带气旋的移动速度平均约为 20 ~ 30 km/h。加强阶段时移速慢，减弱阶段时移速要快一些。就纬度而言，热带气旋在低纬的移速慢于在高纬的移速。

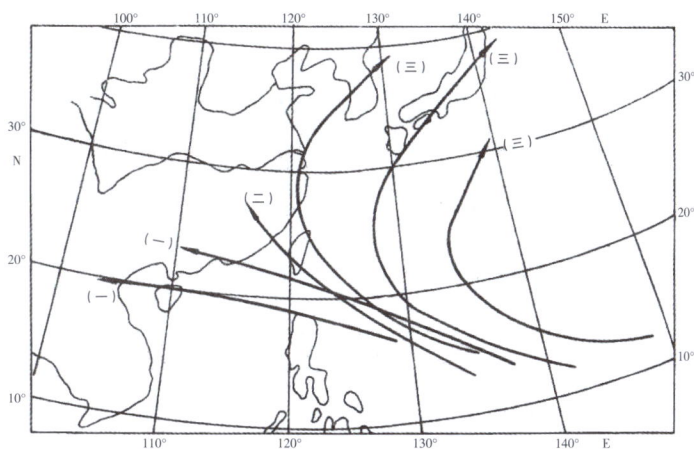

图2-10 西北太平洋台风移动路径示意图

六、热带气旋的命名

对发生在 180°E 以西、赤道以北的西北太平洋（包括南海）上近中心最大风速不小于 8 级的热带气旋，每年从 1 月 1 日起按其出现的先后顺序进行数字编号，如 9905 表示 1999 年的第 5 个热带气旋；并且同时使用热带气旋名字。世界气象组织（WMO）台风委员会采用具有亚洲风格的名字命名。

台风委员会确定的命名表共有 140 个名字，分别来自柬埔寨、中国、朝鲜、中国香港、日本、老挝、中国澳门、马来西亚、密克罗尼西亚、菲律宾、韩国、泰国、美国和越南。每个有关的成员贡献等量的热带气旋名字（各10）；按每个成员的英文名字的字母顺序依次排列。热带气旋名字按预先确定的次序命名。热带气旋在整个生命史中保持名字不变。为避免混乱，对通过国际日期变更线进入西北太平洋的热带气旋，东京台风中心只给编号不给新命名，即：维持原有命名不变。台风委员会所有成员在向国际社会（包括媒体、航空、航海）发布警报公报时都将使用东京台风中心分配的命名。对造成特别严重灾害的热带气旋，台风委员会成员可以申请将热带气旋使用的名字从命名表中删去（永久命名），也可以因为其他原因申请删除名字。热带气旋命名表从 2000 年 1 月 1 日起开始执行。

第三章 海洋学基础知识

第一节 海洋概况

地球表面的总面积约为 5.1×10^8 km^2，分属于陆地和海洋。如以大地水准面为基准，陆地面积为 1.49×10^8 km^2，占地表总面积的 29.2%；海洋面积为 3.61×10^8 km^2，占地表总面积的 70.8%。海陆面积之比为 2.5 : 1，可见地表大部分为海水所覆盖。

地球上互相连通的广阔水域构成统一的世界海洋。根据海洋要素特点及形态特征，可将其分为主要部分和附属部分。主要部分为洋；附属部分为海、海湾和海峡。洋或称大洋，是海洋的主体部分，一般远离大陆，面积广阔，约占海洋总面积的 90.3%；深度大，一般大于 2 000 m；海洋要素如盐度、温度等不受大陆影响，盐度平均为 35，且年变化小；具有独立的潮汐系统和强大的洋流系统。

世界大洋通常被分为四大部分，即太平洋、大西洋、印度洋和北冰洋。太平洋是面积最大、最深的大洋，其北侧以白令海峡与北冰洋相接；东边以通过南美洲最南端合恩角的经线（68°W）与大西洋分界；西以经过塔斯马尼亚岛的经线（146°51′E）与印度洋分界。印度洋与大西洋的界线是经过非洲南端厄加勒斯角的经线（20°E）。大西洋与北冰洋的界线是从斯堪的纳维亚半岛的诺尔辰角经冰岛、过丹麦海峡至格陵兰岛南端的连线。北冰洋大致以北极为中心，被亚欧和北美洲所环抱，是世界最小、最浅、最寒冷的大洋。

海是海洋的边缘部分，据国际水道测量局的资料，全世界共有 54 个海，其面积只占世界海洋总面积的 9.7%。海的深度较浅，平均深度一般在 2 000 m 以内。其温度和盐度等海洋水文要素受大陆影响很大，并有明显的季节变化。水色低，透明度小，没有独立的潮汐和洋流系统，潮波多系由大洋传入，但潮汐涨落往往比大洋显著，海流有自己的环流形式。

按照海所处的位置可将海分为陆间海、内海和边缘海。陆间海是指位于大陆之间的海，面积和深度都较大，如地中海和加勒比海。内海是伸入大陆内部的海，面积较小，其水文特征受周围大陆的强烈影响，如渤海和波罗的海等。陆间海和内海一般只有狭窄的水道与大洋相通，其物理性质和化学成分与大洋有明显差别。边缘海位于大陆边缘，以半岛、岛屿或群岛与大洋分隔，但水流交换通畅，如东海、日本海等。

表 3-1 列出了世界上主要的海或海湾。

表3-1 世界上主要的海或海湾

洋	海或海湾	面积（10^4km^2）	容积（10^4km^3）	深度（m）	
				平均	最大
太平洋	白令海	230.4	368.3	1598	4115
	鄂霍次克海	159.0	136.5	777	3372
	日本海	101.0	171.3	1752	4036
	黄海	40.0	1.7	44	140
	东海	77.0	285.0	370	2717
	南海	360.0	424.2	1212	5517
	爪哇海	48.0	22.0	45	100
	苏禄海	34.8	55.3	1591	5119
	苏拉威西海	43.5	158.6	3645	8547
	班达海	69.5	212.9	3064	7260
	珊瑚海	479.1	1147.0	2394	9140
	塔斯曼海	230.0			5943
	阿拉斯加湾	132.7	332.6	2431	5659
	加科福尼亚湾	17.7	14.5	818	3127
印度洋	红海	45.0	25.1	558	2514
	阿拉伯海	386.0	1007.0	2734	5203
	安达曼海	60.2	66.0	1096	4189
	帝汶海	61.5	25.0	406	3310
	阿拉弗拉海	103.7	20.4	197	3680
	波斯湾	24.1		40	102
	大澳大利亚海	48.4	45.9	950	5080
	孟加拉湾	217.2	561.6	258	5258
大西洋	波罗的海	42.0	3.3	86	459
	北海	57.0	5.2	96	433
	地中海	250.0	375.4	1498	5092
	黑海	42.3	53.7	1271	2245
	加勒比海	275.4	686.0	2491	7680
	墨西哥湾	154.3	233.2	1512	4023
	比斯开湾	19.4	33.2	1715	5311
	几内亚湾	153.3	459.2	2996	6363
北冰洋	格陵兰海	120.5	174.0	1444	4846
	楚科奇海	58.2	5.1	88	160
	东西伯利亚海	90.1	5.3	58	155
	拉普帖夫海	65.0	33.8	519	3385
	喀拉海	88.3	10.4	127	620
	巴伦支海	140.5	32.2	229	600
	挪威海	138.3	240.8	1742	3970

海湾是洋或海延伸进大陆且深度逐渐减小的水域，一般以入口处海角之间的连线或入口处的等深线作为与洋或海的分界。海湾中的海水可以与毗邻海洋自由沟通，故其海洋状况与邻接海洋很相似，但在海湾中常出现最大潮差，如我国杭州湾最大潮差可达 8.9 m。

需要指出的是，由于历史上形成的习惯叫法，有些海和海湾的名称被混淆了，有的海称为湾，如波斯湾、墨西哥湾等；有的湾则称作海，如阿拉伯海等。世界上主要的海和海湾详见表 3-1 所示，其中面积最大、最深的海是珊瑚海。

海峡是两端连接海洋的狭窄水道。海峡最主要的特征是流急，特别是潮流速度大。海流有的上、下分层流入、流出，如直布罗陀海峡等；有的分左、右侧流入或流出，如渤海海峡等。由于海峡中往往受不同海区水团和环流的影响，故其海洋状况通常比较复杂。

第二节　海水温度、盐度

一、海水温度

（一）海温定义

海水的温度简称海温，是表示海水冷热程度的物理量，海温的单位通常以℃表示。

（二）表层海水温度的分布

表层水温是指海水表面到 0.5 m 深处之间的海水温度。

大洋表层水温的等温线大体与纬线平行，且水温由低纬度向高纬度逐渐降低。大体纬度每增加 1°，水温约降低 0.3℃，见图 3-1。

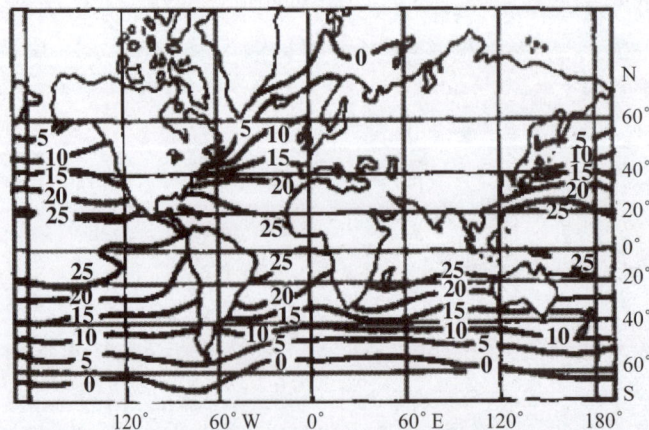

图3-1　世界大洋表层水温（℃）分布

海流对水温的影响较显著。暖流流经之处，海温升高；寒流流经之处，海温降低。大洋表层水温的分布主要取决于太阳辐射、海流和海陆分布3个因素。

中国近海表层水温的分布由于受大陆性气候、沿岸江河径流及水深地形等影响，有如下两个特点。

一是全年表层水温2月最低；冬季表层水温分布是南北温差大（温差达26℃），等温线几乎与海岸线平行；同纬度相比，沿岸表层水温低于外海（如图3-2左图所示）。

二是全年表层水温8月最高；夏季表层水温分布是南北温差小（温差只有3～4℃）；同纬度比较，沿岸表层水温高于外海（如图3-2右图所示）。

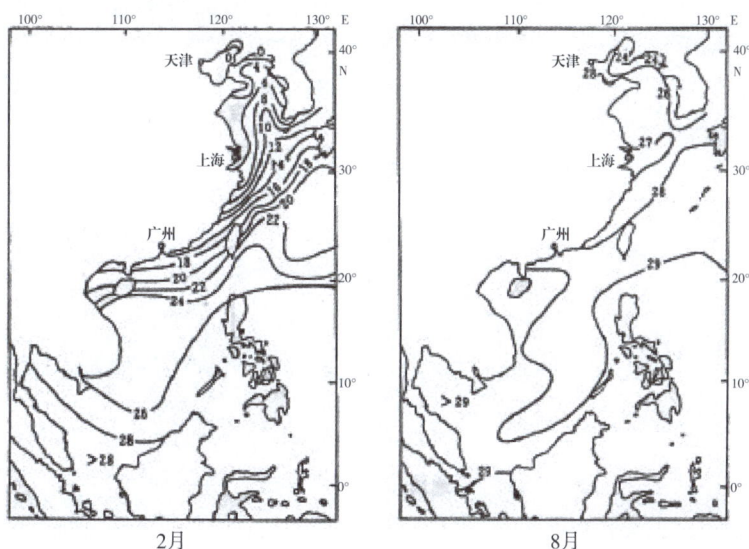

图3-2 西北太平洋2月和8月表层水温（℃）分布

（三）海水温度的垂直分布

水温的垂直分布受两个因素影响：一是太阳辐射；二是海水的垂直运动。总的特点是：上层水温变化快，下层水温变化慢（图3-3）。

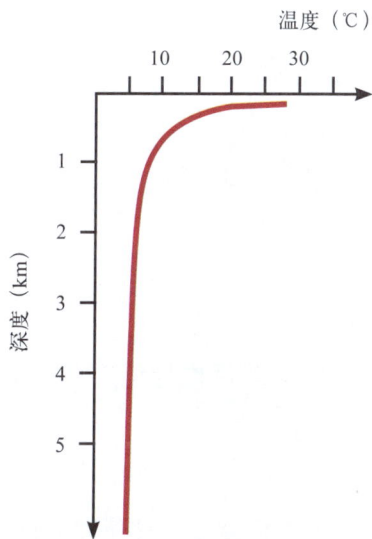

图3-3 大洋海温垂直分布示意图

（四）海温的日、年变化

大洋表层水温的日变化比较小，日较差通常小于 0.4℃，而近海表层水温日变化相对较大，可达到甚至超过 3 ~ 4℃。通常在大洋上纬度越低，日较差越大；冬季日较差比夏季小。最高水温一般出现在下午 2—3 时，最低水温一般出现在早晨 6 时前后。

表层水温的年变化比日变化幅度大。赤道、热带海区及寒带海区年较差较小，一般只有 2 ~ 3℃；在温带海区较大，大约为 5 ~ 10℃。北半球表层水温月平均最高值出现在 8—9 月，最低值出现在 2—3 月，一般比气温的年变化滞后 1—2 个月。

与气温变化相比，表层水温的日变化和年变化有两个特点：一是海水温度变化的幅度小；二是水温的变化相位要落后于气温的变化相位，且冬季水温比气温高，夏季水温比气温低。

二、海水盐度

（一）盐度的概念

海水盐度是海水中含盐量的一个标度，是指海水中盐类物质的质量份数与海水质量之比，通常以每千克海水中所含的克数表示。盐度是海水最重要的理化特性之一。

1978 年以前定义盐度为：1 kg 海水中的碳酸盐全部转换成氧化物，溴和碘以氯当量置换，有机物全部氧化之后所剩固体物质的总克数。单位是 g/kg，用符号‰表示。

计算盐度的公式：

$$S‰ = 0.030 + 1.805\,0\ Cl‰ \tag{3-1}$$

式中，Cl‰ 称为海水的"氯度"，即 1 kg 海水中的溴和碘以氯当量置换，氯离子的总克数，单位是克每千克，以‰号表示。

这种测定方法的操作复杂，用时长。1978 年采用实用盐度标准：在一个标准大气压下，15℃的环境温度中，海水样品与标准 KCl 溶液的电导比：

$$K_{15} = \frac{C(35,15,0)}{C(32.435\,7,15,0)} = 1 \tag{3-2}$$

式中，C 表示电导值，则该样品的实用盐度值精确地等于 35，若 $K_{15} \neq 1$，则实用盐度的表达式为

$$S = \sum_{i=0}^{5} a_i K_{15}^{i/2} \tag{3-3}$$

S 为实用盐度符号，是无量纲的量，如海水的盐度值为 35‰，实用盐度记为 35。

（二）影响盐度的因素

影响海水盐度的主要因素有降水、海水蒸发、洋流、河川径流、结冰与融冰、海域的封闭程度等。其中使得盐度增大的过程有海水蒸发量大于降水量、结冰、暖流流入；其中使得盐度降低的过程有降水量大于海水蒸发量、河川大量淡水注入、融冰、寒流流入。

（三）海洋表层海水盐度分布

大洋表层盐度分布规律与降水量和蒸发量之差的分布相当一致。从南北半球的副热带海区分别向两侧的高纬度和低纬度递减（图3-4）。赤道附近低盐区在 10°N 附近，同纬度南北半球，北半球盐度偏低。世界盐度最高的海为红海，盐度达到 41‰，盐度最低的海为波罗的海，盐度不到 10‰。

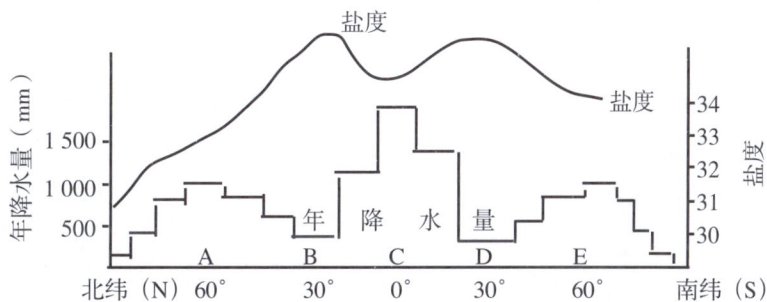

图3-4　海洋表面平均盐度按纬度分布

第三节　海雾

一、海雾概述

海洋的雾多出现于春夏季节，主要产生在冷、暖海流交汇处的冷水面和信风带海洋东岸附近的上翻冷水上。其中，高发区集中在中高纬靠近大陆东岸的海洋上，而大洋中央和赤道附近的热带洋面上几乎没有雾。一般来说，河海交汇处、港湾地区发生的雾以辐射雾为主，海洋上发生的雾以平流雾为主。

二、海雾的种类

根据成因不同，可以把海雾分成平流雾、混合雾、辐射雾和地形雾 4 种。

（1）平流雾：因空气平流作用在海面上生成的雾。它包括两种：① 平流冷却雾。为暖气流受海面冷却，其中的水汽凝结而成的雾。这种雾比较浓，雾区范围大，持续时间长，能见度小，春季多见于北太平洋西部的千岛群岛和北大西洋西部的纽芬兰附近海域。② 平流蒸发雾。海水蒸发，使空气中的水汽达到饱和状态而成的雾，又称冷平流雾或冰洋烟雾。冷空气流到暖海面上，由于低层空气下暖上冷，层结不稳定，故雾区虽大，雾层却不厚，雾也不浓。从两极区域流出的冷空气到达其邻近暖海面上或在巨大冰山附近的水域上时，均可生成平流蒸发雾。

平流雾具有以下 4 个特点。

① 可发生于一天中的任何时间，也可能在任何时间消散。大洋上的平流雾，其生消时间及浓度没有明显的日变化；但在沿海及岛屿的雾有一定的日变化。

② 浓度大、厚度大。平流雾的浓度往往很大，常出现水平能见距离小于 50 m 甚至小于 10 m 的浓雾；垂直厚度常达几十米到几百米。

③ 水平范围广。平流发生时，雾区常可达数百甚至数千千米。

④ 持续时间长。东海和黄海海域，持续 3 ~ 4 d 的雾是常见的。在成山头沿海，雾日曾连续 29 d（1973 年 7 月 1 日至 29 日），最长连续时段达 117 h。

（2）混合雾：冷（暖）季混合雾。海上风暴产生的空中降水的水滴蒸发，使空气中的水汽接近或达到饱和状态。这种空气与从高（低）纬度来的冷（暖）空气混合，就冷却而成雾。这种雾多出现在冷（暖）季。

（3）辐射雾：晴朗微风而比较潮湿的夜间，由于地面辐射冷却，近地面层气温降至露点或露点以下，使水汽凝结而形成的雾。具有以下 5 个特点。

① 辐射雾一年四季都能发生，但多发生在秋、冬季节。一般发生在港湾、河口地区，范围不广，局地性强。

② 辐射雾具有明显的日变化规律。它通常在夜间形成，日出前最浓；日出后一般到 8—10 时，地面增温，地面逆温层被破坏，雾随之消失。

③ 形成辐射雾的有利风速是 1 ~ 3 m/s。

④ 晴天有利于雾的形成，雾产生后晴天也最有利于雾的消散；阴天不利雾的形成，有雾时，阴天也不利雾的消散。

⑤ 冬季消散慢；夏季消散快。

（4）地形雾：岛屿雾：空气爬越岛屿过程中冷却而成的雾。岸滨雾：产生于海岸附近，夜间随陆风飘移蔓延于海上。白天借海风推动，可飘入海岸陆区。

三、东海的雾

中国近海是太平洋的多雾区之一。雾区北起渤海南至北部湾，大致呈带状分布于沿海水域，雾区范围具有南窄北宽的特点。

东海的雾始于3月，3—7月为雾季，其中浙江沿海至长江口4—6月最盛。雾区分布于东海西部和西北部，台湾海峡西部和福建沿海年雾日 20～30 d，24°N 附近的闽浙沿海年雾日超过 50 d，如台山为 82 d，3—5月雾频率达 8%～10%，浙江沿岸至长江口一带年雾日 50～60 d，舟山群岛附近的嵊泗为 66 d，4—5月雾频率最高，可达 11%～15%。而台湾海峡东部、澎湖列岛一带年雾日只有 4～5 d，台湾以东洋面受暖流控制，基本无雾。

第四节　海流

一、海流的定义

海流是指海水大规模相对稳定的流动，是海水重要的运动形式之一。所谓"大规模"是指它的空间尺度大，具有数百、数千千米甚至全球范围的流动；"相对稳定"的含义是在较长的时间内，例如一个月、一季、一年或者多年，其流动方向、速率和流动路径大致相似。

海流一般是三维的，即不但水平方向流动，而且在铅直方向上也存在流动，当然，由于海洋的水平尺度（数百至数千千米甚至上万千米）远远大于其铅直尺度，因此水平方向的流动远比铅直方向上的流动强得多。尽管后者相当微弱，但它在海洋学中却有其特殊的重要性。习惯上常把海流的水平运动分量狭义地称为海流，而其铅直分量单独命名为上升流和下降流。海洋环流一般是指海域中的海流形成首尾相接的相对独立的环流系统或流旋。就整个世界大洋而言，海洋环流的时空变化是连续的，它把世界大洋联系在一起，使世界大洋的各种水文、化学要素及热盐状况得以保持长期的相对稳定。世界表层洋流的分布情况见图 3-5。

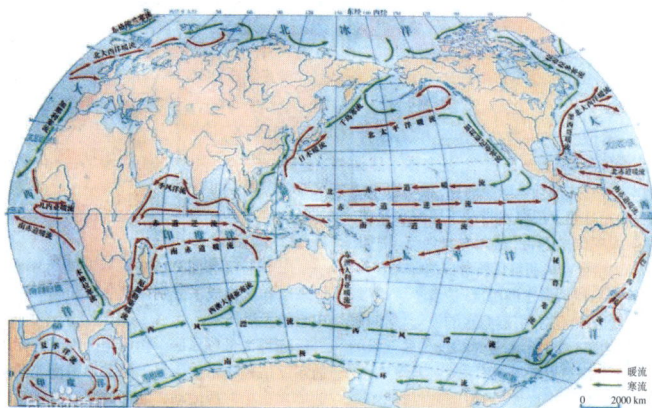

图3-5　世界表层洋流的分布

二、海流的成因

海流形成的原因主要有两种：第一种原因是海面上的风力驱动，形成风生海流。这种流动随深度的增大而减弱，直至小到可以忽略。第二种原因是海水的温盐变化。因为海水密度的分布与变化直接受温度、盐度的支配，而密度的分布又决定了海洋压力场的结构。实际海洋中的等压面往往是倾斜的，即等压面与等势面并不一致，这就在水平方向上产生了一种引起海水流动的力，从而导致了海流的形成。另外海面上的增密效应又可直接地引起海水在铅直方向上的运动。海流形成之后，由于海水的连续性，在海水产生辐散或辐聚的地方，导致升、降流的形成。

海流分类和命名：由风引起的海流称为风海流或漂流，由温盐变化引起的海流称为热盐环流；从受力情况分又有地转流、惯性流等称谓；考虑发生的区域不同又有洋流、陆架流、赤道流、东西边界流等。

三、海流作用力

作用在海水上的力有多种，主要分为两大类：一类是引起海水运动的力，如重力、压强梯度力、风应力、引潮力等；另一类是由于海水运动后所派生出来的力，如地转偏向力（亦称为科氏力）、摩擦力等。

四、中国近海环流

中国近海的环流，主要由沿岸流系和外海流系所构成，但因环境和气候影响，不同海区和不同季节也有明显的变化（图3-6）。

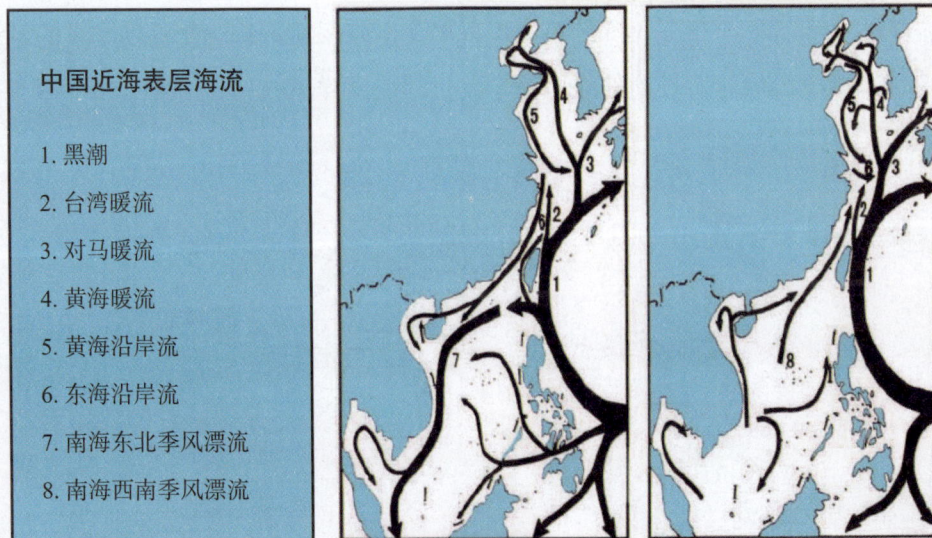

图3-6 中国近海海流示意图

中国近海表层海流

1. 黑潮
2. 台湾暖流
3. 对马暖流
4. 黄海暖流
5. 黄海沿岸流
6. 东海沿岸流
7. 南海东北季风漂流
8. 南海西南季风漂流

（一）渤海的环流

渤海的环流较其他海区为弱，海流的速度一般为 0.1 ～ 0.2 m/s。冬季，在强劲的偏北风的驱动下，鲁北沿岸海水堆积，形成一支较强的沿岸流，即鲁北沿岸流，它从渤海海峡南部出渤海而入黄海。渤海表层流属漂流性质，季节和局地风对其影响是相当显著的。渤海环流（图 3-7）系统有以下 3 个特点。

（1）渤海中部常年存在一顺时针环流，冬季的形成可能与风场有关，夏季的形成可能与渤海中部的暖水团有关。

（2）渤海海峡口附近的环流为北进南出。

（3）辽东湾、渤海湾和莱州湾的环流各有特点，存在比较典型的季节变化。

2月5 m层余流

8月底层余流（sigma坐标）

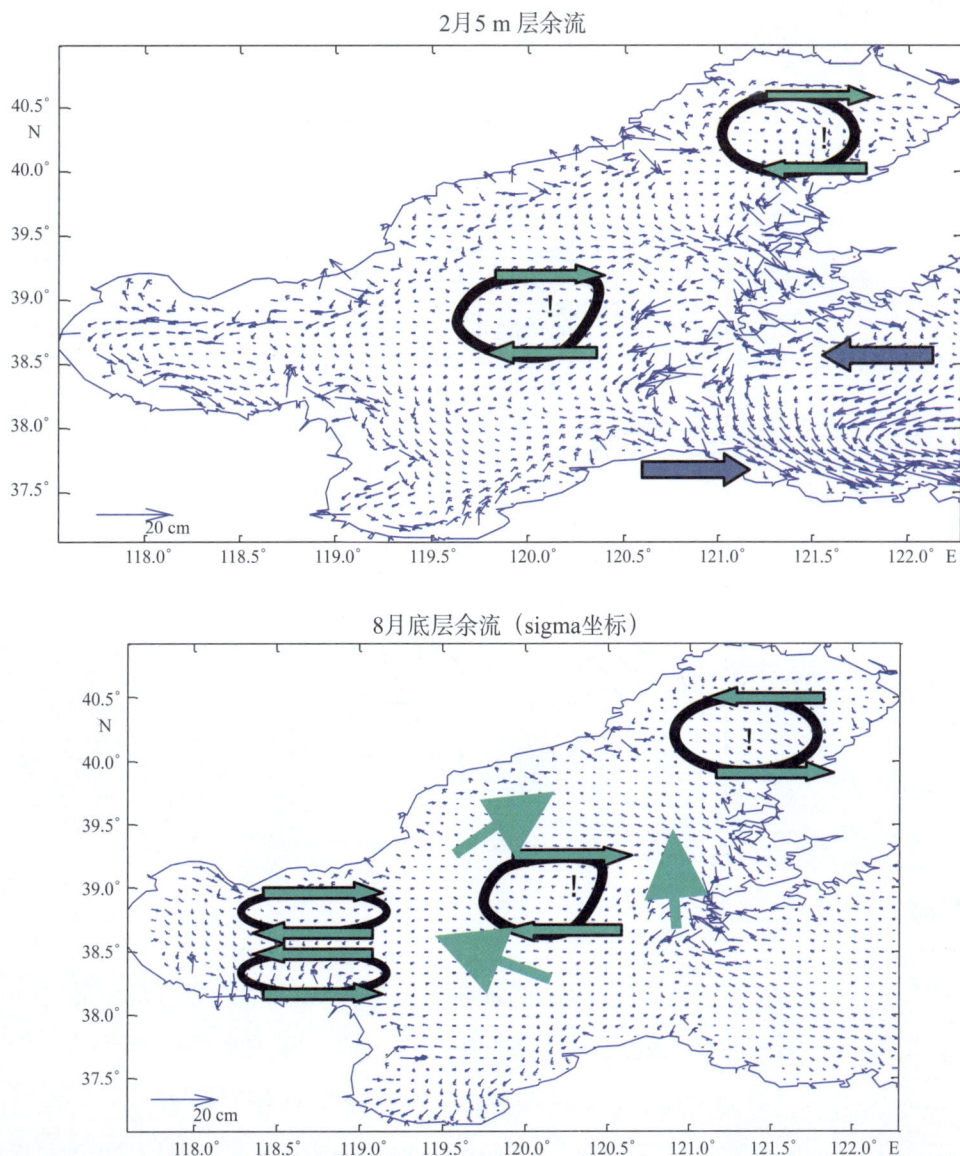

图3-7　渤海海流示意图

（二）黄海的环流

黄海的海流比东海弱得多，流速通常只有最大潮流的 1/10。冬季黄海的表层流，在很大程度上受制于海面风的作用。鲁北沿岸流经渤海海峡南部进入黄海，沿胶东北岸东流，到成山角后可转而向南及西南，大致沿 40～50 m 等深线的走向南下与苏北沿岸流汇合，至长江口以北 32°-33°N 附近，进入东海北部。与此同时，朝鲜半岛西岸的沿岸流也较强，南下前锋可接近济州海峡，与由济州岛西南方进入黄海的"黄海暖流"相遇，形成复杂的锋面。黄海暖流的北上，与东、西两岸的南下沿岸流，分别形成顺时针与反时针的环流。黄海暖流的流速平均不到 0.1 m/s，最强也不超过 0.25 m/s。黄海环流（图 3-8）系统的特点如下。

（1）黑潮对黄海的环流系统，特别是对马暖流和黄海暖流的影响较大。

（2）地形对环流的影响也比较大，黄海暖流和对马暖流基本上沿着等深线运动。

（3）黄海冷水团的存在导致了夏季特殊的冷水团环流。

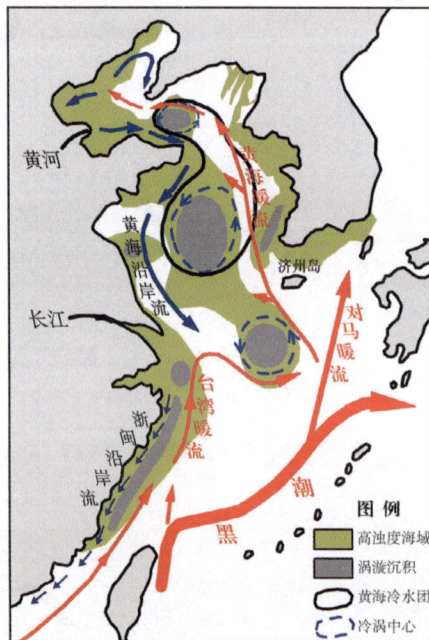

图3-8 中国近海海流示意图

（三）东海的环流

东海的环流（图 3-8），脉络比较清晰。流经东海的黑潮，经台湾与石垣岛之间的水道进入东海，而从吐噶喇海峡和大隅海峡流出东海的这一段，是整个黑潮流系的上游部分，特称为"东海黑潮"，约占黑潮总流径的一半，是黄-东海总环流的主干。东海黑潮的主要流向，基本上是指向东北的，流轴通常位于海底坡度最陡处东海的海流的最大流速可达 1.5 m/s，平均为 1 m/s。东海黑潮的流轴比较稳定，流向和流幅变动不大，但流速和流量却有明显的季节变化。呈春、秋季强，冬、夏季弱，有半年周期。黑潮在东海的平均流量约 $30 \times 10^6 \text{ m}^3/\text{s}$，为长江径流的 1 000 倍。但黑潮流量年际变化也较大，为 $19 \times 10^6 \sim 42 \times 10^6 \text{ m}^3/\text{s}$。黑潮主干流幅较窄，其强流（ > 1 m/s）带一般仅 50 km。

对马暖流的流速，平均为 0.25 ~ 0.30 m/s，最大约 0.5 m/s，有明显的季节变化，夏、秋季强而冬、春季弱。

台湾暖流被认为是东海黑潮的一个"分支"，即在台湾东北从东海黑潮主干分离出来而向北流去。台湾暖流总的趋势冬夏基本一致，都是沿浙江近海而北上。台湾暖流除了表层水的来源冬、夏有区别外，流幅、流速等也有季节变化，一般是夏季流幅宽，流速可大于 0.15 m/s；而冬季势力弱，流速小于 0.15 m/s，且流幅窄。

东海的沿岸流，东有九州沿岸流，但以西岸从长江口至台湾海峡的沿岸流最重要。冬季在偏北风驱动下，长江冲淡水转而向南，与浙闽沿岸流衔接，绵延可达台湾海峡西南部，并可进入南海，影响粤东北沿岸。夏季季风转为偏南风，长江、钱塘江入海径流量大增，冲淡水汇合沿岸流向东偏北而去；台湾海峡西岸的沿岸流，也由西南调转东北。这样，就形成了与冬季不同的环流形式。

第五节　海浪

一、海浪概述

（一）海浪定义

海洋中的波动现象，主要分为风浪、涌浪和近岸浪 3 种基本海面波动。

风浪是风直接作用下产生的水面波动。特征是外形不规则，大小不一，波面较陡。

风浪离开风吹的区域，由于惯性的作用，风区内风向、风速突然改变后，风浪仍然沿着原来的方向传播，这时的波浪称为涌浪，特征是外形比较规则，波面比较光滑，波面平坦，波峰线较长，无破碎现象；周期大于原来风浪的周期，随传播距离增加而逐渐增大。

风浪或涌浪传至岸边的浅水区时的波浪叫近岸浪，地形的作用使波浪性质改变，出现折射、绕射、反射、卷倒或破碎现象，是最复杂最难预报的波浪，也是应用最多的波浪。

在实际海洋上，很多情况下，风浪和涌浪同时存在，相互叠加在一起，是混合浪。

在海洋站和船船观测中，一般只观测到大风风向转变时形成的涌浪，很少观测到小风转变为大风时的涌浪。

（二）波浪要素

（1）波高 H：相邻的波峰与波谷之间的垂直距离。

（2）周期 T：两相邻的波峰（或波谷）相继通过一固定点所需要的时间。

（3）波峰：波面的最高点。

（4）波峰线：沿垂直于波浪传播方向通过波峰的线。

（5）波谷：波面的最低点。

（6）波向线：垂直于波峰线的线。

（7）波长 L：相邻的两个波峰（或波谷）间的水平距离。

（8）波速 C：波形的传播速度，即波峰（或波谷）在单位时间内的水平位移。

（9）海况：在风力作用下的海面特征。根据海面波动状况，分 10 个等级（表3-2）。

其中，波长 L、波速 C 和周期 T 三者之间满足如下关系：

$$C = L/T \tag{3-4}$$

在深水情况下，即 $d \geqslant L/2$ 或 $H/d \leqslant 0.1$ 时，

波速：
$$C = \frac{gT}{2\pi}\,\mathrm{th}\,\frac{2\pi d}{L} = 1.56T \tag{3-5}$$

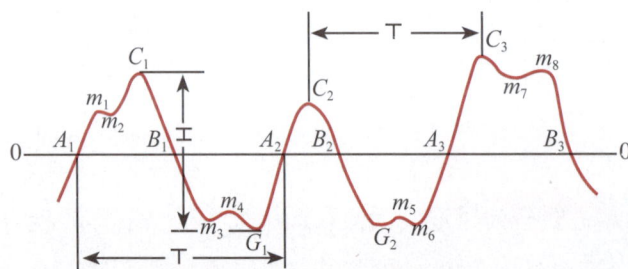

图3-9 波浪要素示意图

表3-2 国际标准海况等级

海况等级	海 面 征 状	波级	波高（m）	名称
0	海面光滑如镜，或仅有涌浪存在	0	0	无浪
1	波纹或涌浪和小波纹同时存在	1	$H_S < 0.1$ $H_{1/10} < 0.1$	微浪
2	波浪很小，波峰开始破裂，浪花不显白色而仅呈玻璃色	2	$0.1 \leqslant H_S < 0.5$ $0.1 \leqslant H_{1/10} < 0.5$	小浪
3	波浪不大，但很触目，波峰破裂，其中有些地方形成白色浪花，俗称白浪	3	$0.5 \leqslant H_S < 1.25$ $0.5 \leqslant H_{1/10} < 1.5$	轻浪

续表

海况等级	海 面 征 状	波级	波高（m）	名称
4	波浪具有明显的形状，到处形成白浪	4	$1.25 \leq H_S < 2.5$ $1.5 \leq H_{1/10} < 3.0$	中浪
5	出现高大波峰，浪花占了波峰上很大的面积，风开始削去波峰上的浪花	5	$2.5 \leq H_S < 4.0$ $3.0 \leq H_{1/10} < 5.0$	大浪
6	波峰上被风削去的浪花，开始沿着波浪斜面伸长成带状，有时波峰出现风暴波的长波形状	6	$4.0 \leq H_S < 6.0$ $5.0 \leq H_{1/10} < 7.5$	巨浪
7	风削去的浪花布满了波浪斜面，有些地方到达波谷，波峰上布满了浪花层	7	$6.0 \leq H_S < 9.0$ $7.5 \leq H_{1/10} < 11.5$	狂浪
8	稠密的浪花布满了波浪的斜面，海面变成白色，只有波谷某些地方没有浪花	8	$9.0 \leq H_S < 14.0$ $11.5 \leq H_{1/10} < 18.0$	狂涛
9	整个海面布满了稠密的浪花层，空气中充满了水滴和飞沫，能见度显著降低	9	$14.0 \leq H_S$ $18.0 \leq H_{1/10}$	怒涛

（三）常用波高与周期及它们之间的比值关系

1. 常用波高

将一定时间内观测到的波高由大到小依次排列，其中所有波高的平均值叫平均波高；前 1/3 的波高的平均值称为 1/3 的大波波高 $H_{1/3}$，由于此波高最能反映海平面的平均状态，所以一般将 1/3 的大波波高称为有效波高 H_S；前 1/10 的波高的平均值称为十分之一的大波波高 $H_{1/10}$；前 1/100 的波高的平均值称为百分之一的大波波高 $H_{1/100}$；观测序列中最大的一个波高就称为最大波高。

在深水状态（当水深大于 40 ～ 50 m 时，一般视为深水）下它们之间的比例关系为：

$H_{1/100} = 2.66 H = 1.31 H_{1/10} = 1.66 H_{1/3}$

$H_{1/10} = 2.032 H = 1.26 H_{1/3}$

$H_{1/3} = 1.598 H$

波高之间的比例关系基本遵守瑞利分布推导值：可能有 $\pm 10\%$ ～ 15% 的误差。

2. 常用周期

（1）平均周期 $\overline{T}$：所有波高周期的平均值。

（2）有效波周期 $T_{1/3}$，有效波高的平均周期。

（3）十分之一大波周期 $T_{1/10}$，十分之一大波波高的平均周期。

（4）最大波高周期：最大波高的周期。

人工观测只有平均周期，计算有效波周期，1/10 大波周期：多采用经验方法。

1/10 波高周期、有效周期、平均周期的经验关系为：

$$\overline{T}_{1/3} = 1.15\overline{T}, \quad \overline{T}_{1/10} = 1.31\overline{T}, \quad \overline{T}_{1/10} = 1.14\overline{T}_{1/3}$$

3. 目测波高规范

波高进行目测时，应按照如下规范进行。

第一步：测量 11 个波峰（10 个波浪）相继经过目标物的时间 T，测量 3 次，然后将 3 次测量的时间相加，并除以 30，即得平均周期 $\overline{T}$，两次测量的时间间隔不得超过 1 min。周期的单位为 s。

第二步：根据观测所得的平均周期 $\overline{T}$，在平均周期的 100 倍的时间内，目测 10 个显著波的波高取其平均值，作为 1/10 部分大波波 $H_{1/10}$ 高值，从中选取一个最大值作为最大波高。

二、风浪、涌浪和近岸浪

（一）风浪

1. 影响风浪成长的三要素

风速、风区、风时是影响风浪成长的三要素，水深对浪的影响也较大。

风浪是由于风直接作用于海面而形成的，所以风速越大，产生的风浪也越大。蒲氏风级表就反映了风力大小与风浪波高之间的这种对应关系。风区是指受风速、风向近似一致的风作用的海域。风区越长，风浪在风区内移行得越远，其就越发展。风时是指近似一致的风速和风向连续作用于风区的时间，通常风时越长，海水所获得的动能越大，风浪也就越大。

2. 风浪成长的3种状态

（1）过渡状态。风区内各点的波高不断增大，在这种状态下，风时越长，波浪越大，即风浪的成长取决于风时的长短。

（2）定常状态。在经历了一定的风时后，风区内的风浪不再增大了，即达到了该风区下的最大状态，即使风无限期地吹下去，由于风区长度（FA）的限制，风浪也不能继续成长，这时的风浪已趋于稳定，风浪的这种状态称为定常状态。

（3）充分成长状态。随着风时和风浪在风区内移行距离的增加，风浪便不断发展，当波陡 δ 接近 1/7 时，波浪便开始破碎，浪高停止发展。当风浪成长到一定尺寸时，涡动作用消耗的能量比能量输入增加得快，直到风浪的能量收支达到平衡时，风浪停止增长而达到极限状态，海洋学上称这种状态为风浪的充分成长状态。

对于给定的风速而言，风浪充分成长需要最小风时和最小风区。最小风时指在一定风速下，于具有某一风区长度的点，理论上风浪可成长至最大值所需的时间。最小风区指对应于某一风时，风浪成长至理论上最大尺度所需要的最短距离。

例如，当风速为 10 m/s 时，最小风区为 140 km，最小风时为 10 h；当风速为 15 m/s 时，最小风区为 520 km，最小风时为 23 h。表 3-3 所示为东海深水风浪成长情况。

表3-3 东海深水风浪成长情况 （斜线上下分别为：有效波高、最小风区；单位：m、km）

风速 / 风时	2 h	3 h	4 h	5 h	6 h	9 h	12 h	15 h	24 h	48 h
11级（31 m/s）	3.0 / 30	3.6 / 50	4.4 / 65	5.3 / 80	6.1 / 110	7.0 / 180	8.0 / 280	9.2 / 350	11.0 / 650	15.0 / 1200
10级（26 m/s）	2.6 / 28	2.8 / 45	3.3 / 60	4.0 / 75	4.6 / 100	5.3 / 160	6.0 / 130	7.0 / 310	8.5 / 600	12.0 / 1200
9级（23 m/s）	2.3 / 26	2.5 / 40	2.8 / 55	3.3 / 70	4.0 / 95	4.5 / 160	5.2 / 220	6.0 / 300	7.0 / 550	10.0 / 1200
8级（19 m/s）	1.9 / 20	2.3 / 35	2.5 / 44	2.7 / 60	3.0 / 80	3.8 / 140	4.5 / 190	5.0 / 280	5.5 / 450	7.5 / 1000
7级（16 m/s）	1.5 / 18	1.8 / 30	2.1 / 40	2.4 / 55	2.7 / 70	3.0 / 120	3.4 / 160	3.9 / 240	5.0 / 420	6.5 / 700
6级（12 m/s）	1.0 / 15	1.2 / 25	1.5 / 35	1.7 / 40	2.2 / 60	2.5 / 100	2.8 / 140	3.0 / 200	3.2 / 380	4.0 / 500
5级（9 m/s）	0.6 / 12	0.8 / 22	0.8 / 22	0.9 / 30	1.0 / 50	1.1 / 80	1.6 / 100	1.9 / 150	2.2 / 300	2.5 / 380
4级（7 m/s）	0.4 / 10	0.5 / 15	0.5 / 20	0.6 / 30	0.6 / 40	0.7 / 70	0.9 / 100	1.0 / 140	1.4 / 150	

3. 浅水中的风浪

风浪的成长还与风区水深有关。当风速很小或风浪处于初始成长阶段时，浅水区的风浪成长几乎与深水区的相同；但在风速、风时和风区较大时，风浪成长至足够的浪高后，浅水区的风浪将受到水底摩擦力影响引起能量消耗，从而影响风浪的继续成长。因此当风速相同时，浅水区中的风浪尺寸比深水中的要小。

如杭州湾水深 d 在 10～15 m 之间，当有效波高在 1.5 m 以下时，$H/d < 0.1$ 不考虑水深影响，当有效波高在 1.5 m 以上时，必须考虑水深影响。

（二）涌浪

1. 涌浪的特征

涌浪与风浪不同，其波形较规则，波峰圆滑，波速与波长都较大。涌浪的方向（亦指来向）与海面实际风向无关，两者间可成任意角度。

2. 涌浪的传播特性

随着传播距离的增加，涌浪波高逐渐降低，周期不断增大，能量逐渐减小。波长大的衰

减慢，波长小的衰减快。首先衰减的是那些叠加在大浪上的微波，所以，涌浪的波面一般比较光滑，波长较长。涌浪衰减的另一原因是散射作用。风浪离开风区后，向较宽阔的水域散开，能量散布于较大的水域。在波高衰减的同时，涌浪的周期和波长都在增加。所以随着传播距离的增加，波长较长、周期较大的波越来越显著。从观测海区以外传来的涌浪，它的衰减决定于原风区的风浪尺度和传播距离（即风区下沿到观测区的距离）（表3-4）。在观测海区内本身形成的涌浪，它的衰减主要决定于原风浪的尺度和风力急剧减弱后的时间（表3-5）。

表3-4　涌浪传播的时间与距离关系

$H_{1/3}$ (m)	200 (km)	300 (km)	400 (km)	500 (km)	600 (km)	800 (km)	1 000 (km)
10	6 m / 5.5 h	5.2 m / 7 h	5 m / 10.5 h	4.5 m / 14 h	4.2 m / 15 h	3.8 m / 21 h	3.3 m / 26 h
9	5.5 m / 6.0 h	4.8 m / 8.0 h	4.4 m / 11 h	4.0 m / 14.5 h	3.8 m / 16 h	3.3 m / 22 h	3.0 m / 27 h
8	5.0 m / 6.5 h	4.3 m / 8.5 h	3.9 m / 11.5 h	3.7 m / 15 h	3.4 m / 17 h	3.0 m / 23 h	2.7 m / 28 h
7	4.2 m / 7 h	3.9 m / 9 h	3.5 m / 12 h	3.2 m / 15.5 h	3.0 m / 18 h	2.6 m / 24 h	2.4 m / 29 h
6	3.5 m / 7.4 h	3.1 m / 10 h	2.9 m / 13 h	2.7 m / 16 h	2.5 m / 19 h	2.1 m / 25 h	1.9 m / 30 h
5	3.0 m / 7.8 h	2.7 m / 11 h	2.3 m / 14 h	2.2 m / 17 h	1.9 m / 20 h	1.7 m / 26 h	1.5 m / 31 h
4	2.3 m / 8.2 h	2.0 m / 12 h	1.8 m / 16 h	1.6 m / 18 h	1.4 m / 21 h	1.3 m / 27 h	1.2 m / 32 h
3	1.6 m / 9 h	1.4 m / 13 h	1.2 m / 17 h	1.1 m / 20 h	0.9 m / 23 h		
2	1.1 m / 10 h	0.7 m / 15 h					

表3-5　涌浪衰减时间

$H_{1/3}$ (m)	5~6 h	7~8 h	11~12 h	15~20 h	25~30 h
5	4.0	3.0	2.5	2.0	1.5
4	3.0	2.5	2.0	1.5	
3	2.2	1.8	1.4		
2	1.4	1.0			

（三）近岸浪

当波浪传至浅水区或近岸区域后，由于受到水深变浅、地形等的影响，波浪传播方向、波形等会发生变化，这种变形波浪称为近岸浪。

1. 波向折射和绕射

波浪传至近岸区域后，受海底地形和海岸线的作用，波向发生折射，折射的结果使波峰线越来越趋于与等深线平行，因此当外海传来的波浪接近海岸时，通常可观测到波峰线平行于海岸的现象。若波浪在传播过程中遇到岛屿、海岬或防波堤等的阻挡，其会绕过障碍物进入被这些障碍物所遮蔽的水域，通常波高会有所降低。

2. 波高卷倒和破碎

当波浪由深水区传至近岸浅水区后，由于水深变浅，海浪能量集中在越来越薄的水层内，于是波高明显增大，波长变短，使波陡迅速增大，当波陡约为 0.78 时，波浪极不稳定，很容易发生破碎。若波高增加到接近水深时，波谷处的水质点受海底摩擦的影响，其速度要比波峰处的水质点速度慢，导致波前不断变陡，当波前几乎成垂直状态时，波浪就卷倒和破碎，称为"破浪"。

（四）海流对波高的影响

如果浪向与流向成一定的夹角，则波浪通过海流后不仅波高、波长发生变化，而且波浪的传播方向也发生变化，海浪对波浪的这种影响，称为流波效应。据统计，当海流流速为 2 ~ 3 kn，风速为 10 ~ 15 m/s 时，波浪传播方向与海流流向相向或接近相向的情况下，其波高增加最大，比无流时的波高增大约 20% ~ 30%，并使部分波浪破碎或全部破碎。当波浪传播方向与流向相同时，波长增大，波高减小。当流速与波速相比可以忽略时，则可以不考虑流的影响。图 3-10 为海流对波高影响示意图。

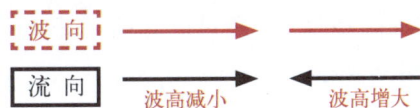

图3-10 海流对波高影响示意图

第六节　潮汐

一、潮汐概述

（一）潮汐概述

潮汐现象是指海水在天体（主要是月球和太阳）引潮力作用下所产生的周期性运动，习惯上把海面铅直向涨落称为潮汐，而海水在水平方向的流动称为潮流。

无论是涨潮还是落潮时，潮高、潮差都呈现出周期性的变化，根据潮汐涨落的周期和潮差的情况，可以把潮汐大体分为如下 4 种类型。

（1）正规半日潮。在一个太阴日（约 24 时 50 分）内，有两次高潮和两次低潮，从高潮到低潮和从低潮到高潮的潮差几乎相等，这类潮汐就叫做正规半日潮。

（2）不正规半日潮。在一个朔望月中的大多数日子里，每个太阴日内一般可有两次高潮和两次低潮；但有少数日子（当月赤纬较大的时候），第二次高潮很小，半日潮特征就不显著，这类潮汐就叫做不正规半日潮。

（3）正规日潮。在一个太阴日内只有一次高潮和一次低潮，像这样的一种潮汐就叫正规日潮，或称正规全日潮。

（4）不正规日潮。在一个朔望月中的大多数日子里具有日潮型的特征，但有少数日子（当月赤纬接近零的时候）则具有半日潮的特征。这类潮汐就叫做不正规日潮，或称不正规全日潮。

（二）潮汐要素和潮汐日、月不等现象、典型潮时

涨潮时潮位不断增高，达到一定的高度以后，潮位短时间内不涨也不退，称之为平潮，平潮的中间时刻称为高潮时。平潮的持续时间各地有所不同，可从几分钟到几十分钟不等。平潮过后，潮位开始下降。当潮位退到最低的时候，与平潮情况类似，也发生潮位不退不涨的现象，称为停潮，其中间时刻为低潮时。停潮过后潮位又开始上涨，如此周而复始地运动着。从低潮时到高潮时的时间间隔称为涨潮时，从高潮时到低潮时的时间间隔则称为落潮时。一般来说，在许多地方涨潮时和落潮时并不一样长。海面上涨到最高位置时的高度称为高潮高，下降到最低位置时的高度称为低潮高，相邻的高潮高与低潮高之差称为潮差。

凡是一天之中两个潮的潮差不等，涨潮时和落潮时也不等，这种不规则现象称为潮汐的日不等现象。高潮中比较高的一个称为高高潮，比较低的称为低高潮；低潮中比较低的称为低低潮，比较高的称为高低潮。

从潮汐过程曲线还可以看出潮差也是每天不同。在一个朔望月中，"朔"、"望"之后两三天潮差最大，这时的潮差叫大潮潮差；反之在上、下弦之后，潮差最小，这时的潮差叫小

潮潮差。即：如果同时考虑月球和太阳对潮汐的效应，在半个朔望月内，将出现一次大潮和一次小潮，即潮汐具有半月的变化周期。朔望之时，月球和太阳的引潮力所引起的潮汐椭球，其长轴方向比较靠近，两潮相互叠加，形成朔望大潮；上、下弦之时，月球和太阳所引起的潮汐椭球，其长轴相互正交，两潮相互抵消，形成方照小潮。

（三）潮汐类型

潮汐类型可用潮型数 $A = \dfrac{H_{K_1} + H_{O_1}}{H_{M_2}}$，$B = \dfrac{H_{K_1} + H_{O_1}}{H_{M_2} + H_{S_2}}$ 来划分。

中国大多采用：

$$0.0 < A \leqslant 0.5 \quad 规则半日潮$$

$$0.5 < A \leqslant 2.0 \quad 不规则半日潮$$

$$2.0 < A \leqslant 4.0 \quad 不规则全日潮$$

$$4.0 < A \quad 规则全日潮$$

进行划分，鉴于有些海区 M_2 和 S_2 大小相近，故也可取

$$0.0 < B \leqslant 0.25 \quad 规则半日潮$$

$$0.25 < B \leqslant 1.5 \quad 不规则半日潮$$

$$1.5 < B \leqslant 3.0 \quad 不规则全日潮$$

$$3.0 < B \quad 规则全日潮$$

进行划分。

表3-6所示为南黄海和东海各站4个主要分潮的调和常数。

表3-6　南黄海和东海各站4个主要分潮的调和常数

站名	M_2		S_2		K_1		O_1	
	H (cm)	g (℃)	H (cm)	g (℃)	H (cm)	g (℃)	H (cm)	g (℃)
青岛	126	134	41	175	28	257	22	294
连云港	159	182	50	226	31	19	24	314
吕四	171	352	75	37	21	149	10	86
绿华山	119	288	53	334	28	194	16	151
吴淞	104	9	44	60	24	212	14	161
南汇嘴	143	331	53	20	30	207	19	158
澉浦	248	36	93	95	37	226	22	175
坎门	188	256	68	294	30	219	23	181
海门	181	275	70	332	22	249	13	188
厦门	182	352	54	43	34	281	28	238
高雄	15	236	6	248	16	294	15	249
台中	170	317	46	10	22	262	11	221

续表

站名	M₂		S₂		K₁		O₁	
	H (cm)	g (℃)	H (cm)	g (℃)	H (cm)	g (℃)	H (cm)	g (℃)
基隆	19	283	5	281	19	230	15	197
钓鱼岛	49	204	4	235	21	219	20	191
济州岛	79	251	34	285	25	194	18	164
仁川	284	109	109	166	39	290	28	251

南黄海和东海的潮汐类型，按潮型数划分只有两种类型，连云港外半日分潮无潮点（区）附近、济州岛、济州海峡、新安群岛附近、杭州湾口南岸、舟山岛附近、台湾岛北端经彭佳屿至日本五岛列岛一线，以东至琉球群岛，汕头、南澳岛经台湾浅滩一带到高雄至澎湖列岛以南，均为不规则半日潮，其余海域全属于规则半日潮类型。

（四）近海主要分潮

常用分潮及其周期、相对振幅见表3-7。

表3-7　常用分潮及其周期、相对振幅

名称		分潮符号 假象天体符号	周期 （平太阳时）	相对振幅 取 M₂=100
半日分潮	太阴主要半日分潮	M₂	12.421	100
	太阳主要半日分潮	S₂	12.000	46.5
	太阴椭率主要半日分潮	N₂	12.658	19.1
	太阴-太阳赤纬半日分潮	K₂	11.967	12.7
全日分潮	太阴-太阳赤纬全日分潮	K₁	23.934	54.4
	太阴主要全日分潮	O₁	25.819	41.5
	太阳主要全日分潮	P₁	24.046	19.3
	太阴椭率主要全日分潮	Q₁	26.868	7.9
浅水分潮	太阴浅水1/4日分潮	M₄	6.210	
	太阴浅水1/6日分潮	M₆	6.140	
	太阴、太阳浅水1/4日分潮	MS₄	6.103	

（五）潮汐调和分析基本方法和调和常数

对于某一海域，天文潮可以看作是不同天文分潮的叠加。一个天文分潮可用其平衡分潮的频率 f、平均振幅 H 和地方迟角 K 来计算。其中，H 和 K 称之为分潮调和常数，它是地点的函数，其中 H 为分潮调和常数振幅，K 为分潮调和常数位相。

调和分析的实质是将实际观测到的潮汐潮流视为许许多多分潮的叠加，利用最小二乘法等方法求出它们的调和常数，然后利用这些常数预报未来的潮汐潮流。

二、东海主要河口潮汐特征

（一）长江口的潮汐和潮流

长江口被崇明岛分隔为北支和南支。南支在吴淞以下又被长兴岛分隔为南港和北港。南港以下被九段沙分隔为南槽和北槽。东海潮波传入长江口受河流顶托和河床阻力的作用，涨潮流速越来越慢，潮差越来越小。在离河口一定距离的地点，涨潮流消失，称为潮流界。潮流界以上，河水受潮水顶托，潮波仍能影响一定的距离，在潮差为零的地点，称为潮区界。从河口的口门到潮区界之间的河段称为感潮河段。潮区界和潮流界的位置，随河水径流和潮流势力的消长而变动。

长江口是中等强度的潮汐河口。口门附近的中浚站，多年平均潮差 2.7 m，最大潮差 4.6 m。位于黄浦江口的吴淞站，多年平均潮差仅 2.2 m，传入长江口的潮波，因崇明岛的阻挡，分成北支和南支。北支在永龙沙至青龙港河段有涌潮现象，高度为 1 m 左右。

长江口外潮汐类型属半日潮，口内为不规则半日浅海潮。长江口区起主要作用的为半日分潮 M_2、S_2、N_2 及 K_2 等，潮型数介于 0.35 ~ 0.4 之间，属规则半日潮。当然全日分潮也起作用。夏半年夜潮大于日潮，冬半年日潮大于夜潮。

长江口的潮流有旋转流和往复流两种形式。在拦门沙以内的河段为往复流，过拦门沙向外逐渐向旋转流过渡，口门附近旋转流已相当明显。最大流速约 150 ~ 250 cm/s，方向为顺时针。

长江口区，径流大则涨潮流弱，径流小则涨潮流强。而落潮流因与径流流向一致，所以正好和涨潮流的情况相反。这必然导致涨、落潮流流路发生分歧，实测潮流椭圆两个长半轴不在一条直线上。

关于潮流类型，口内为规则半日浅海潮流，口外为规则半日潮流。但鸡骨礁以东、绿华山以北局部海域，为不规则半日潮流。

（二）钱塘江口的涌潮

涌潮是指在特定的海湾（比如呈喇叭形等）河口附近，潮波前锋的水位和流速发生急剧变化甚至破碎现象，水力学界常将涌潮看成"移动的水跃"。

钱塘江口的涌潮之所以发生，有其独特的环境和条件。东海潮波传入杭州湾，湾口宽 100 km，距湾口 86 km 的澉浦，宽度减为 21 km，多年平均潮差，湾口 3.2 m，澉浦增至 5.6 m（实测最大达 8.93 m），这里涨潮平均流量约 $1.8 \times 10^5 \text{m}^3/\text{s}$，为强潮区。

第七节　风暴潮

一、风暴潮概述

（一）风暴潮定义

风暴潮指由强烈大气扰动，如热带气旋（台风、飓风）、温带气旋等引起的海面异常升高现象。它具有数小时至数天的周期，通常叠加在正常潮位之上，而风浪、涌浪（具有数秒的周期）叠加在前二者之上。由这三者的结合引起的沿岸海水暴涨常常酿成巨大潮灾。风暴潮有时也称"风暴增水"、"风暴海啸"、"气象海啸"或"风潮"。

（二）风暴潮的分类

按照诱发风暴潮的大气扰动特性，把风暴潮分为台风风暴潮和温带风暴潮二类。

台风风暴潮：由热带气旋（热带风暴、强热带风暴、台风等）所引起，在北美地区称为飓风风暴潮，在印度洋沿岸称热带气旋风暴潮。

温带风暴潮：由温带气旋、强冷空气、寒潮等温带天气系统所引起的风暴潮，各国统称为温带风暴潮。

（三）风暴潮的命名

风暴潮的命名一般以诱发它的天气系统来命名，例如，由2013年第7号强台风引起的风暴潮，称为1307台风风暴潮；温带风暴潮大多以发生日期命名，如2013年11月11日发生的温带风暴潮称为"13.11.11"温带风暴潮。

二、风暴潮灾害

风暴潮引起的沿岸涨水而造成的人员伤亡、财产损失，称之为风暴潮灾害。

（一）风暴潮灾害的空间分布

我国大陆海岸线长达18 000 km，南北纵跨温、热两带，风暴潮灾害可遍布各个沿海地区，但灾害的发生频率、严重程度都大不相同。渤、黄海沿岸由于处在高纬度地区主要以温带风暴潮灾害为主，偶有台风风暴潮灾害发生，东南沿海则主要是台风风暴潮灾害。成灾率较高、灾害较严重的岸段主要集中在以下几个岸段：渤海湾至莱州湾沿岸（以温带风暴潮为主）；江苏省小洋河口至浙江省中部（包括长江口、杭州湾）；福建宁德至闽江口沿岸；广东汕头至珠江口；雷州半岛东岸；海南岛东北部沿海。这些地区包括：天津、上海、宁波、温州、台州、福州、汕头、广州、湛江以及海口等沿海大城市，特别是几大国家开发区：滨海新区、长三角、海峡西区、珠三角等都位于风暴潮灾害严重岸段。

（二）台风风暴潮特征

台风风暴潮的增水曲线可分为 3 个阶段：初振（先兆波）、主振和余振。在初振阶段，远离台风中心的验潮站开始记录到来自台风扰动区域的长周期波（先兆波）增水，通常只有 20 ~ 50 cm，台风强度越强、尺度越大、移速越慢，则岸边出现的增水越大，这个阶段持续时间的长短同样取决于台风强度、尺度和移速。

初振过后便是主振阶段，其过程如下：当随着台风移动的强制孤立波抵达大陆架，由于水深骤减而风暴潮波增幅，加之海底地形和岸型的反射影响，造成岸边风暴潮急剧升高，并在台风登陆前后几小时内达到最大值，即主振阶段。观测和数值计算结果均表明：登陆开阔海岸的台风尺度越大、移速越慢时，岸边的风暴最大增水发生在登陆前，反之，在登陆后。通常风暴潮的主振时间不足 6 h，但也有较长的（超过 2 d），一般而言，移速越慢、尺度越大的台风主振持续时间越长。

风暴潮余振阶段，潮位逐渐恢复正常状态，这个阶段包含了由于地形及其他效应在内的各类振荡。有时余振的持续时间可达 2 ~ 3 d。

（三）温带风暴潮特征

温带风暴潮是由西风带系统引起的，它的成灾范围仅限于长江口以北的黄渤海沿岸地区，其中渤海湾、莱州湾沿岸为重灾区。我国温带风暴潮的增水记录为世界第一。1969 年 4 月 23 日发生在莱州湾羊角沟站，风暴增水 3.52 m，当时记录到的过程最大风速为 34.9 m/s，3 m 以上的增水持续 7 h，1 m 以上的增水持续 37 h（23 日 13 时—25 日 01 时）。温带风暴潮的增水值虽然小于台风风暴潮，但 1 m 以上的增水时间很长，容易与天文高潮叠加，酿成灾害。

（四）台风风暴潮极值的发生时间与地点

对登陆台风而言，移速慢时最大风暴潮发生在登陆前，移速快时最大风暴潮发生在登陆时或登陆后；对于登陆后又出海的台风，其最大风暴潮几乎全部发生在台风出海时或出海后。

台风路径近乎垂直海岸时，最大风暴潮发生在登陆点右方约等于最大风速半径的距离上。有时其发生位置会随台风的矢量运动以及登陆点附近局地海底地形与岸线的变化而变化，但这种变化一般并不大。因此可以把最大风速半径作为确定最大风暴潮发生位置的量度。

此外平行海岸移动的台风当其在离岸较远距离上（100 km 左右）缓慢移动时，沿岸能产生较高的风暴潮，而在距离近岸移动时，移速快的台风能引起较高的风暴潮。

（五）警戒潮位

某次风暴潮灾害等级的大小是由本次风暴潮过程影响海域内各验潮站出现的潮位值超过当地"警戒潮位"的高度而确定的。

警戒潮位是指沿海发生风暴潮时，受影响沿岸潮位达到某一高度值，人们须警戒并防备潮灾发生的指标性潮位值，它的高低与当地防潮工程紧密相关。警戒潮位的设定是做好风暴潮灾害监测、预报、警报的基础工作，也是各级政府科学、正确、高效地组织和指挥防潮减灾的重要依据。

参考文献

1. 王长爱，陈登俊．航海气象与海洋学．北京：人民交通出版社，2009.

2. 陈家辉．航海气象学与海洋学．大连：大连海事大学出版社，1998.

3. 朱乾根，林锦瑞，寿绍文，等．天气学原理和方法（第四版）．北京：气象出版社，2000.

4. 中国人民解放军空军气象学校．天气分析预报讲义．第一册 第二册．1979.

5. 山东海洋学院海洋系海洋动力教研室．海浪预报讲义．1983.

6. 苏纪兰．中国近海水文．北京：海洋出版社，2005.

7. 侍茂崇．物理海洋学．中国现代海洋科学丛书．济南：山东教育出版社，2004.

8. 叶琳．风暴潮预报技术指南．国家海洋环境预报中心（内部技术文件），2009.

9. 文圣常，宇宙文．海浪理论与计算原理．北京：科学出版社，1984.

【复习题】

1. 简述风向的定义。

2. 简述海流流向的定义。

3. 1个标准大气压是怎样定义的？

4. 温度、湿度的定义是什么？

5. 大气是由什么组成的？通常包括哪些成分？

6. 当测站受高压（或低压）系统控制时，气压较平时低还是高，一般天气又是怎样的？

7. 海陆风的成因和特征是什么？

8. 试述表层海温的定义。

9. 海浪是海洋中的波动现象，主要分为哪几种海面波动？

10. 什么叫潮汐？什么叫潮流？

11. 有效波高或三分之一大波波高的定义是什么？

12. 涌浪的特征有哪些？

13. 能见度的定义和单位表示法是什么？

14. 什么叫气压？测量单位如何表示？

15. 什么叫气温？说出其表示法和单位。

16. 什么叫高压？在北半球的气压分布和气流运动特征是怎样的？

17. 什么叫低压？在北半球的气压分布和气流运动特征是怎样的？

18. 有效波高是怎样定义的？

19. 海洋站人工观测的波高称为十分之一大波波高，它是怎样定义的？

20. 热带气旋按中心附近地面最大风速划分为几个等级？

21. 影响风浪成长有哪几个要素？

22. 观测员应如何进行波高与周期的观测？

23. 什么是潮汐现象？

24. 自动观测系统测得的平均风速是怎样取得的？

25. 最大风速是怎么选取的？

26. 气压随着高度的增加是如何变化的？

27. 季风是由哪些因素造成的（以一年为周期的大范围对流现象）？东海冬季一般盛行什么风？季风在地理纬度上的分布一般是怎样的？

28. 某日下午 3 时 20 分前后，杭州湾开始退潮，当时杭州湾吹东南风，观测员观测到东南向波高大概在 1 m 左右，4 时观测员再次进行波高观测时，由于受到潮流的影响，他观测到的波高大概在几米左右？

29. 地面风向用多少个方位表示？每相邻方位的角度差为多少度？

30. 风浪离开风吹的区域或者风区内风向、风速突然改变后，风浪仍然沿着原来的方向传播波浪称为涌浪，其特征有哪些？

31. 某一台风在洋面上活动，从云图分析，台风眼比较清晰，台风眼直径约 35 km，中心气压 960 hPa，近中心最大风力达 40 m/s（13 级），近中心最大波高 13 m，7 级风圈半径 450 km，10 级风圈半径 150 km，正以 20 km/h 的速度向西北方向移动，请分析台风眼中天气、风和海浪的情况是怎样的？

第二部分　海滨观测及
观测业务管理

镇海海洋站

第四章　海滨观测

第一节　一般规定

一、基本要求

（1）海滨观测所获得的资料应能反映出观测海区环境的基本特征和变化规律。

（2）海滨观测包括水文、气象要素的观测和资料处理。

（3）观测站的观测项目及其测量的准确度、观测点（场）一经确定不得随意变动。

二、观测项目和时次

（一）观测项目

（1）水文项目：潮汐、海浪、表层海水温度、表层海水盐度、海发光、（海冰）。

（2）气象项目：风、气压、空气温度、相对湿度、海面有效能见度、降水量、雾。

（二）日界规定

海滨观测使用北京时。

潮汐、海浪、表层海水温度、表层海水盐度和（海冰）以北京时24时（不含24时）为日界；海发光以日出为日界；气象项目以北京时20时（含20时）为日界。

（三）观测时次

1. 连续观测

（1）配备自动观测设备的站，应对潮汐、海浪、表层海水温度、表层海水盐度、气压、空气温度、相对湿度、风、降水量、海面有效能见度进行连续观测。

（2）其中潮汐、气压、空气温度、相对湿度、风、降水量每 1 min 记录 1 次；表层海水温度、表层海水盐度、海面有效能见度每个整点记录 1 次；海浪一般每 3 个小时记录 1 次（02 时、05 时、08 时、11 时、14 时、17 时、20 时、23 时）。

（3）雾应连续观测。

2. 定时观测时次

没有配备自动观测设备的站，进行人工定时观测。

（1）潮汐应于每日整点测量潮高，记录每日高潮、低潮的潮高及其对应时间。

（2）海浪应于每日 08 时、11 时、14 时、17 时进行观测，在冬季因天色暗淡不利于观测时，可根据具体情况规定提前观测时间，并在观测簿备注栏内注明。

（3）表层海水温度应于每日 08 时、14 时、20 时进行观测。

（4）表层海水盐度应于每日 14 时进行观测（采集表层海水样品）。

（5）海发光应于每日天黑后进行观测。

（6）风应于每日整点测量风速及相应风向，记录瞬时风速不小于 17.0 m/s 的起止时间。

（7）气压、空气温度、相对湿度和海面有效能见度应于每日 08 时、14 时、20 时进行观测；降水量应于每日 20 时进行观测。

三、观测程序和补测规定

（1）观测程序由各测站自行安排，但所有定时观测项目应在正点前后 30 min 内观测完毕；气象项目观测应尽量安排在正点前 15 min 内进行；气压观测应靠近正点；潮汐校测应在整点进行。

（2）观测时，如果仪器设备不能正常使用，应采用其他方法进行观测，观测数据可作为正式记录，并在观测簿备注栏说明方法和原因。

（3）如果在规定观测时间内某项目或某要素因故未能观测，可在该时次正点后 1 h 内补测，所有补测内容仍作为正式记录，并在观测簿备注栏注明补测原因和时间。在补测时间内不能进行补测的项目或要素作缺测处理。

四、海洋灾害和异常现象的观测

（1）当风速或波高达到确定值（其值应根据各海区具体情况而规定）时，海浪观测应加密到 1 h 观测 1 次。

（2）当地震海啸或风暴潮影响到当地，用仪器设备无法进行正常潮汐测量时，在保证生命安全前提下，观测人员必须监视潮位变化，以获取完整的潮汐资料。

（3）观测人员应对测站附近的各种海洋灾害以及异常现象进行记录。

五、仪器设备的配备

（1）海滨观测所使用的观测仪器设备，应经国家法定计量检定机构计量检定／校准／测试合格后方可使用，所使用的仪器设备应在检定有效期内，定期对仪器设备进行检查、维护保养，发生故障应及时排除或更换，并作相应的记录说明。

（2）自动观测仪器设备应性能稳定可靠、测量准确、操作维护方便、结构坚固、抗腐蚀性能力强等。

（3）自动观测仪器设备一般应具有系统设置、数据记录、数据转换、数据通信单元和供电功能；能设置每个传感器的最新标定文件，能对每个观测要素进行连续自动观测、显示、打印并可以将数据存入存储器；能将传感器所获得的原始数据转换成工程数据并直接传输到计算机上；具有对采集的数据进行剔除明显误差的功能。

（4）自动观测仪器设备测量准确度，应满足各要素测量技术指标。

（5）仪器工作电源应采用 220 V 交流电、太阳能电池板、备用发电机（组）、风力发电和自备蓄电池等多种方式，保证仪器设备供电需求，蓄电池供电能力必须保证仪器连续工作 72 h 以上，有条件的测站配备大型 UPS 电源。

六、观测值班基本要求

（1）定时观测前，观测人员应巡视检查观测点（场）及所使用的仪器设备。

（2）每日 07 时、19 时进行观测用表对时，该钟表 24 h 内误差不得大于 10 s，19 时对自动仪器的内部时钟进行对时（保证时钟误差不大于 30 s，如果超出误差范围，在日界后重新预置准确时间）。

（3）各项观测数据应立即记入观测记录簿，不得涂擦。观测员发现的错误用黑色铅笔改正；校对员查出的错误，用蓝黑或纯黑墨水笔改正。改正时将原记录数据划一横线，在其右上方写上正确数据。作缺测处理的项目或要素应在有关栏内记"—"符号，对可疑的记录数据应加"（）"。

（4）守班期间，每个整点必须监视一次自动观测系统工作情况和数据传输情况，确保每个整点数据采集完整、传输及时。

（5）测报计算机主要用于测报工作，不得运行无关程序。

（6）每天使用国家海洋局海洋观测信息管理系统报告本站仪器设备和通信设备运行情况。

（7）观测站应记载对观测数据有影响的活动（例如，观测站设施设备变动、仪器设备安装布放使用、水准系统的设置与水准测量、井内外水尺设置等）并整理归档。

（8）认真记载《观测工作大事记》并按《海洋站业务工作档案》要求及时归档。

第二节　潮汐的观测

一、潮汐的定义

海水在天体（主要是月球和太阳）引潮力作用下所产生的周期性运动，习惯上把海面铅直向涨落称为潮汐，而海水在水平方向的流动称为潮流。

二、潮汐观测的要素、单位和准确度

（一）观测要素

整点潮高，高潮、低潮的潮高及对应潮时。

（二）单位和准确度

潮高的单位为厘米（cm）。测量的准确度规定为三级：一级为 ±1 cm；二级为 ±5 cm；三级为 ±10 cm。

三、观测点的选择条件

观测点应选择在与外海畅通，水流平稳，不易淤积，波浪影响较小的海域；应避开冲刷严重、易坍塌海岸；在理论最低潮时，水深应大于 1 m；尽可能利用防波堤、码头、栈桥等海上建筑物。

四、验潮井的分类与设置

验潮井是为了观测潮汐而专门设置的建筑物（图 4-1）。

图4-1　验潮井

（一）验潮井的分类

验潮井分为岛式验潮井和岸式验潮井。

（1）岛式验潮井：用支架固定的井筒安置于海中的建筑物，井筒安装有两种形式：一种是井筒坐落于海底；另一种是井筒悬挂于水中，验潮井修引桥与陆地连接。

（2）岸式验潮井：井筒建在岸上，通过输水管与海水相通的建筑物。

验潮井的设计，特别是进水管道必须使井内外潮位差小于 1 cm，并且具有良好的消波性能。验潮井的设置应详细记载和归档。

（二）验潮井的设置

1. 井筒

井筒采用钢筋混凝土浇灌制成，也可用金属管或硬质塑料管等建筑材料制成。井筒一般为圆形，内径 0.7 ~ 1.0 m；井口应高于理论最高潮位 1.5 ~ 2.0 m；井底应低于理论最低潮位 1 m；井筒开有进水孔，其高度约在理论最低潮位下 0.5 ~ 1.0 m 处。

2. 进水孔

进水孔大小是验潮井能否具有良好随潮性和消波性的关键，它主要取决于当地最大涨（落）潮率和井筒的截面积。进水孔的设计可参照下式：

$$S_1/S_2 = [\mu(2g\Delta H)^{1/2}]^{-1}(dh/dt)_{max}$$

式中：

S_1—— 验潮井进水孔截面积，cm^2；

S_2—— 井筒截面积，cm^2；

g —— 重力加速度，cm/s^2；

ΔH —— 井内外潮位差，cm；

$(dh/dt)_{max}$ —— 最大涨（落）潮率，cm/s；

μ —— 流量系数。

如一圆形验潮井，假如井内、井外潮位相差 1 cm，当流量系数为 0.753 时，通过上式计算进水孔与井筒截面积之比，与最大涨（落）潮率的关系见表4–1。

表4–1　进水孔与井筒截面积之比与最大涨（落）潮率的关系

$(dh/dt)_{max}$ /(cm·s^{-1})	16.7×10^{-3}	22.2×10^{-3}	27.8×10^{-3}	33.3×10^{-3}	41.7×10^{-3}	55.5×10^{-3}	66.6×10^{-3}
S_1/S_2	$1/2 \times 10^{-3}$	$1/1.5 \times 10^{-3}$	$1/1.2 \times 10^{-3}$	$1/1 \times 10^{-3}$	$1/0.8 \times 10^{-3}$	$1/0.6 \times 10^{-3}$	$1/0.5 \times 10^{-3}$

在设计进水孔时，还应考虑海区其他因素的影响，适当加大进水孔与井筒截面积的比例。

3. 消波器

安装在受波浪影响较大的验潮井中的消波器，通常采用漏斗状或圆板型；井筒坐落于海底的验潮井，消波器应安装在进水孔上方 0.5 m 内；井筒悬挂于海水中的，消波器安装于底部。消波器进水孔的大小参照上述进水孔的设计公式。

五、验潮仪的安装

（1）将验潮仪水平、稳固地安装在仪器台上，用螺丝固定，安装的位置应便于观测操作，其浮子系统不要与井内水尺浮子系统相互妨碍，也不能与井壁触碰。

（2）仪器台上的各条钢丝绳开孔位置要准确，大小适当，避免摩擦。

（3）根据测站可能发生的最大潮差数值，准确确定钢丝绳长度和当时潮位下在槽圈数（浮子和平衡锤），保证能观测到测站潮位的极大值和极小值。

六、测站潮高基准面的确定

（1）测站潮高基准面宜采用当地理论最低潮面，简称测站基面。

（2）在未确定潮高基准面的测站，可以用开始观测时的第一根水尺零点处的水平面或设定的某一水平面临时作为潮高基准面。

在观测 1 年后，使用所测资料通过推算，确定当地理论最低潮面作为测站潮高基准面。

（3）测站基面一经确定不应轻易变动，测站基面的高程应记载和归档。

（4）测站基面确定后，潮高资料必须订正到测站基面上。

七、水准系统的设置和水准测量

（一）水准点的设置

观测站应在适当位置设置一个基本水准点和 1 ~ 2 个校核水准点。

基本水准点是观测站永久性的高程控制点。校核水准点是用于引测和检查水尺零点、读数指针高程的水准点。

基本水准点和校核水准点分别按基本水准标石和普通水准标石的埋设方法埋设，并应采取严格的保护措施，使之不易受到破坏。水准标石埋设的技术设计、选点、埋设方法和要求按 GB 12898 的规定执行，并详细记载和归档。

（二）水准点的水准测量要求

（1）基本水准点应按国家三等水准测量要求与国家水准高程系统连测。

（2）校核水准点应按国家三等水准测量要求与基本水准点连测。

（3）基本水准点和校核水准点启用后应1年复测1次；两年后若没有发现高程变动，基本水准点每隔4年应复测1次，校核水准点每隔2年应复测1次。

（4）水准点的测量按GB 12898的规定执行，并将各次测量及复测情况详细记载和归档。

八、井内外水尺的设置

为了便于校测潮高以及检查井内外潮位的一致性，必须设置井内外水尺（图4-2、图4-3）。

（一）要求与安装

（1）井外水尺最小刻度为1 cm，尺长累计误差不大于0.5 cm。

（2）井内水尺最小刻度为0.1 cm，尺长累计误差不大于0.5 cm。

（3）井外水尺要求用不易变形、耐腐蚀的材料制成，现在一般使用搪瓷水尺或不锈钢水尺，用不锈钢螺丝固定在不锈钢槽钢内或硬质木质尺柱上，水尺刻度要清晰，不易附着海洋生物，便于清洗、维护和更换。

（4）可将井外水尺直接固定在验潮井栈桥立柱、其他建筑物或岩壁上。安装水尺时，尺顶应高出理论最高潮位1 m；尺底应低于理论最低潮位0.5 ~ 1.0 m，安装应铅直、牢固、安全和观测方便。根据测站底质实际，采取不同的安装方法。如果一根水尺难以观测，应设立水尺组。

（5）井内水尺系统由井内水尺、浮子系统（浮子、平衡锤、滑轮）、读数指针构成。井内水尺一般采用带形玻璃纤维软尺，浮子一般采用塑料或金属材料制成（需要配重处理），其直径要根据验潮井筒的大小来选择。井内水尺浮子和平衡锤的重量比要通过计算和反复测试确定。

井内水尺安装时把浮子与带尺系结牢固，并使浮子吃水线至带尺零米起算点的长度与测站潮高基准面至读数指针的高度相等（如果测站可能出现负值，可适当增加固定的水尺读数长度，水尺读数减去固定值，就是潮位值）。带尺的长度一定要取得适宜，不得使平衡锤顶到工作台，也不得使平衡锤触底。浮子吃水线的位置必须在有滑轮和平衡锤平衡的条件下反复测试确定。

（6）自动验潮仪和井内水尺是两套独立的观测设备，严禁两套设备使用同一套浮子。

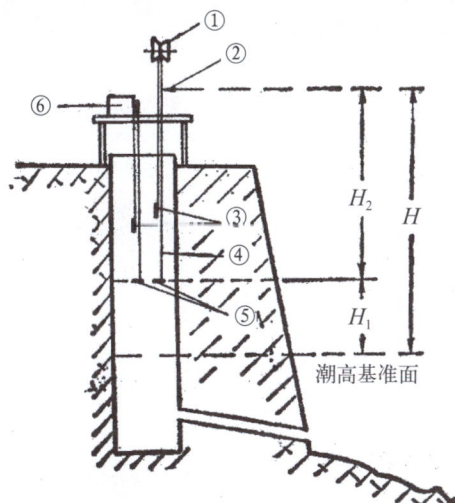

图4-2　井内水尺示意图
① 滑轮；② 读数指针；③ 平衡锤；④ 带尺；⑤ 浮子；⑥ 验潮仪

图4-3　井外水尺

（二）井内外水尺水准测量

（1）新安装（或更换）的井外水尺，在启用前应按国家四等水准测量的要求，与校核水准点进行连测，确定水尺零点的高程并每半年复测 1 次。

（2）井外水尺在受到台风袭击、被船只碰撞、更换调整水尺板、认为水尺有可能松动，都应复测水尺零点高程。

（3）井内水尺读数指针安装完毕，应按国家四等水准测量要求与校核水准点连测，确定读数指针高程并每半年复测 1 次。

（三）井内外水尺校核

井内、井外水尺每月应进行 1 次互校。校核时应分别在高潮、中潮、低潮各对比观测 1 次，每次至少读取三对数值。

（1）由于井外水尺零点很容易受外力影响而发生变动，井内水尺也可能出现伸缩现象，读数指针也可能随建筑物整体下沉，验潮井进水口也可能由于长期淤泥沉积、生物附着等发生堵塞现象，影响潮汐观测的准确性，所以水尺互校非常重要。如果出现较大偏差，还要及时开展水准连测，排查各种可能造成偏差的原因；如果验潮井筒堵塞，要立刻使用专用工具清理，保证潮汐资料的准确可靠。

（2）水尺互校应选择在风平浪静的天气进行，选择退潮时段最佳，最好是由两组人员同步进行（利用现代通信工具），以提高读数的准确性和时效性。

（四）井内外水尺检查、调整或更换

（1）新安装的井内水尺，每旬应检查一次尺长变动情况。若 1 个月后没有发生变动，可以改为每 3 个月检查 1 次。

（2）井外水尺零点变动、井内水尺伸缩或读数指针高程变动等于或大于 1.0 cm 时，应及时更换或调整。

1. 井外水尺零点和井内水尺读数指针的复测

水准点、井外水尺零点、井内水尺读数指针在确定高程后，每隔一段时间还应进行复测，若变动应及时调整，必要时须对有关资料进行订正。若井外水尺零点或井内水尺读数指针高程变动等于或大于 1.0 cm，也要进行高程复测。

（1）由校核水准点复测井外水尺零点或读数指针的高程，若与前次测量结果误差大于或等于 1 cm，应立即复测校核水准点的高程；若复测校核水准点的高程没有变动，则确认是井外水尺零点或读数指针发生变动，应对它们进行调整。

（2）若发现校核水准点的高程发生变动，应立即检查基本水准点的高程；若基本水准点的高程没有发生变动，则可以确定是校核水准点的高程发生变动，除对校核水准点标石进行检查、加固外，还应该重新确定校核水准点的高程。根据校核水准点新确定的高程，复测水尺零点或读数指针的高程，若与前次测量结果误差大于或等于 1 cm，应对其进行调整。

（3）若确认基本水准点的高程发生了变动，则应根据新确定的高程，重新确定校核水准点的高程；若与前次测量结果误差大于或等于 1 cm，应对其进行调整。

2. 记载

井内、外水尺和读数指针的安装、测量、检查、校核、调整、更换、变动等情况应记载在观测簿纪要栏内并归档。

九、潮高基准面、水尺零点和读数指针

（1）潮高基准面是测站潮高起算的零面。

（2）水尺零点是井外水尺读数的起算点。

（3）读数指针是读取井内水尺潮汐观测读数的固定器具。

（4）水尺零点和读数指针的高程必须与校核水准点高程进行连测。

（5）潮高基准面和水尺零点一般不在一个平面上，经水准连测，确定了两者的高程差，水尺读数经高程差订正就是潮位值。

（6）井内外水尺其功能都是观测、校核潮高，还可以用于检查井内外潮位差及潮高变化一致性，判断井筒进水口是否畅通，从而保证验潮井潮汐数据测量的准确可靠。

十、观测和记录方法

（一）自动观测

每 3 s 采样一次，连续采样 1 min，经误差处理后，计算样本数据的平均值；用整点前 1 min 平均值，作为该整点潮高。潮高记录到 1 cm；潮时记录到 1 min，采用四位记时法记录。当潮位在潮高基准面以下时，潮位数值前加"—"号。相关潮汐观测高程关系见图4-4。

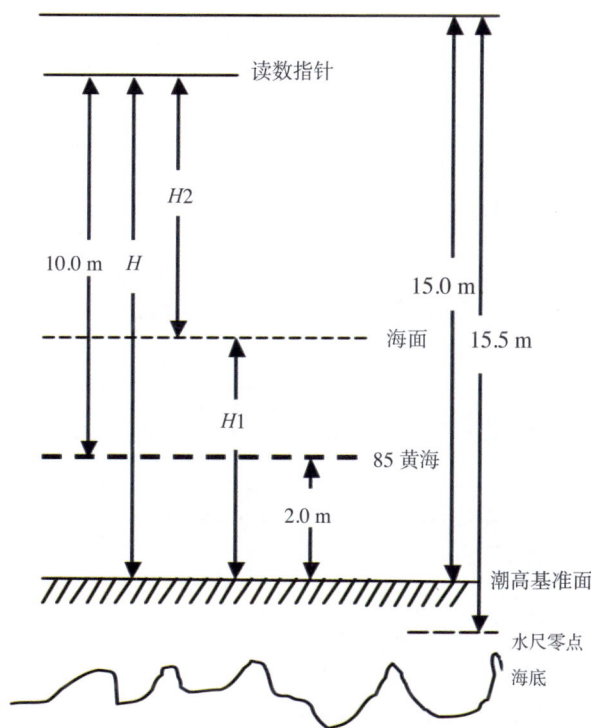

图4-4 相关潮汐观测高程关系

$H1$—测站潮高；$H2$—读数指针到海面距离；H—读数指针到潮高基准面距离

（二）人工观测

如果仪器发生故障，利用井内或井外水尺进行人工观测，记录每个整点潮高和相应潮时，高低潮前后半个小时，每 10 min 观测一次潮高和对应潮时，记录填写在观测簿内。

第三节　海浪的观测

一、观测要素

观测海浪的波高、周期、波型、波向和海况。

二、单位和测量的准确度

（1）波高单位为米（m），准确度规定为两级：一级为 ±10%；二级为 ±15%。

（2）周期的单位为秒（s），准确度为 ±0.5 s。

（3）波向的单位为度（°），准确度规定为两级：一级为 ±5°；二级为 ±10°。

三、观测点的选择

（1）观测点海面应开阔，无岛屿、暗礁、沙洲和水产养殖、捕捞区等障碍物影响，并尽量避开陡岸。

（2）抛设浮标（或传感器）处的水深一般不小于 10 m，海底平坦，尽量避开急流区。

四、仪器的安装和布放

仪器的安装布放应按各仪器的要求进行。传感器或测波浮标布放后，必须立即测定布放点的水深、布放点的潮高、布放点相对于岸上观测场地（或接收点）的方位、水平距离并记录布放时间以及布放点的经纬度，计算布放点海底到潮高基准面的高度，如图 4-5 所示。

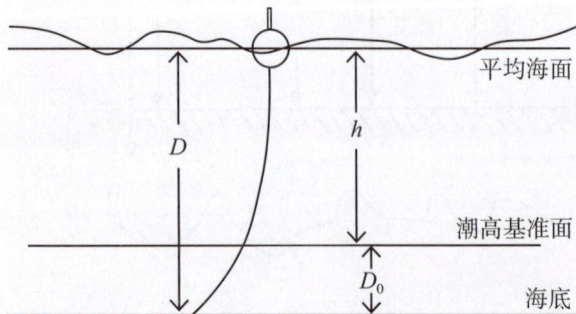

图4-5　D、D_0、h关系示意图

计算公式为：

$$D_0 = D - h$$

式中：D_0——布放点海底到潮高基准面的高度，m；

D——布放点布放时水深，m；

h——布放时潮高，m。

所测各项参数应详细记载，归档。

五、风浪的定义及外貌特征

（1）当地风产生，且一直处在风的作用之下的海面波动状态。

（2）波峰较尖，波峰线较短，背风面比向风面陡，波峰上常有浪花和飞沫。

六、涌浪的定义及外貌特征

（1）海面上由其他海区传来的或者当地风力迅速减小、平息，或者风向改变后海面上遗留下的波动。

（2）受惯性力作用传播，外形圆滑，波峰线较长，波向明显，波陡较小。

七、海况观测

以目力观测拍岸浪带以外范围能见海面的征象，根据海面上波峰的形状、破碎程度和浪花出现的多少，按照海况等级表（表4-2）进行判断并记录海况。

表4-2　海况等级

海况（级）	海面征象
0	海面光滑如镜
1	波纹
2	风浪很小，波峰开始破裂，但浪花不是白色的
3	风浪不大，但很触目。波峰破裂，其中有些地方形成白色浪花——白浪
4	风浪具有明显的形状，到处形成白浪
5	出现高大波峰，浪花占了波峰上很大的面积。风开始削去波峰上的浪花
6	波峰上被风削去的浪花开始沿海浪斜面伸长成带状
7	风削去的浪花布满了波浪斜面，并且有些地方达到波谷
8	稠密的浪花带布满了波浪斜面，海面因而变成白色，只在波谷某些地方才没有浪花
9	整个海面布满了稠密的浪花层，空气中充满了水滴和飞沫，能见度显著降低

八、波型的观测记录

以目力观测拍岸浪以外大范围能见海面海浪的外貌，按表4-3判定所属波型，并记录其符号，海面无浪，波型栏空白，观测时如风已经减弱或停止，而海浪仍具有明显的风浪特征，则波型仍应记F。

表4-3　波型分类

波型	符号	海浪外貌特征
风浪	F	受风力的直接作用，波峰较尖，波峰线较短，背风面比向风面陡，波峰上常有浪花和飞沫
涌浪	U	受惯性力作用传播，外形圆滑，波峰线较长，波向明显，波陡较小
混合浪	FU	风浪波高与涌浪波高相差不大
	F/U	风浪波高明显大于涌浪波高
	U/F	风浪波高明显小于涌浪波高

九、波向的观测、记录及注意事项

（一）波向的定义

波向是指波的来向。

（二）波向的观测和记录

（1）分别测取风浪波向、涌浪波向或者综合波向，如海面仅出现风浪时，则涌浪波向记"C"；如海面仅出现涌浪时，则风浪波向记"C"。

（2）如海面出现两个以上风浪或涌浪波系时，则只测定其主要波系的波向。

（3）波向记录到整数（度数，如26°，315°等）；海面无海浪或有海浪而测不出波高、周期时，波向栏记C；若能测出波高、周期而测不出波向时，波向栏记X。

（三）波向观测的注意事项

波向观测必须避开拍岸浪带，波向观测是器测项目，尽量使用岸用光学测波仪等有方位测定功能的仪器观测。用目力观测波向是不科学的。

十、波高、周期的观测和记录

（一）波高、周期的自动观测（自动波浪仪）

采样时间间隔不大于 0.5 s，连续记录的波数不少于 100 个波，记录的时间长度视平均周期的大小而定，一般取 17 ～ 20 min。

波高和周期观测包括：最大波高及其对应周期、十分之一大波波高及其对应周期、有效波波高及其对应周期、平均波高及其对应周期等特征值。

（二）波高、周期的特征值及其代号

（1）最大波高（H_{max}）：海浪连续记录中波高的最大值。

（2）最大波周期（T_{max}）：最大波高对应的周期。

（3）十分之一大波波高（$H_{1/10}$）：海浪连续记录中逐个波高，从大到小排列，其波高总个数的前十分之一个大波波高的平均值。

（4）十分之一大波周期（$T_{1/10}$）：十分之一大波各波高对应周期的平均值。

（5）有效波波高（$H_{1/3}$）：海浪连续记录中逐个波高，从大到小排列，其波高总个数的前三分之一个大波波高的平均值。

（6）有效波周期（$T_{1/3}$）：有效波高各波高对应周期的平均值。

（7）平均波高（H_{mea}）：海浪连续记录中所有波高的平均值。

（8）平均周期（T_{mea}）：平均波高各波高对应周期的平均值。

（三）周期、波高的目测

测站自动仪发生故障或没有自动观测仪，采样目测方法观测海浪，观测方法如下。

（1）在海面上选择具有代表性的一固定点（尽量利用海上固定漂浮物），目测 10 个连续波通过某一固定点所需时间，重复测 3 次（每两次之间的间隔在 1 min 以内），取平均值作为平均周期。

（2）在平均周期 100 倍的时间内，密切注视海面一固定点，估测十分之一大波波高和最大波高。

波高、周期的记录：波高记录到 0.1 m，周期记录到 0.1 s，海面无浪或虽有海浪但测不出波高和周期，波高、周期栏均记"0.0"。

十一、波级的确定

用有效波波高或十分之一大波波高，按表4–4波级查算表判定所属波级。

表4–4　波级查算表

波级	波高/m	名称	波级	波高/m	名称
0	0	无浪	5	$2.5 \leq H_{1/3} < 4.0$ $3.0 \leq H_{1/10} < 5.0$	大浪
1	$H_{1/3} < 0.1$ $H_{1/10} < 0.1$	微浪	6	$4.0 \leq H_{1/3} < 6.0$ $5.0 \leq H_{1/10} < 7.5$	巨浪
2	$0.1 \leq H_{1/3} < 0.5$ $0.1 \leq H_{1/10} < 0.5$	小浪	7	$6.0 \leq H_{1/3} < 9.0$ $7.5 \leq H_{1/10} < 11.5$	狂浪
3	$0.5 \leq H_{1/3} < 1.25$ $0.5 \leq H_{1/10} < 1.5$	轻浪	8	$9.0 \leq H_{1/3} < 14.0$ $11.5 \leq H_{1/10} < 18.0$	狂涛
4	$1.25 \leq H_{1/3} < 2.5$ $1.5 \leq H_{1/10} < 3.0$	中浪	9	$14.0 \leq H_{1/3}$ $18.0 \leq H_{1/10}$	怒涛

当海面有浪但测不出波高时，波级记"1"。

十二、水深的计算

根据抛设浮标时，测量的水深 D 和潮高 h，按照公式 $D_0 = D - h$，就可以计算出布放点到潮高基准面的高度 D_0，是个固定值，而水深 $D = D_0 + h$。

当波高为 0.0 m 或者缺测时，水深记录栏空白。

注意事项：

（1）岸用光学测波仪要牢固安装在工作台上，南北方向要测定准确，台面要水平、牢固，便于目力观测波向、周期等要素

（2）波浪自动观测站，8 ～ 17 时和加密观测时次应人工观测海况、波型、波向等要素。

（3）密切关注波浪接收设备工作状况（包括路由器、通信卡、传感器电压等）发现故障及时排除。

（4）密切监视海上浮标情况，出现移位（脱锚）、被撞、被盗等意外事故，当班观测员要及时上报并根据现场情况果断处置。

（5）每年汛期前要对海上浮标外壳和锚系附着物进行一次彻底的清理和维护保养，给传感器供电电瓶充足电，保证安全度汛。

第四节　表层海水温度的观测

一、观测要素

观测海水表面到 0.5 m 深处的表层海水温度。

二、单位和测量的准确度

表层海水温度的单位为摄氏度（℃），测量的准确度规定为三级：一级为 ±0.05℃；二级为 ±0.2℃；三级为 ±0.5℃。

三、观测点的选择

选择的观测点应与外海畅通，水深不小于 1 m；观测点不应设置在排水、排污管道或小溪的入海处。

四、温盐井的设置要求

（1）温盐井是为了观测表层海水温度和表层海水盐度而专门设置的建筑设施，温盐井一般可在验潮井旁边或与验潮井同时建设。

（2）温盐井内径一般不小于 0.4 m；在理论最高潮位和理论最低潮位之间，每隔 0.5 m 设一进水孔，进水孔的直径不小于 0.1 m，以保证井内外水体的自由交换。

五、仪器的安装

表层海水温度传感器尽量安装在温盐井内，并始终保持在海面至水下 0.5 m 的高度，随海面升降，有电缆与采集器相连。

六、观测和记录

（一）自动观测

（1）每 3 s 采样一次，连续采样 1 min；经误差处理后，计算样本数据的平均值；用整点前 1 min 的平均值，作为该整点的观测值。

（2）表层海水温度观测记录到 0.1℃；表层海水温度在 0℃ 以下时，记录数值前加"一"号。

（3）当表层海水温度传感器不是长期浸入在被测量的海水中时，在采样之前传感器必须浸入海水中感温 2 min 之后，方可进行数据的采集。

（二）人工观测（水温表观测）

（1）水温表是由水银温度表和特制的金属镀铬外壳两部分组成。水温表外壳的下部是一个直径约 5 cm，高约 6 cm 的储水杯，杯的上部有几个小孔，供海水自由出入。外壳的上部是一个长约 20 cm、直径 3 cm 的金属管，管身有 1.5 cm 的对开缝隙，水温表球部应置于储水杯中心，见图 4-6。

（2）水温表的刻度范围通常为 -5 ~ 40℃，每一小格为 0.2℃。

用帆布桶采水观测，观测时将帆布桶浸没在水面下感温 1 min 后提上，迅速置于避阳避风处，将水温表放入水桶中搅动感温 2 min 后进行读数。在特大风浪的情况下，采水桶可以不感温直接采水观测，见图 4-7。

（3）观测结果立即记入观测簿，并进行器差订正，水温在 0℃ 以下时，所记录的数据前加"—"。

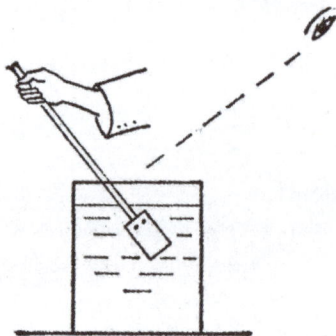

图4-6 表层水温表　　　　图4-7 采水桶观测水温

注意事项：

读数时，眼睛视线应与水温表垂直，并与水温表水银柱顶端在同一平面上，水温表储水杯应不离开采水桶水面；读数必须迅速，先读小数，后读整数；记录数据后还应该复读，避免误读；天黑后观测时，应将水温表置于光源与人眼之间进行。

七、表层海水温度比对

每个月 3 次（10 日、20 日、月末日），08 时进行，可用帆布筒采集井内表层海水，用水温表进行人工观测（方法同水温表观测），同时读取水温传感器采集数值，两者观测数值允许误差不大于 0.5℃；如果超出误差允许范围，于 09 时、10 时、11 时、12 时、13 时继续校测；若继续比测差值没有超出允许范围，则不必对各观测数据进行订正；若继续校测差值的平均值仍超出允许范围，需查明原因，采取必要措施恢复正常观测（更换设备或线路板），并对比对周期内的数据进行订正；进行了继续比测的，应在观测簿中详细注明比测情况。

第五节　表层海水盐度的观测

一、观测要素

观测海水表面到 0.5 m 深处的表层海水盐度。

二、测量的准确度

表层海水盐度测量的准确度规定为四级：一级为 ±0.02；二级为 ±0.05；三级为 ±0.2；四级为 ±0.5。

三、观测点的选择

选择的观测点应与外海畅通，水深不小于 1 m，并避开陆地径流和排水、排污管道或小溪入海处以及受污染的海区。

四、观测和记录

（一）自动观测

每 3 s 采样一次，连续采样 1 min，经误差处理后，计算样本数据的平均值；用整点前 1 min 的平均值，作为该整点的观测值。

（二）人工观测

14 时采集表层海水盐度样品，用实验室盐度计测定样品海水盐度值。

五、表层海水盐度比对

比对工作每个月月末进行，采集井内表层海水样品，用实验室盐度计进行测定，与表层海水盐度传感器采集数据进行比较，允许误差不大于 0.50。

如果超出误差范围，处理方法参考表层海水温度比对，最好及时更换温盐传感器。

第六节　海发光观测

一、观测要素

观测夜间海面出现的生物发光现象。

二、观测点的选择

观测点应选择在不易受灯光、月光影响，位置相对固定，距离海面高度 2 ~ 6 m 的地方。

三、观测和记录方法

（1）海发光观测用目测进行，当观测员从亮处到暗处观测时，待适应环境后再进行观测。当因海面平静观测不到海发光时，可人工扰动海面进行观测。

（2）观测时，先按表 4-5 的海发光特征判定类型，用符号记录；再按海发光强弱程度判定发光强度等级，并在其符号的右下方作等级记录，如二级强度的火花型海发光记为"H2"。

（3）当两种或两种以上海发光类型同时出现时，应分别记录，等级高的记录在前，等级低的记录在后，如 H2S1。

（4）无海发光时记"0"；因灯光、月光或其他原因影响观测不到海发光时记"X"。

（5）在整个夜晚若发现比观测时的海发光等级高，或有不同类型的海发光出现时，应分别记入当日观测簿备注栏内。

表4-5　海发光类型及强度等级

发光类型	发光特征	发光强度等级				
		0	1	2	3	4
火花型（H）	发光形态与萤火虫相似，由 0.02 ~ 5mm 的发光浮游生物引起，当海面受机械扰动或生物受某些化学物质刺激，此类发光显著。通常情况下发光微弱是常见的海发光类型	无发光现象	在机械作用下发光勉强可见	在水面或风浪的波峰处发光明晰可见	在风浪和涌浪波面上发光注目可见。漆黑夜晚可借此见到水面物体轮廓	发光特别明亮，波纹上也能见到发光
弥漫性（M）	海面呈现一片弥漫的光辉，它主要由发光细菌引起，只要有大量细菌存在，任何情况下都会发光	无发光现象	发光可见	发光明晰可见	发光注目可见	强烈发光
闪光性（S）	发光常呈阵性，它由大型发光动物产生，这种发光动物通常孤立地出现，当其成群出现时，这种发光更显著；在机械作用或某些物质刺激下，发光较醒目	无发光现象	在视野内有几个发光体	在视野内有十几个发光体	在视野内有几十个发光体	视野内有大量的发光体

第七节　海面有效能见度和雾的观测

一、海面有效能见度定义

所能见到的海面二分之一以上视野范围内的最大水平能见距离。

二、雾的定义

大量微小水滴浮游空中，常呈乳白色，使水平能见度小于 1.0 km。

三、单位和测量准确度

观测单位：千米（km）。测量的准确度规定为两级：一级为 ±10%；二级为 ±20%。

四、观测点的选择

观测点应该选择在视野开阔的地方。

五、仪器的安装

能见度仪分为散射能见度仪和透射能见度仪。安装两种能见度观测仪时要避开常出现地方性烟雾的地方，周围不要有高大的障碍物。

发射器和接收器都不能朝着强光源（如太阳光）或强的反射面（如积雪）等，朝向主要观测海面。

安装高度为 1.5 m 左右，仪器底座要十分牢固。透射能见度仪基线要测准，并对准光轴。电源和通信电缆要可靠。

平时要注意维护发射器和接收器镜面清洁，如有降水、凝结物或灰尘附着，应及时清除。两种仪器均应定期校准，才能保证测量气象光学视程的准确度。

两种能见度观测仪均能自动采样，取平均值输出能见度连续变化。

六、海面有效能见度自动观测和记录方法

每 3 s 采样一次，连续采样 3 min。经误差处理后，计算样本数据的平均值，用整点前 3 min 的平均值作为该整点的海面有效能见度，海面有效能见度记录到 0.1 km，不足 0.1 km，记为"0.0"。

七、海面有效能见度的目测

（一）有目标物的观测方法

事先测定测站所濒临海面各目标物（岛屿、礁石、海角、灯塔、孤立山峰等）的距离，并绘制成分布图。根据"能见"的最远目标物和"不能见"的最近目标物，判定海面有效能见度。如目标物轮廓清晰，但没有更远的或看不清更远的目标物时，可参考如下几点判定。

（1）目标物的颜色、细微部分清晰可辨时，海面有效能见度通常为该目标物距离的 5 倍以上。

（2）目标物的颜色、细微部分隐约可辨时，海面有效能见度可定为该目标物距离的 2.5 ~ 5 倍。

（3）目标物的颜色、细微部分很难分辨时，海面有效能见度可定为大于目标物距离，但不应超过该目标物距离的 2.5 倍。

（二）无目标物的观测方法

根据海天交界线的清晰度，参照表 4-6 判定海面有效能见度。当海天交界线完全看不清楚时，则按经验判定。

表4-6　海面有效能见度参照数据

单位：km

海天交界线清晰程度	海面有效能见度	
	眼高出海面≤7 m时	眼高出海面>7 m时
十分清楚 清楚 勉强可以看清 隐约可辨 完全看不清	>50.0 20.0 ~ 50.0 10.0 ~ 20.0 4.0 ~ 10.0 <4.0	>50.0 20.0 ~ 50.0 10.0 ~ 20.0 <10.0

（三）夜间观测方法

夜间由于光线条件限制，海面有效能见度观测可根据不同距离能见目标物上灯光强度进行估计；或根据月光，天黑以前能见度的变化趋势，以及当时天气现象和气象要素的变化情况，结合实践经验进行估计。

夜间观测海面有效能见度时，应先在黑暗处停留 5 min 以上，待眼睛适应环境后再进行观测。

（四）人工观测记录

于08时、14时、20时各观测一次海面有效能见度，记录到0.1 km，不足0.1 km，记为"0.0"，记录在观测簿的相应栏内。

八、雾的观测记录

（1）测站观测雾以海面有效能见度为准。

（2）白天（8～20时）观测到雾记录其符号≡和起止时间（一连接）。例如，≡0835—1053。

白天雾出现两次或两次以上时，第二次及其以后雾出现的起止时间可接着前一次起止时间分段记入，不再重记≡符号；两次出现时间间隔在15 min之内用点线"…"连接。例如，≡0812…0915，不必分段记录。

（3）若开始或终止时间缺测，则只记终止或开始时间，如起止时间均缺测，只记符号≡。

（4）夜间有雾只记录≡符号，不记起止时间（工控机内相应栏输入42）。

第八节　空气温度、相对湿度和降水量观测

一、观测场的基本要求

（一）环境条件要求

气象观测场必须符合观测技术上的要求。

（1）气象观测场是取得地面气象资料的主要场所，地点应设在能较好地反映本地较大范围的气象要素特点的地方，避免局部地形的影响。观测场四周必须空旷平坦，避免设在陡坡、洼地或邻近有丛林、铁路、公路、工矿、烟囱、高大建筑物的地方。避开地方性雾、烟等大气污染严重的地方。

（2）在城市或工矿区，观测场应选择在城市或工矿区最多风向的上风方。

（3）观测场的周围环境应符合有关气象观测环境保护的法规、规章和规范性文件的要求，并依法进行保护。

（4）地面气象观测场周围观测环境发生变化后要进行详细记录。

（二）观测场地要求

（1）观测场地一般为25 m×25 m的平整场地；确因条件限制，也可取16 m（东西向）

×20 m（南北向），高山、海岛站、无人站不受此限。

（2）要测定观测场的经纬度（精确到分）和海拔高度（精确到0.1 m），其数据刻在观测场内的固定标志上。

（3）观测场四周应设置约1.2 m高的稀疏围栏，围栏不宜采用反光太强的材料。观测场围栏的门一般开在北面。场地应平整，保持有均匀草层（不长草的地区例外），草高不能超过20 cm。对草层的养护，不能对观测记录造成影响。场内不准种植作物。

（4）为保持观测场地自然状态，场内铺设0.3～0.5 m宽的小路，人员只准在小路上行走。有积雪时，除小路上的积雪可以清除外，应保护场地积雪的自然状态。

（5）根据场内仪器布设位置和线缆铺设需要，在小路下修建电缆沟（管）。电缆沟（管）应做到防水、防鼠，并便于维护。

（6）观测场的防雷必须符合气象行业规定的防雷技术标准的要求，见图4-8。

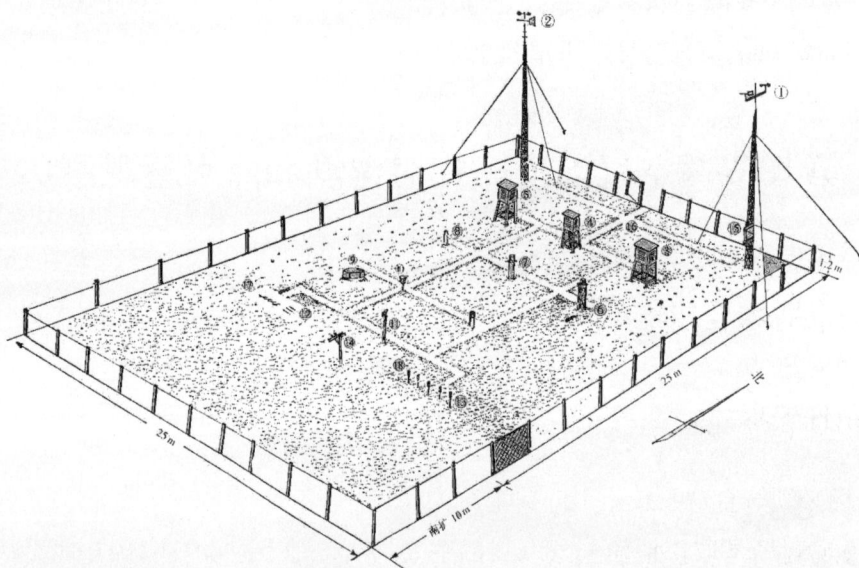

图4-8 气象观测场示意图

（三）观测场内仪器设施的布置

（1）高的仪器设施安置在北面，低的仪器设施安置在南面。

（2）东西排列成行，南北布设成列，相互间东西间隔不小于4 m，南北间隔不小于3 m，仪器离护栏距离不小于3 m。

（3）仪器（包括百叶箱）安置在紧靠东西向小路南面，观测员从北面接近仪器。

（4）在风传感器正南方设置南北向标志，位于观测场南面围栏内侧地面上。

（四）仪器安装高度要求

气象要素观测仪器的安装高度，按照表4–7的要求执行，百叶箱内安装专用温度表架，放置干球温度表、湿球温度表、最高温度表和最低温度表，同时安装温湿度传感器，进行空气温度和相对湿度等要素的观测。

表4–7　仪器安装要求

仪器名称	要求与允许误差范围		基准部位
干湿球温度表	高度1.50 m	±5 cm	感应部分中心
最高温度表	高度1.53 m	±5 cm	感应部分中心
最低温度表	高度1.52 m	±5 cm	感应部分中心
温湿度传感器	高度1.50 m	±5 cm	感应部分中部
雨量器	高度70 m	±3 cm	口缘
雨量传感器	高度不得低于70 cm		口缘
风速器（传感器）	安装在观测场高10~12 m		风杯中心
风向器（传感器）	安装在观测场高10~12 m		
	方位正南（北）	±5°	

二、观测要素

观测空气温度、相对湿度、降水量、日最高（低）空气温度、日最小相对湿度、日降水总量。

三、单位和测量的准确度

（1）空气温度的单位为摄氏度（℃），测量的准确度规定为两级：一级为 ±0.2℃；二级为 ±0.5℃。

（2）相对湿度以（%）表示，当相对湿度大于80%，测量的准确度为 ±8%；当相对湿度不大于80%，测量的准确度为 ±4%。

（3）降水量的单位为毫米，当日降水量大于10.0 mm 时，测量的准确度为 ±4%；当日降水量不大于10.0 mm 时，测量的准确度为 0.4 mm。

四、观测和记录方法

（一）自动观测

（1）空气温度和相对湿度的观测和记录

每 3 s 采样一次，连续采样 1 min。经误差处理后，计算样本数据的平均值；用整点前 1 min 的平均值，作为该整点的空气温度、相对湿度值，空气温度记录到 0.1℃；相对湿度记录到整数。

（2）降水量的观测和记录

连续采样，1 min 记录一次，计算降水量值，日降水量的合计值为日降水量，降水量记录到 0.1 mm，无降水时，降水栏空白；降水量不足 0.05 mm 时，记"0.0"。当出现纯雾、露、霜、雾凇、吹雪时，不观测降水量。如有降水量，仍按无降水记录。

（二）人工观测

1. 温度表观测

使用安装于百叶箱内的干湿球温度表、最高（低）温度表观测空气温度和相对湿度。干湿球温度表（图 4-9）是用于测定空气的温度和湿度的仪器。它由两支型号完全一样的温度表组成，空气温度由干球温度表直接测定（器差订正）；湿度是根据热力学原理由干球温度表与湿球温度表的温度差值计算得出（见附录 4-1），人工查算由《湿度查算表》查得。

1）温度表的安装

在百叶箱内安装一个温度表支架，干、湿球温度表垂直悬挂在支架两侧的环内，球部向下，干球在东，湿球在西，球部中心距地面 1.5 m 高。湿球温度表球部包扎一条纱布，纱布的下部浸到一个带盖的水杯内（图 4-10）。杯口距湿球球部约 3 cm，杯中盛蒸馏水，供湿润湿球纱布用。

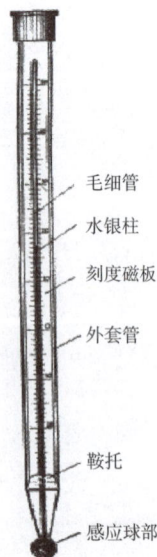

图4-9 干球温度表

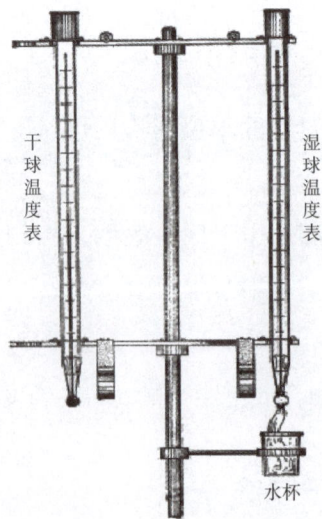

图4-10 干湿球温度表的安装

给湿球包扎纱布时（图4-11、图4-12），要把湿球温度表从百叶箱内拿出，先把手洗干净，再用清洁的水将温度表的感应部洗净，然后将长约 10 cm 的新纱布在蒸馏水中浸湿，使上端服帖无皱折地包卷在感应部位上（包卷纱布的重叠部分不要超过球部圆周的 1/4）；包好后，用纱线把高出感应部位上面的纱布扎紧，再把感应部位下面的纱布紧靠着球部扎好，但不要扎得过紧，并剪掉多余的纱线。

2）正常观测和记录

按干球、湿球温度表，最低温度表酒精柱，最高温度表，最低温度表游标次序读数。

各种温度表读数要准确到 0.1℃。温度在 0℃ 以下时，应加负号（"-"）。读数记入观测簿的相应栏内，并按所附检定证进行器差订正。如示度超过检定证范围，则以该检定证所列的最高（或最低）温度值的订正值进行订正。

温度表读数时的注意事项如下。

（1）观测时必须保持视线和水银柱顶端齐平，以避免视差。

（2）读数动作要迅速，力求敏捷，不要对着温度表呼吸，尽量缩短停留时间，并且勿使头、手和灯接近球部，以避免影响温度示度。

（3）注意复读，以避免发生误读或颠倒零上、零下的差错。

3）溶冰观测记录

当湿球纱布冻结后，应及时从室内带一杯蒸馏水对湿球纱布进行溶冰，待纱布变软后，在球下部 2 ~ 3 mm 处剪断，然后把湿球温度表下的水杯从百叶箱内取走，以防水杯冻裂。

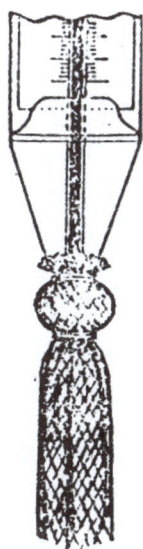

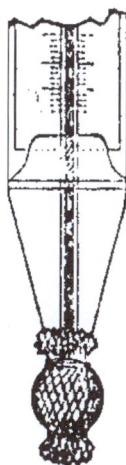

图4-11 温度零上时湿球纱布包扎　　　　图4-12 冻结时湿球纱布包扎

气温在 -10.0℃或以上湿球纱布结冰时,观测前须进行湿球溶冰。溶冰用的水温不可过高,相当于室内温度,能将湿球冰层溶化即可。将湿球球部浸入水杯中把纱布充分浸透,使冰层完全溶化。从湿球温度示值的变化情况可判断冰层是否完全溶化,如果示度很快上升到0℃,稍停一会儿再向上升,就表示冰已溶化。然后把水杯移开,用杯沿将聚集在纱布头的水滴除去。

掌握好溶冰时间是很重要的,可参照下述情况灵活掌握。

(1) 当风速、湿度正常时,在观测前 30 min 左右进行;湿度很小,风速很大时,在观测前 20 min 以内进行;湿度很大,风速很小时,要在观测前 50 min 左右进行。

(2) 若每小时一次温湿度观测,在冬季里湿度大、风速小的情况下,由于冰面蒸发很小,溶冰一次,可进行几次观测,不必一小时溶冰一次,否则容易造成湿球示值不稳定。具体可多长时间溶冰一次,由各站根据天气情况具体掌握,但站内应当统一。

(3) 读取干湿球温度表的示值时,须先看湿球示度是否稳定,达到稳定不变时才能进行读数和记录。在记录后,用铅笔侧棱试试纱布软硬,了解湿球纱布是否冻结。如已冻结,应在湿球读数右上角记录结冰符号"B";如未冻结则不记。若湿球示度不稳定,不论是从零下上升到零度,还是从零度继续下降,说明是溶冰不恰当,湿球不能读数,只记录干球温度。

若在定时观测正点前湿球温度能够稳定,则需补测干湿球温度值,并用此值作为气温和湿度的正式记录;若定时观测正点前湿球温度仍不能稳定,则相对湿度改用毛发湿度表或湿度计测定(需按规定作相应订正),如无毛发湿度表(计)应在正点后补测干、湿球温度,记在观测簿该时栏上面空白处,只作计算湿度用,这次湿球温度不抄入气表(该栏记"-"),而温度的正式记录仍以第一次干球温度为准。

2. 雨量器观测

无自动雨量观测的站,利用雨量器观测。

1)雨量器的构造

雨量器是观测降水量的仪器,它由雨量筒与量杯组成(图 4-13)。雨量筒用来承接降水物,它包括承水器、储水瓶和外筒。我国采用直径为 20 cm 正圆形承水器,其口缘镶有内直外斜刀刃形的铜圈,以防雨滴溅失和筒口变形。承水器有两种:一种是带漏斗的承雨器;另一种是不带漏斗的承雪器。外筒内放储水瓶,以收集降水量。量杯为一特制的有刻度的专用量杯,其口径和刻度与雨量筒口径成一定的比例关系,量杯有 100 分度,每 1 分度等于雨量筒内水深0.1 mm。

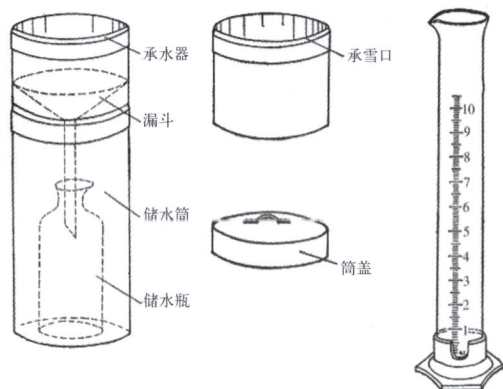

图4-13 雨量筒及量杯

2）雨量器的安装

测站站雨量器安装在观测场内固定架子上。器口保持水平，距地面高70 cm。

3）观测和记录

每天20时量取前24 h降水量。观测液体降水时要换取储水瓶，将水倒入量杯，要倒净。将量杯保持垂直，使人的视线与水面齐平，以水凹面为准，读得刻度数即为降水量，记入相应栏内。降水量大时，应分数次量取，求其总和。

冬季降雪时，须将承雨器取下，换上承雪口，取走储水器，直接用承雪口和外筒接收降水。

观测时，将已有固体降水的外筒，用备份的外筒换下，盖上筒盖后，取回室内，待固体降水融化后，用量杯量取。也可将固体降水连同外筒用专用的台秤称量，称量后应把外筒的重量（或毫米数）扣除。

3. 观测注意事项及维护

（1）在炎热干燥的日子，为防止蒸发，降水停止后，要及时进行降水量观测。

（2）在降水较大时，应视降水情况增加人工观测次数，以免降水溢出雨量筒，造成记录失真。

（3）无降水时，降水量栏空白不填。不足0.05 mm的降水量记0.0。纯雾、露、霜、冰针、雾凇、吹雪的量按无降水处理。出现雪暴时，应观测其降水量。

（4）经常保持雨量器清洁，每次巡视仪器时，注意清除承水器、储水瓶内的昆虫、尘土、树叶等杂物。

（5）定期检查雨量器的高度、水平，发现不符合要求时应及时纠正；如外筒有漏水现象，应及时修理或撤换。

（6）承水器的刀刃口要保持正圆，避免碰撞变形。

（7）保持观测场内整洁，浅草平铺，草高不超过20 cm（及时清除杂草）。

（8）每天检查巡视降水传感器，避免其被树叶、沙土、鸟粪等堵塞。

（9）定期用毛刷清洁温湿传感器，保证数据采集质量。

（10）每个月检查百叶箱、观测场围栏是否牢固。

五、校核、比对观测

（1）每月 15 日、月末日 9 时，进行气温和相对湿度比测工作，人工利用干湿球温度表来进行观测，经读数（订正）、计算或查算得到气温值和相对湿度值与传感器采集的空气温度值和相对湿度值进行比较，空气温度两者误差不大于 0.5℃，相对湿度两者误差不大于 5%。当允许误差超过以上范围，在 10 时、11 时、12 时、13 时、14 时继续进行校测（参考比测方法要求，校测前一天 20 时，调整最高、最低温度表，校测温度传感器极值采集准确度）。

（2）月末日校测降水传感器，用专用量杯将一定量的淡水缓慢倒入降水传感器中（1 mm、5 mm、10 mm、15 mm 等），在专用工控机上观察降水量变化情况，两者允许误差不大于 0.2 mm（考虑降水传感器干燥吸水影响，第一次测试数据可不采用；校测完成，删除工控机降水量栏内的降水数据，并在值班日记上注明）。

第九节　风的观测

一、观测要素

观测整点风速及对应风向、日最大风速和相应风向及其出现时间、日极大风速和相应风向及其出现时间、瞬时风速不小于 17.0 m/s 的起止时间。

二、单位和测量的准确度

风速的单位为米 / 秒（m/s）。当风速不大于 5.0 m/s 时，测量的准确度为 ±0.5 m/s；当风速大于 5.0 m/s 时，测量的准确度为 ±5%；风向的单位为度（°），正北为 0°，顺时针计量。测量的准确度：一级 ±5°；二级 ±10°。

三、风传感器的安装要求

（1）在观测场内北侧，建设专用风塔或风向杆，风传感器就安装在顶端，风传感器安装高度控制在离观测场地面 10～12 m（风杯中心）。

（2）按照观测场内南北标志石的方向，准确确定南北方向并固定牢固，保持水平（方位差 ≤ ±5°），每个月都要检查风传感器安装是否牢固、南北向是否准确。

四、观测和记录方法

每 3 s 采集一次，作为瞬时风速和相应风向；连续采样 10 min，计算风程和相应风向的平均值，作为该 10 min 结束时刻的平均风速和相应风向；记录每 1 min 的前 10 min 平均风速和相应风向，将整点前 10 min 的平均风速和相应风向，作为该整点的风速和相应风向值，风速记录到 0.1 m/s，风向读取整数；静风时，风速计 0.0，风向记"C"。

五、观测资料的整理

（1）读取整点前 10 min 平均风速和相应风向。

（2）从每日记录的 10 min 平均风速和相应风向中挑选出日最大风速和相应风向并记录该时段的终止时间；最大平均风速和相应风向可跨日、跨月、跨年挑选且只能上跨；当日最大平均风速出现两次或多次相同时，可任选其中一次的相应风向和出现时间。

（3）从每日记录的瞬时风速和相应风向中挑选出日极大瞬时风速和相应风向、出现时间，当日极大瞬时风速出现两次或多次相同时，可任选其中一次的相应风向和出现时间。

（4）读取瞬时风速不小于 17.0 m/s 的起止时间，按四位记时法记录，并以点线"……"连接，例如，⚑1201……1528。

若两次相隔不超过 15 min，不必分段记录。

六、风的比对

每月利用其他测风仪器设备观测的数据同在用风传感器观测数据进行比对。

第十节　气压的观测

观测本站气压、日最高气压、日最低气压、计算海平面气压。

一、单位和测量的准确度

气压的单位为百帕（hPa），测量的准确度分三级：一级 ±0.1 hPa；二级 ±0.5 hPa；三级为 ±1.0 hPa。

二、传感器（气压表）的安装要求

（1）气压传感器安装在温度少变、震动小的气压室内（或采集器箱内），安装后应测定其测量零点或传感器的海拔高度（记录到 0.1 m）。

（2）动槽式水银气压表应安装在空气相对稳定的气压室内，高度便于观测，安装要水平、牢固。

三、观测和记录方法

（一）自动观测

自动仪器每 3 s 采样一次，连续采样 1 min。经误差处理后，计算样本数据的平均值；用整点前 1 min 的平均值，作为该整点的本站气压值，本站气压值记录到 0.1 hPa。

（二）人工观测

1. 水银气压表观测和记录方法

（1）观测附属温度表，读数精确到 0.1℃。

（2）调整水银槽内水银面，使之与象牙针尖恰恰相接。调整时，旋动槽底调整螺旋，使槽内水银面自下而上地升高，动作要轻而慢，直到象牙尖与水银面恰好相接（水银面上既无小涡，也无空隙）为止。如果出现了小涡，需重新进行调整，直至达到要求为止。

（3）调整游尺与读数。先使游尺稍高于水银柱顶，并使视线与游尺环的前后下缘在同一水平线上，再慢慢下降游尺，直到游尺环的前后下缘与水银柱凸面顶点刚刚相切。此时，通过游尺下缘零线所对标尺的刻度即可读出整数。再从游尺刻度线上找出一根与标尺上某一刻度相吻合的刻度线，则游尺上这根刻度线的数字就是小数读数。

（4）读数复验后，降下水银面，旋转槽底调整螺旋，使水银面离开象牙针尖约 2 ~ 3 mm。

观测时如光线不足，可以用手电筒照明。采光时，灯光要从气压表侧后方照亮气压表挂板上的白磁板，而不能直接照在水银柱顶或象牙针上，以免影响调整的正确性。

观测的附温值和气压读数值经器差订正经仪器差订正、温度差订正和重力差（高度重力差、纬度重力差）订正，计算或查算得到本站气压值。

2. 计算本站气压

使用水银气压表的台站，按下面公式计算本站气压：

$$P_h = (p + c) \times \frac{g_{\varphi,h}}{g_n} \times \frac{1 + \lambda t}{1 + \mu t}$$

式中，P_h 为本站气压（hPa）；p 为水银气压表读数（hPa）；c 为器差订正值（hPa）；$g_{\varphi,h}$ 为测站重力加速度；g_n 为标准状态下的标准重力加速度，其值为 9.806 65 m/s^2；μ 为水银膨胀系数，其值为 0.000 181 8℃$^{-1}$；λ 为铜尺膨胀系数，其值为 0.000 018 4℃$^{-1}$；t 为经器差订正后的水银气压表附温表读数（℃）。上式中：

$$g_{\varphi,h} = g_{\varphi,0} + 0.000\ 003\ 086\ h + 0.000\ 001\ 118\ (h - h')$$

式中，$g_{\varphi,0}$ 为纬度 φ 处的平均海平面重力加速度（m/s^2）；h 为海拔高度（m）；h' 为以站点为圆形，在半径为 150 km 范围内的平均海拔高度（m）。

$$g_{\varphi,0} = 9.806\,20 \times [1-0.002\,644\,2 \times \cos2\varphi + 0.000\,005\,8 \times (\cos2\varphi)^2]$$

在周围地形较平坦的台站，设 $h = h'$；在周围地形差异大的台站，应采用重力加速度实测值。

3. 海平面气压订正

为了便于天气分析，需将测站不同高度的本站气压订正到海平面高度，我国以黄海海面平均高度为海平面基准点。

（1）海平面气压的计算公式：

$$P_0 = P_h \times 10^{h/[18\,400(1+tm/273)]}$$

式中，P_0 为海平面气压（hPa）；P_h 为本站气压（hPa）；h 为气压传感器（水银槽）海拔高度（m）；tm 为气柱平均温度（℃）。

$$tm = (t + t_{12})/2 + h/400$$

式中，t 为观测时的空气温度（℃）；t_{12} 为观测前 12 h 的空气温度（℃）；h 为气压传感器（水银槽）海拔高度（m）；对于一个测站来说，h 是一个定值，故 $h/400$ 为一常数。

（2）人工计算海平面气压：

海平面气压 (P_0) ＝本站气压（P_h）＋高度差订正值（C）。

当水银气压表海拔高度高于海平面时，高度差订正值为正；低于海平面时，订正值为负。

① 水银气压表海拔高度低于 15.0 m 的测站（当低于海平面时为其绝对值，下同），用下式计算高度差订正值：

$$C = 34.68 \times h/(\bar{t} + 273)$$

式中，h 水银气压表海拔高度，$\bar{t}$ 为年平均气温。

对于一个测站而言，高度差订正值（C）是常数。

② 当水银气压表海拔高度达到或超过 15.0 m 时，海平面气压的计算方法：

用 tm 和 h 查《气象常用表》（第三号）第四表，用内插法求算出 M 值，用本站气压 P_h 和 M 值，由公式：

$$C = P_h \times \frac{M}{1\,000}$$

计算出高度差订正值 C，由公式 $P_0 = P_h + C$ 计算出海平面气压。

四、气压校测、比测

　　每月 15 日和月末 10 时开始，使用动槽式水银气压表观测得出本站气压值与气压传感器采集的本站气压值进行比对、两者允许误差不大于 0.5 hPa，如果超出允许误差范围，于 10：10 时、10：20 时、10：30 时、10：40 时、10：50 时继续校测（同比测方法）。

附录4-1 湿度参量的计算公式

一、饱和水汽压

在一定温度下，空气中的水汽与相毗连的水或冰平面处于相变平衡时湿空气中的水汽压。饱和水汽压采用世界气象组织推荐的戈夫－格雷奇（Goff-Gratch）公式。

（1）纯水平液面饱和水汽压的计算公式

$$\log E_\mathrm{w} = 10.795\,74\,(1-T_1/T) - 5.028\,00\,\log\,(T/T_1) + 1.504\,75 \times 10^{-4}\,[1\text{-}10^{-8.296\,9\,(T/T_1\text{-}1)}] +$$
$$0.428\,73 \times 10^{-3}(10^{4.769\,55(1-T_1/T)}-1)] + 0.786\,14$$

式中，E_w 为纯水平液面饱和水汽压（hPa）；$T_1 = 273.16$ K（水的三相点温度）；$T = 273.15 + t°\mathrm{C}$（绝对温度 K）。

（2）纯水平冰面饱和水汽压的计算公式

$$\log E_\mathrm{i} = -9.096\,85\,(T_1/T-1) - 3.566\,54\,\log\,(T_1/T) + 0.876\,82\,[1- T/T_1] + 0.786\,14$$

式中，E_i 为水平冰面饱和水汽压（hPa）；T_1 和 T 的含义同上。

二、水汽压

（1）用干湿球温度求空气中水汽压的计算公式

$$e = E_\mathrm{tw} - AP_\mathrm{h}(t - t_\mathrm{w})$$

式中，e 为水汽压（hPa）；E_tw 为湿球温度 tw 所对应的纯水平液面的饱和水汽压，湿球结冰且湿球温度低于 0℃时，为纯水平冰面的饱和水汽压；A 为干湿表系数（℃$^{-1}$），由干湿表类型、通风速度及湿球结冰与否而定，其值见附表 6-1 干湿表系数表；P_h 为本站气压（hPa）；t 为干球温度（℃）；t_w 为湿球温度（℃）。

附表4-1 干湿表系数

干湿表类型及通风速度	$A_\mathrm{i} \times 10^{-3}$（℃$^{-1}$）	
	湿球未结冰	湿球结冰
通风干湿表（通风速度 2.5 m/s）	0.662	0.584
球状干湿表（通风速度 0.4 m/s）	0.857	0.756
柱状干湿表（通风速度 0.4 m/s）	0.815	0.719
现用百叶箱球状干湿表（通风速度 0.8 m/s）	0.794 7	0.794 7

（2）当使用湿敏电容、毛发湿度表或湿度计等直接测得相对湿度时，由相对湿度求水汽压公式

$$e = U \times E_{\mathrm{W}}/100$$

式中，U 为相对湿度（%）；e 为水汽压（hPa）；E_{W} 为干球温度 t 所对应的纯水平液面饱和水汽压（hPa）。

三、相对湿度

（1）使用干湿球温度表测湿时，空气中相对湿度的计算公式

$$U = （e/E_{\mathrm{W}}）\times 100\%$$

式中，U 为相对湿度（%）；e 为水汽压（hPa）；E_{W} 为干球温度 t 所对应的纯水平液面（或冰面）饱和水汽压（hPa）。

（2）使用毛发湿度表（计）测湿时，空气中相对湿度的计算公式

$$Y = b_0 + b_1 X_1 + b_2 X^2 + b_3 X^3$$

式中，Y 为经毛发湿度表（计）订正后的相对湿度（%）；X 为毛发湿度表（计）读数（%）；b_0、b_1、b_2、b_3 为回归多项式系数，即毛发湿度表（计）的订正系数。

四、露点温度

露点温度没有直接计算公式，它实际上是对 Goff-Gratch 公式的求解，从公式中可以看到求解的复杂性，在地面气象测报业务软件中采用新系数的马格拉斯公式求出初值，再用逐步逼近（最多 3 次）方法求出露点温度 T_{d}（℃）。

马格拉斯公式为：

$$e = E_0 \times 10^{\frac{a \times T_d}{b + T_d}}$$

转换为：

$$T_d = \frac{b \times \lg \frac{e}{E_0}}{a - \lg \frac{e}{E_0}}$$

式中，e 为水汽压；E_0 为 0℃时的饱和水汽压，为 6.107 8 hPa；a 系数，取 7.69；b 系数，取 243.92。

经验算：初值精度为 $-80 < T_{\mathrm{d}} < 40$，误差为 ± 0.14；$40 \leqslant T_{\mathrm{d}} < 50$，误差为 ± 0.2。因此这种新系数的马格拉斯公式具有一定的实用价值。

第五章　海滨观测资料的处理与质量控制

第一节　海滨观测资料的处理

一、观测资料的内容

（1）以标准格式记录的原始资料和成果资料。

（2）观测记录簿、原始报表资料、自记记录纸、图形以及在海滨观测中产生的有保存价值的资料。

二、观测资料载体形式

观测资料载体有软盘、光盘、报表和其他存储器。

三、观测资料文件结构

（1）海滨观测资料的标准结构由 3 部分构成：数据标题记录、数据记录和说明记录。

（2）数据标题记录主要包括：资料类型、海洋观测台站代码、资料处理号、流水号、观测点经纬度、观测时间、观测要素准确度、观测仪器代码等有关信息。

（3）数据记录包括观测数据和有关参数。

（4）说明记录包括观测记录簿中对记录有影响的备注摘录、文件制作人、审核人以及文件制作日期和其他需要说明的内容。

四、观测资料处理要求

（1）将海滨观测资料按标准格式记录在载体（软盘、光盘或其他存储器）上。

（2）海滨观测资料中原始采样资料以观测时次资料为数据文件单位，其余资料均以月资料为数据文件单位。

（3）应严格执行《海滨观测规范》GB/T 14914－2006 规定的技术和质量要求。

（4）所选择资料处理方法引入的误差不能超过获取原始资料所规定的误差标准。

（5）经人工录入或资料转换程序自动生成的各类数据文件,其格式应满足规定格式要求。

第二节　海滨观测资料的质量控制

一、观测资料质量控制要求

制定全面质量控制制度,明确质量控制职责和质量监督、检查程序,严格质量控制规定。

（一）资料录入前的质量检查

资料录入前宜有海洋站预审员对其进行预审,对错误或可疑记录进行查询、修改和处理。

（二）资料录入过程的质量控制

计算机录入或转换过程中使用的应用软件应具备基本的检验功能。资料输入计算机后,应按照规定的格式与要求进行计算机自动质量控制。例如,非砝码检验、要素范围检验、合理性检验、唯一性检验、相关性检验等,保证资料不重、不漏、不错,然后储存到存储介质上。

（三）质量控制方法

1. 范围检验

根据海滨观测资料自身的特点、变化范围,对资料进行范围检验,如超出正常范围,则可认为该数据异常。

2. 非砝码检验

海滨观测资料均按照规定的格式和代码记录的,根据这些固定的格式和代码对资料进行非砝码检验。

3. 相关性检验

根据海滨观测资料数据间的相互关系进行检验。例如,最大波高必须大于或等于平均波高,一日内定时或逐时记录值是否超出日极值,波型、波高和海况的关系等。

4. 过失误差检验

指在观测过程中某些突然发生的不正常因素或在资料处理中人为造成的异常数据,这些数据与其他大多数数据相比较有明显偏大的误差。因此,为了保证资料的真实和准确,确定判别误差的界限，并以此界限为准对资料进行判别。凡是超出判断范围的误差，就认为属于过失误差。

5. 统计特性检验

海滨观测资料在理论上往往服于一定的概率统计特性，数据对应的随机变量和随机过程是相互独立并服从一定的分布，时间序列资料对应的随机过程也是平稳的或周期性的。根据数据的这些特性在对资料做统计检验时，除常用的统计检验方法以外，还可以采用卡方拟合优度检验，用来抽样数据实际对应的概率密度是否同假想的理论密度函数相一致；采用轮次检验方法检验观测数据是否是独立的。

6. 全等性检验

主要是针对资料类型、海洋观测台站代码、观测方法、仪器名称、观测仪器海拔高度、观测点水深等相对固定的海洋站资料进行的，这些参数往往是长期不变的量。

7. 海洋环境气候特性检验

根据测站海域海洋环境气候分布特性进行资料检验，即将某站某要素的月统计值与该站该要素的多年统计值（至少20年）进行比较，分析其超过或低于给定值的原因。

8. 海滨观测资料中异常数据的判别和处理

异常数据的判别是海滨观测资料质量控制中需要解决的重要问题。异常数据主要包括两类：一类是正确的异常数据，它是海况急剧变化的真实记录，如台风过境时风速、水位观测数据的异常增大都是正确的异常值；另一类是含有过失误差的异常值，它是由于仪器失灵、外界干扰或观测人员失误造成的错误记录，对于这种异常值，在资料的质量控制中应加以标识或删除。

（四）资料存储后的质量检查

（1）对存储资料的软盘、光盘或其他存储器需检查器质量。

（2）检查资料是否可以解压、读出；检查资料是否正确、完整。

（五）资料质量符号填写规定

（1）"空白"表示数据可靠。

（2）"1"表示产出单位怀疑。

（3）"2"表示资料中心怀疑。

二、观测资料管理（三级管理）

（一）观测资料的初审、预审和上报审核

（1）观测人员完成了其值班期间各种资料的接收初审和上一班资料的校对工作。

（2）月底，预审人员对全部观测资料进行检查、检查各标题文件是否准确、补充某些要素的人工观测数据，通过检查数据曲线和各种检验方法的使用，保证资料的完整和正确，消除可疑记录的影响。

（3）生成、打印和复制所有数据文件。

（4）每月3日前填写《观测系统仪器设备运行情况月报告表》并上报中心站。

（5）每月5日前，将延时资料（光盘、磁盘等）和申报表等文件资料上报中心站业务部门。

（6）中心站组织人员对海洋站上报的资料进行全面审核后于15日前上报海区信息中心。

（二）观测资料数据文件

根据海滨观测资料的项目和要素，将观测资料分为12个数据文件，见表5-1。

表5-1　数据文件名及其内容

文件名	文件内容
T011	表层海水温度、表层海水盐度、海发光数据
T012	表层海水温度、表层海水盐度逐时数据
T021	潮汐数据
T022	5 min潮高数据
T023	1 min潮高数据
T031	波浪数据
T032	自记测波仪原始采样数据
T041	海冰数据
T051	气象数据
T052	逐时气压、空气温度、相对湿度、海面有效能见度数据
T053	10 min风观测数据
T054	1 min气压、空气温度、相对湿度、风、降水量数据

资料生成都是按照上述数据文件和规定的记录格式生成。

第三节 海滨观测资料统计计算的有关规定

一、一般要求

（1）日合计为该日观测记录之和（08 时表层海水温度算作两次）；日平均值为日合计值除以该日实有观测次数（08 时表层海水温度算作两次）；各定时的旬、月平均值为该定时旬、月合计值除以该定时旬、月实有观测次数（08 时表层海水温度算作两次）。

（2）从逐日记录中挑选极值。若一天中极值出现多次（无论几次），日期记出现日期；若极值出现在 2 天，日期记 2 个日期；极值出现在 3 天或 3 天以上时，日期记天数。

（3）各要素的平均值所取的小数位数与记录值小数位数相同，所取小数位数的后一位四舍五入；各种频率计算值取整数。

二、表层海水温度、表层海水盐度和海水发光资料统计要求

（1）计算表层海水温度的日合计值为 2t8+t14+t20；日平均值为（2t8+t14+t20）/4。

（2）有海发光日数按实际出现日数统计，全月未出现记"0"；无海发光日数按记录为"0"的日数统计，全月未出现记"0"。

三、潮汐资料统计要求

（1）月平均高（低）潮潮高为两个高（低）潮月合计之和除以全月实有高（低）潮个数，月平均潮差为月平均高潮潮高与月平均低潮潮高之差。

（2）月最高（低）高（低）潮及其对应潮时，从高（低）潮值中挑选。如出现两个相同的最高（低）高（低）潮值时，潮时并列记下；如出现 3 个或 3 个以上相同的最高（低）高（低）潮值时，则在潮高数字后记个数并外加（ ）潮时记空白，如 308（4）。

（3）月平均潮差为全月中相邻的高、低潮潮高之差的平均值；月最大潮差为全月中相邻的高、低潮潮高之差的最大值；月最小潮差为全月中相邻的高、低潮潮高之差的最小值；挑选时要考虑上月最末一个潮。

四、海浪资料统计要求

（1）统计海况和波高（级），分别按 0 ～ 2 级，3 级，4 级，5 级，6 级，不小于 7 级，各级出现的回数和频率，各级出现的总回数应等于全月实有观测次数，某级出现频率等于某级出现回数除以各级出现的总回数再乘以 100%。

（2）统计波型出现回数和频率，从波型定时观测值中进行统计，F 统计为风浪出现回数；U 统计为涌浪出现回数；FU，F/U，U/F 则分别统计为风浪和涌浪出现回数各一次。

（3）风（涌）浪频率等于风（涌）浪出现回数除以全月实有观测次数再乘以 100%。

（4）某向平均值为该向合计值除以该向出现回数；某向频率等于该向出现回数除以各向出现总回数再乘以 100%。

（5）海况、周期、波高、最大波高的最大值从个定时观测和加密观测值中挑选。

五、气象资料统计要求

（1）当最大风速、极大风速的月极值出现 2 天相同时，时间和日期并记；出现 3 天或 3 天以上相同时，日期仅记天数，时间空白。月极值的方向若出现 2 个时，风向并记，出现 3 个或 3 个以上时，风向记个数。

（2）天气日数的统计，不论白天或夜间凡出现雾均统计为有雾日数；当日降水量为 0.0 mm 时，仍统计为降水日数。

（3）月最长连续降水日数、降水量和起止时间，从该月的逐日降水总量中挑选。

（4）最长连续降水日数可跨年、跨月挑选，但只能上跨，跨月时开始日期应注明月份，例如 30/4-3，开始日期的年份不必注明。

（5）最长连续降水日数为 1 天时，日数记 1，降水量照记，起止日期只记 1 个日期；最长连续降水日数出现 2 次或以上相同时，降水量和起止时间记降水量最大的 1 次；若 2 次降水量也相同，起止日期并记；3 次或以上降水量相同时，起止日期记次数。

六、不完整记录的处理和统计

（1）一日中记录有缺测（潮汐记录缺测 4 个或 4 个以上整点值）时，该日只做日合计，不做日平均。

（2）一旬中某定时记录缺测 2 次或 2 次以上时，按实有记录计算旬合计、旬平均值；缺测次数超过 2 次只做旬合计，不做旬平均。

（3）一月中某定时记录（包括高低潮）缺测 6 次或 6 次以上时，按实有记录做月合计、月平均；缺测次数超过 6 次只做月合计，不做月平均。

（4）一旬、月各定时值（包括高低潮）缺测总次数占全旬、月应观测总次数的 1/5（潮汐记录缺测占全月逐时记录的 1/10）或以下时，按该旬、月实有记录做旬、月合计和旬、月平均及其他统计；超过者旬、月合计，不做旬、月平均及其他统计。

第六章 海滨观测业务管理

第一节 海洋站观测业务运行管理

一、王日常运行维护

（一）值守班和交接班制度

（1）海洋站应建立主控值班室 24 h 值守班，其中值班时段为 07:30－20:30，值班员应坚守岗位，按要求进行观测校时、数据采集及传输系统监控等相关操作，并认真填写值班记录。

（2）交接班时应实行当面交接，接班员应对上班工作期间的采集、传输及人工干预情况作全面确认，接班员未到，交班员不得擅自离开岗位和中断值班。

（二）值班巡视监控制度

（1）值班观测员要按时巡视观测场、验潮井等观测设施内的仪器设备，使其保持良好的工作状态。

（2）每个小时必须检查、监控数据采集情况、光纤通信和 VSAT 。通信情况，保证资料的接收完整，通信畅通。

（3）发现问题及时上报，并根据故障情况利用各种手段及时排除故障，测点故障时间超过 24 h，以书面形式报告海区分局。

（4）每天守班期间，利用国家海洋局海洋观测信息管理系统上报本班观测仪器设备和通信设备工作情况。

（三）填写记录

根据具体需要，认真填写《海洋站业务档案》、《观测工作大事记》和《值班日记》，保证资料和设备可溯源。

（四）站长值班制度

海洋站及业务科室领导应参加观测值班,站长每年不少于30 d,科室领导每年不少于10 d。

（五）业务学习、讲评、集体观测制度

海洋站应每月组织一次业务学习、讲评,开展问题剖析、整改落实和业务培训等工作,每半年应该组织一次集体观测,取长补短,提高值班人员人工观测技能。

（六）业务自查

按照《海洋站（点）观测业务检查考核办法》的要求,做好业务自查工作,找出存在的问题,提前做好整改工作,保证海洋站观测工作业务化、规范化。

二、比对观测要求

（1）海洋站（点）应按《海洋环境监测站自动监测仪器现场比对方法（暂行）》等规定,定期组织现场比测,每月不少于一次。当出现新安装自动化观测仪器或维修、更换传感器等情况时,须开展现场比测,时间长度不少于48 h,比测要素视情况而定。

（2）通过潮汐、波浪、表层海水温度、表层海水盐度以及风、气压、空气温度、相对湿度和降水等要素的比对和数据统计,以求取相关系数、均方差、绝对误差、平均误差等控制性质量指标。

（3）比测工作优先采用国家标准和行业标准,自行制定的比对方法由中心站组织技术审查,报海区分局备案。

（4）比对数据的基本处理方法、比对结果的判别按照《海滨观测规范》（GB/T14914—2006）和《海洋观测仪器设备运行维护责任制度》附件3《自动仪器校测、比对观测要求表》等规定执行,并形成比对报告。当比对偏差超出允许范围,应查找原因,并对历史资料进行修正。

三、应急响应

（1）接到中心站《风暴潮、海浪、海啸灾害应急响应预案》的指令后,须立刻启动海洋站《风暴潮、海浪、海啸灾害应急响应预案》。

（2）组织动员,根据测点情况,相应增加值班人员,在灾害天气到来前检查、加固百叶箱、风向杆等露天观测设施;同时检查电源、通信设施、各传感器等仪器运行情况;检查备份发电机的工作状况。

（3）灾害期间如果发生市电停电情况，立刻启动备份电源，保证灾害天气状况下的资料采集和传输；如遇仪器故障，应在保证安全的情况下及时修复，如无法及时修复时，应在第一时间，报告海区分局；如果遇光纤传输故障，立刻使用电话、手机、传真等通信工具传输资料。

（4）对运行车辆进行检查和维护，保证灾害过程中业务用车需求，做好后勤保障工作，保证测点值班人员生活和工作需求。

（5）海洋灾害应急响应结束后，中心站应迅速投入灾后恢复工作，并在 24 h 内将包括灾害过程、应对措施及受灾情况等内容的工作总结上报海区分局。

四、仪器与设施管理

（1）海洋站（点）应当使用符合国家海洋局规定要求的海洋观测专用仪器设备，海洋观测计量器具应当依法经计量检定合格，未经检定、检定不合格、超过检定有效期和使用寿命的计量器具，不得用于海洋观测；对不具备检定条件的海洋观测用计量器具，应当通过校准保证量值溯源；所有仪器设备须有正确、明显的状态标识。

（2）自动化观测和数据通信仪器设备均需按比例进行现场备份；交通不便的海岛、平台测点应做到整机备份；海洋站应备份必要的人工观测仪器；当仪器设备出现故障时，一般应在 7 日内排除，若因天气原因无法修复，应书面向海区分局报告。

（3）各测点应采取多源方式供电，配备应急发电机、UPS 电源，观测设施的避雷装置应由专业资质机构进行检测，每年不少于一次。

（4）海洋站（点）应开展观测环境保护范围划定和标志设立工作，观测设施的定期巡视维护每月不少于一次，并做好相关记录；巡视维护内容包括：设施环境、观测系统、通信系统、供电系统、避雷系统等；有灾害性天气影响时，应加大安全监控和现场巡视频率。

五、安全保密

（1）严格禁止海洋站擅自对外提供海滨观测资料原始数据。

（2）保密电脑严禁上网。

（3）测报用计算机不上公网，保密文件、资料不在上公网的计算机上使用和传输保密文件。

（4）所有入网设备必须经过严格检验和调试，确保无病毒、无窃密装置。

第二节　海洋观测仪器设备运行维护

一、运行维护管理职责

（一）海洋站站长职责

（1）全面负责本站仪器设备运行维护工作，是仪器设备管理工作第一责任人。

（2）宣传、贯彻相关法规、规章制度，及时传达上级有关方针、政策的精神，定期将本站的情况向上级部门汇报。

（3）制定本站仪器设备相关工作计划并组织落实。

（4）组织开展仪器设备使用、维护、保养，使其保持良好的工作状态。

（二）海洋站仪器设备管理员职责

（1）负责本站仪器设备台账管理，做好器材的入库登记，确保账物一致、器材安全。

（2）负责本站仪器设备档案的建立与管理工作。

（3）负责编制仪器设备的年检计划，组织实施仪器检定相关工作，确保在用仪器设备均在检定有效期内。

（4）负责编制本站仪器设备的维护、保养计划，定期对备用仪器设备进行维护、保养。

（5）负责编制本站仪器设备的购置计划，向站长提出本站仪器设备的购置申请。

（6）协助站长开展仪器设备在检定使用有效期内的期间核查工作。

（7）做好仪器设备的申请、购置、验收、使用、维护、送检、置换、领用、归还、交接、报废等记录的管理工作。

（三）海洋站观测员职责

（1）严格执行有关的技术规范，正确使用各种观测仪器设备，规范地获取海洋观测数据。

（2）熟悉和掌握各种观测仪器的性能、结构、使用和维护方法；对测报工作仪器设备出现的异常情况，有一定的应对、处置能力。

（3）按要求对仪器设备进行维护、保养、比对，并做好记录。

（4）当仪器设备运行异常时，立即采取有效措施处理补救，并及时向领导汇报。

二、仪器设备标识

每台仪器设备应有明显的标识表明其状态，海洋站分别加贴相应标识。

（1）合格证（绿色）使用范围为：经计量检定、校准或比对证明性能指标符合要求的仪器设备；不必检定/校准，经检查功能正常的仪器设备（如计算机、打印机、冰柜、冰箱、稳压器等）。

（2）准用证（黄色）使用范围为：经检定、校准或检验，证明其性能指标在一定量限、功能符合使用要求的仪器设备，且须写明限用范围；降级使用的仪器设备。

（3）停用证（红色）使用范围为：损坏的仪器设备；计量检定/校准/比对不合格的仪器设备；超出检定期的仪器设备；暂不使用的仪器设备。

三、仪器设备购置、验收与建档

海洋站应当做好仪器设备运行档案，做好仪器设备运行记录。

四、仪器设备安装与使用

（一）安装

（1）观测场内仪器设施的布置要注意互不影响，便于观测操作，同时观测场处设置独立的避雷设施，使观测场仪器设备在直击雷防护区内。

（2）观测场的仪器布置参见《地面气象观测规范》。

（二）使用

（1）仪器设备必须经过鉴定、校准或比对，并在合格或准用有效期内使用。

（2）严格按照仪器设备使用说明书或操作规程使用。

（3）仪器使用者应经过技术培训，熟悉使用说明书或仪器设备操作规程的内容。

五、仪器检定、维护保养与管理

（一）检定

（1）常规仪器设备按照送检计划送有检定资质的检定单位检定。

（2）自动仪器传感器由各海区计量单位现场校准或由中心站统一送检。

（3）自动观测仪器不具备送检和现场校准条件的，可以进行自校。

（二）维护保养

（1）日常维护保养的工作由值班员负责。

（2）其他维护保养工作由站长负责组织实施。

（3）发现仪器设备故障等异常情况需及时上报并记录在值班日记中。

（三）仪器、器材管理

（1）建立仪器、器材账簿。

（2）各种观测簿及附属用品，每年1月要一次领足。

（3）各类仪器在超出检定周期前两个月，必须将新的备份仪器领回。

（4）确保领回的仪器完好。

（5）备份仪器每年检查运行1次。

（6）每次检查、检修仪器，均在值班日记注明检查结果和检修情况。

（7）各种仪器检定证及其附件应妥善保管。

六、仪器维修、停用

（一）维修

（1）经检定/校准/比对不合格或当发现仪器设备故障时，观测员要及时向站长汇报，站长组织有关技术人员维修并在1 h内向中心站汇报，中心站24 h内向上级业务主管部门汇报。

（2）岸基观测仪器故障后，正常情况下7 d内要恢复正常使用。

（3）修复后的仪器必须经过检定/校准或检验，确认恢复正常后方可投入使用。

（4）仪器设备修理情况须记入仪器设备档案。

（二）停用

（1）仪器设备停用时，由海洋站提出停用申请，经中心站批准、备案后，移离工作场所。

（2）停用的仪器设备在重新启用前，必须经测试、检定确认其性能正常，并由中心站批准、备案后可重新启用。

七、海洋站日常和其他维护保养规定

（一）日常维护保养

（1）在测报工作中，发现有非正常信息进入计算机，应立即将通信开关切断，防止资料外漏及病毒进入。

（2）有人值守的海洋站，应保证每天校测自动验潮仪与井内外水尺情况，误差大于1 cm 时，应立即对仪器进行调整。

（3）根据季节和海区生物附着情况，应及时对自动温盐传感器进行清理维护，确保数据采集准确、可靠。

（二）其他维护保养规定

1. 每年一次维护保养

（1）每年对测点防雷设备进行年检和维护保养。

（2）维护验潮井，组织清理一次井筒，清理筒内淤泥和附着生物。

2. 每半年一次维护保养

（1）检查测波浮标渗漏情况，检查锚链及海底固定物各连接部位牢固情况。

（2）对遥测测波仪充电维护保养。

3. 每季度一次维护保养

检查验潮浮子系统是否漏水和生物附着现象，彻底清除浮子附着生物，同时测量井内水尺长度，清洁维护完毕及时进行井内外水尺和验潮仪数据比对和校正。

4. 每月一次维护保养

（1）清洁井外水尺和井内水尺浮子，并对井内外水尺进行比对观测。

（2）对水温表进行清洁、检查。

（3）检查百叶箱、风向杆、围栏是否牢固。

（4）检查通信设备、测试通信网络。

（三）其他要求

（1）每两个月对 UPS 电源放电一次。

（2）随时注意观测场、测点四周环境的变化，发现新建设施或其他原因，致使观测环境不符合技术要求，影响观测工作，应采取保护措施。

（3）保持观测场内整洁，浅草平铺，草高不超过 20 cm，当观测场有积雪时，只铲除小路的积雪，使观测场保持自然状况。

（4）在清除温湿传感器积雪和积水时，应使用毛刷清理。

第三节　海洋站（点）观测业务检查考核

一、检查方法

成立海洋观测工作检查组对海洋观测工作开展专项检查，检查组组建方式分以下 3 类。

（1）国家海洋局组织的专项检查。

（2）分局组织的专项检查。

（3）中心站组织的专项检查。

二、检查内容

（1）国家海洋局、分局组织的检查考核涉及中心站、海洋站（点）；中心站组织的检查考核仅针对所辖海洋站（点）。

（2）中心站主要检查海洋观测业务管理上的能力、措施和规范性，重点检查质量体系运行情况、信息管理、数据管理、应急管理、运行管理、技术保障能力和档案建设情况。

（3）海洋站（点）主要检查观测仪器设备和设施的运行情况、质量体系运行情况、观测环境变化情况、观测业务人员基本情况、业务能力建设情况，以及各种规章制度、标准规范、工作方案的执行情况；重点检查数据获取、数据传输、技术保障、应急措施、质量控制、运行维护等方面的情况。海洋观测站（点）包括有人值守和无人值守两类。

三、检查时间和程序

（一）检查时间

国家海洋局通常每 3 年组织 1 次，海区分局通常每 2 年组织 1 次，中心站每年应组织 1 次。检查时间一般安排在汛期前后。

（二）检查程序

（1）制定海洋站（点）观测检查考核实施方案。

（2）组建检查组，按照实施方案的要求开展检查考核工作。

（3）各检查组在开展工作时通常按照以下流程进行：

① 召开首次会议：听取被检查单位业务自查和履行责任情况汇报，商定检查日程，明确检查人员的分工。

② 实地检查：根据检查实施方案的要求，进行实地检查与考评，梳理存在的问题，总结出有益的经验。

③ 召开末次会议：通报检查情况，交流检查经验，提出整改意见。

（4）检查结果处置。各小组检查结束后 1 周内，形成"检查情况报告"。被检查单位在检查结束后 1 周内，向上级部门提交整改报告。检查情况报告和整改报告应报国家海洋局海洋预报减灾司备案。

（5）跟踪检查。检查组在检查结束后，可视具体情况对被检查单位的整改情况进行抽查。

四、考核方法

（一）根据评分表现场打分

根据专项检查目的，选取能够反映海洋站（点）观测业务工作的通用项作为统一考核内容。重点突出数据传输、资料获取、质量控制、应急管理、运行维护、站容站貌等方面的内容。其具体评分见《海洋站（点）观测考核评分细则》。

（二）百分制打分评定等级

海洋观测工作检查考评采取百分制计分方式，划分为 4 个等次：90 分以上为优秀；70 ～ 89 分为合格；60 ～ 69 分为基本合格；低于 60 分为不合格。

参考文献

1. 海滨观测规范 GB/T 14914－2006. 北京: 中国标准出版社.

2. 中国气象局. 地面气象观测规范, 2004.

3. 国家海洋局. 海滨观测规范. 北京: 科学出版社, 1987.

4. 国家海洋局. 海洋站（点）观测业务运行管理规定, 2012.

5. 国家海洋局. 海洋观测仪器设备运行维护责任制度, 2012.

6. 国家海洋局. 海洋站（点）观测业务检查考核办法, 2012.

7. 冯士筰, 李凤岐, 李少菁. 海洋科学导论. 北京: 高等教育出版社, 1999.

【复习题】

一、问答题

1. 《海滨观测规范》适用于哪些范围？

2. 水文、气象各要素分别以北京时间什么时间为日界？

3. 每日什么时间进行观测用表对时？什么时间对自动仪器的内部时钟进行对时？

4. 潮汐运动是怎样产生的？有什么特征？

5. 潮汐观测的要素有哪些？以什么单位表示？

6. 潮汐观测测量的准确度分为几级？其准确度分别在什么范围内？

7. 潮汐观测点的选择有哪些要求？

8. 验潮井是为了观测潮汐而专门设置的建筑物，井和进水管道的设计必须满足什么要求？并具备什么性能？

9. 测站潮高基准面如何确定？在未确定潮高基准面的情况下，如何进行潮位观测？

10. 潮汐观测站应在什么样的条件位置设置哪些水准点？

11. 基本水准点、校核水准点在观测站起什么作用？

12. 基本水准点、校核水准点应分别按国家水准测量的什么要求进行连测？

13. 基本水准点和校核水准点启用后应按哪些时间要求进行复测？

14. 井内、井外水尺何时进行互校？校核时应在哪几个潮位时段进行对比观测？每次至少读取几对数值？

15. 新安装的井内水尺，多少时间应检查一次尺长变动情况？若1个月后没有发生变动，可改为每几个月检查一次？

16. 风浪的外貌有哪些特征？

17. 涌浪的外貌有哪些特征？

18. 海浪测点有哪些环境条件的要求？

19. 波向的定义是什么？海面呈混合浪时，如何测取波向？

20. 温盐井内径一般不小于几米？在理论最高潮位和理论最低潮位之间，每隔几米设一进水孔？进水孔的直径不小于几米才能保证井内外水体的自由交换？

21. 气象观测场的面积为东西和南北各多少米？也可取东西和南北向各多少米？

23. 气象观测场仪器设施如何布置?

24. 雾的定义和特征是什么?

25. 风向的单位以什么表示? 测量的准确度分几级、在什么范围内?

26. 用水银气压表观测本站气压, 如何得出本站气压值?

27. 由本站气压如何计算出海平面气压?

28. 风传感器安装高度离观测场地面控制在多少米?

29. 动槽式水银气压表的安装要求有哪些?

30. 最大风速和相应风向、瞬时风速和相应风向是如何挑选的?

31. 降水量的单位以什么表示? 不同日降水量的测量准确度分别为多少?

32. 观测用钟表 24 h 内误差不得大于多少秒?

33. 基本水准点应按国家几等水准测量要求与国家水准高程系统连测?

34. 井外水尺最小刻度为 1 cm, 尺长累计误差不大于几厘米?

35. 井内水尺读数指针安装完毕, 应按国家几等水准测量要求与校核水准点连测, 确定读数指针高程并多少时间复测一次?

36. 观测波型时如风已经减弱或停止, 而海浪仍具有明显的风浪特征, 则波型如何记录?

37. 观测程序由各站自行安排, 但所有定时观测项目应在正点前多少分钟内观测完毕? 气象项目观测应尽量安排在正点前多少分钟内进行? 气压观测、潮汐校测应在何时进行?

38. 井外水尺最小刻度为多少厘米? 尺长累计误差不大于多少厘米?

39. 井内水尺系统由哪些部分构成? 安装时应注意哪些事项?

40. 海浪波高和周期采样时间间隔为多少秒? 连续记录的波数不少于多少个波? 记录的时间长度视平均周期的大小而定, 一般取多少分钟?

41. 目测海浪时, 如何测量波高和周期?

42. 表层海水温度的单位以什么表示? 测量的准确度规定为几级? 其准确度分别在什么范围?

43. 最大平均风速和相应风向是如何挑选的?

44. 出现高大波峰, 浪花占了波峰上很大的面积, 风开始削去波峰上的浪花, 海况应如何记录?

45. 因灯光、月光、海冰或其他因素的影响, 观测不到海发光时, 海发光栏应如何记录?

46. 当水银气压表海拔高度高于或低于海平面时, 计算海平面气压, 高度差订正值取何值?

47. 海洋观测计量器具应当依法经计量检定合格, 哪些情况的计量器具不得用于海洋观测?

48. 对不具备检定条件的海洋观测用计量器具, 应当通过什么样的措施, 以保证观测有效?

49. 计量器具的状态标识有哪几种? 经计量检定、校准或比对证明性能指标符合要求的仪器设备, 不必检定 / 校准但经检查功能正常的仪器设备 (如计算机、打印机、冰柜、冰箱、稳压器等）应该粘贴哪种标识？

50. 某海洋站验潮点，经水准连测确定其水尺零点高程为 –1.10 m（85 黄海），该站潮高基准面在基本水准点下 8.31 m，测站基本水准点高程为 7.05 m（85 黄海），某日某时，该站进行井内外水尺校测，测得井外水尺读数为 439 cm；同时测得井内水尺读数为 455 cm，请问井内外水尺高程需要复测吗？

51. 某验潮站井内水尺读数指针的高程为 6.25 m（85 黄海），水尺零点高程为 –3.20 m，该验潮站潮高基准面在读数指针下 9.35 m，某时测得海面到井口的高度为 7.01 m，井口至读数指针的高度为 0.81 m，请计算当时的潮高是多少厘米？如果井内外潮高完全相同，井外水尺读数是多少厘米？

52. 某海洋站水银气压表象牙针海拔高度 12.4 m，测站年平均气温为 11.3℃；某日 14 时，测得本站气压为 1013.6 hPa（订正后），请计算当时的海平面气压是多少（hPa）？

二、简答题

1. 简述设置井内外水尺的必要性。
2. 简述基本水准点和校核水准点的连测要求。
3. 简述观测场仪器设备布置的基本要求。
4. 简述井内外水尺互校的意义。
5. 简述测站潮高基准面和水尺零点的异同。
6. 简述温盐井设置的基本要求。

第三部分 海洋观测系统及其运行维护

厦门海洋站

第七章　海洋站水文气象自动观测系统

第一节　概述

海洋观测预报系统由海洋观测网、数据传输网、预报系统、信息服务系统和灾害评估系统组成，主要功能是实现水文气象要素的采集、传输、预报信息产品的制作分发，对人民群众生活、海洋经济建设、防灾减灾、国防安全和科学研究有着非常重要的意义。海洋观测网由海洋站水文气象自动观测系统、浮标、志愿船/调查船水文气象观测系统、雷达、漂流浮标、海床基、潜标等组成，主要功能是实现水文气象要素的现场采集，为预报信息产品的制作提供数据；数据传输网采用光纤、卫星、CDMA/GPRS等通信方式，实现数据的传输和产品的分发；预报系统采用经验统计和数值预报相结合的方式提供预报产品；信息系统提供信息产品，为用户服务。目前，海洋站水文气象自动观测系统、浮标和船舶水文气象自动观测系统是海洋观测预报系统的主要数据源。

海洋站水文气象自动观测系统主要安装在岸边、港口、岛屿、平台等地，用于长期、连续、自动地测量所在海域的水温、盐度、潮汐、波浪，风、气温、相对湿度、气压、降水量和能见度，数据的采集、处理和存储符合《海滨观测规范》，数据传输符合海洋数据传输网的要求，编报符合《海洋站海滨观测报告电码》（HD-01 Ⅲ），设备符合《海洋站水文气象观测设备与系统集成通用技术要求》。

第二节　系统组成

海洋站水文气象自动观测系统由气象子系统、潮位温盐子系统、波浪子系统和数据接收处理子系统组成（图7-1）。

一、气象子系统

气象子系统测量风速、风向、气温、相对湿度、气压、降水量和能见度，由数据采集器、传感器、通信机和电源组成。传感器包括风速风向、气温湿度、气压、雨量和能见度等。风速风向传感器、气温湿度传感器、雨量传感器和能见度传感器通常安装在气象观测场，通过电缆与数据采集器连接；气压传感器通常安装在采集器内。根据现场情况，可将数据采集器安装在室内或室外。通信方式可选择电缆（RS232/422/485）、光纤、CDMA/GPRS、微波、北斗等，优先选择顺序为电缆、光纤、CDMA/GPRS、微波、北斗。电源可选择交流电蓄电池、太阳能蓄电池或风光互补供电方式，建议有交流电时采用交流电蓄电池供电方式，无市电时采用太阳能蓄电池供电方式。

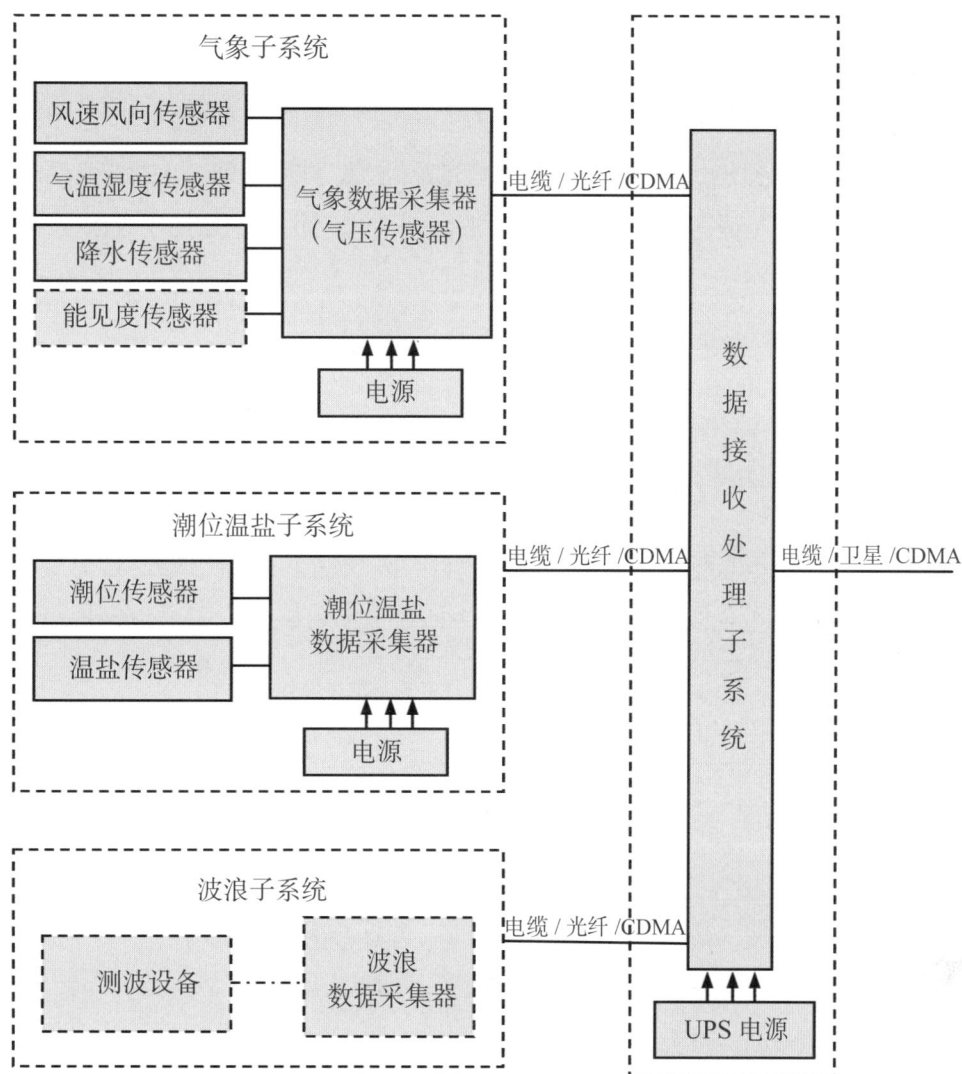

图7-1 海洋站水文气象自动观测系统组成

二、潮位温盐子系统

潮位温盐子系统测量潮位、表层海水温度和表层海水盐度，由数据采集器、潮位传感器、水温盐度传感器、通信机和电源组成。常用的潮位传感器有浮子式、压力式、声学和雷达潮位传感器。通信方式和电源的选择同气象子系统。

目前，海洋站主要使用浮子式潮位传感器测量潮位，浮子直径约 25 cm，安装在标准验潮井中，优点是消波性能好，测量准确度高；缺点是需要的井筒直径大，建井成本高。小浮子潮位传感器通常采用直径小于 5 cm 的浮子，使用编码器测量潮位，安装在内径为 20 cm 的简易井筒内，测量准确度为 2 cm。小浮子潮位传感器有结构简单、稳定可靠、费用低等优点，适合于码头等易建简易验潮井的地方。声学潮位传感器安装在水面之上，通过声管向水面发射声波，采用声学测距原理测量潮位变化，一般声管内径为 12 cm，优点是安装维修方便，费用低；缺点是测量准确度受声管内温度梯度影响较大。压力潮位传感器安装在最低潮位以下，通过测量海水压力来测量潮位。由于传感器固定在水下，不容易安装维护，测量准确度受海水密度影响较大。雷达潮位传感器安装在水面以上，通过雷达向水面发射电磁波测量潮位，优点是安装维护方便，不用建验潮井，测量范围大；缺点是海面泡沫影响测量的准确度，测量数据需要进一步处理，建议在海上油气平台等不能建井的地方使用。激光测量潮位由于使用反射板，建议不采用。

三、波浪子系统

波浪观测方法有多种，如航空测波法、立体摄影法、雷达测波法、电测法、光学测波法、重力式测波法、水压式测波法、声学式测波法以及目测法等。按仪器布设的空间位置也可分成水下、水面、水上和太空（如卫星遥感）四种观测技术。不同的波浪观测仪器采用的原理不同，因而有其自身的适用性和局限性。下面重点讨论压力测波、声学测波、波浪浮标和 X 波段雷达测波技术。

压力测波使用高分辨率压力传感器测量表面波引起的压力波动。根据线性波理论，可得到波面与波动压力之间的关系。压力测波的优点是传感器体积小，功耗低，但波动压力随着频率的增大沿水深严重衰减，这就严重限制了高频率的响应，随着水深的增加测量的波周期逐渐增加。一般情况下，压力测波仪应用在浅水区记录长周期波。

尽管水声科学和技术研究了近半个世纪之久，其应用潜力还非常巨大，在今后长时间内仍是国内外的研究重点领域。海洋作为一种声介质其机理非常复杂，描述和预测海洋环境下的声波传播剖面和模型、声波干扰模型以及目标识别成为当前水声研究的方向。基于水声科学的声学测波仪是一种回声测距仪，利用声学换能器垂直向海表面发射声脉冲，然后计算回波信号的延迟时间来计算波高。根据安放位置不同有气介式和坐底式两种。气介式就是以空气为介质从水面上向下发射声波，能避免海水腐蚀，但需要水面上的支撑。坐底式声学测波仪安装在水下，向水面发射声波，是声学测波仪的主流。声学测波的优点是不易遭破坏，使用寿命较长，例如，国家海洋技术中心研制的 SBA3-2 型声学测波仪在有的海洋站已运行了 10 年以上，获得了大量的宝贵数据；另一个优点是坐底式声学测波仪可以放在较大水深处而不存在水体滤波问题。其缺陷主要在于恶劣气候（如暴风雨）和波况（如破波）条件下，在气水交界处边界面并不十分清晰，导致波浪记录产生较为严重的噪声，从而增加资料分析的难度，甚至无法分析。

1946 年英国海军部研究试验室的内部报告就谈到用浮标观测波浪问题。测波浮标的基本原理是通过测量浮体自身的垂直加速度，经两次积分给出浮体升沉位移，进而利用浮体在不同频率波浪作用下响应函数，得出波浪频谱和相应的时间序列；方向的测量是通过测量可反映浮标在两个正交方向的倾角或水平速度变量，从而给出频谱和 2 个与方向角度有关的分量。在国内，有国家海洋技术中心研制的 FZ5-1 型波浪浮标、中国海洋大学研制的 SZF 型测波浮标和山东省海洋仪器仪表研究所研制的 SBF3-2 型波浪浮标；在国外，有荷兰"波浪骑士"测波浮标和加拿大的 TRIAXYS 波浪浮标。波浪浮标的优点属于直接测量，测量准确度高，浮标的标体和锚系可以根据水深进行设计，适用范围较广，但也存在如下问题：一是容易遭破坏，造价高，维护成本高；二是不宜布放在水深较浅的区域和强流区。

雷达技术通常分为影像或非影像技术两种。传统的船用雷达通常用来探测船周围的障碍物，判断是否对船舶造成危害，主要是接收硬的物体反射回的信号。然而，雷达信号也可以从一些软的物体表面反射，如海岸或波浪，这些软的物体的反射信号传统上被看作是"噪声"。从波浪反射的信号大多是由雷达波和水面波共振引起的。由于雷达波长通常在厘米范围内，只有非常小的水波才反射雷达波（由风、流或由破碎产生的毛细波，其他表面张力波），但较长的波中水质点运动的轨迹，在波峰处略短于波谷处，这使得用雷达也可测出工程感兴趣的波浪，基于海浪对电磁波反射的特殊性发展出 X 波段导航雷达测量波高的相关研究。国外有德国的 WAMOS Ⅱ 和挪威的 WAVEX 都是已经投入市场的 X 波段雷达系统。雷达测波系统安装在岸站、平台或船舶上，维护费用较低。在岸边，由于受水深、地形和海流等因素的影响，使用 X 波段雷达测波还需要进行进一步的研究。

综上所述，各种波浪测量设备都有一定的适用范围和使用限制。日本波浪观测系统中，波浪观测设备主要使用坐底式压力测波仪、超声波测波仪、声学多普勒测波仪和波浪浮标，其中以坐底式声学测波仪为主。我国现阶段波浪观测主要以波浪浮标为主，波浪浮标维护成本相对较高、易遭破坏和易丢失。由于我国沿岸及大多数海岛的水深比较浅，多数在几米至20 m 之间，比较适合布放坐底式声学测波设备和压力式测波设备，声学测波设备能够测量周期较小的波浪，而压力式测波设备不受海面破碎浪的影响，两者能够互相补充。我国波浪观测应该使用声学压力测波和浮标测波相结合的方式，在适宜的观测点安装坐底式声学测波仪或压力测波仪，来逐步提高我国波浪自动化观测水平。

波浪子系统可根据需要选择波浪浮标和声学测波仪等设备。目前，可选择的波浪浮标有山东省海洋仪器仪表研究所生产的 SBF3-1 型测波浮标；国家海洋技术中心研制的 FZ5-1 型波浪浮标；中国海洋大学生产的 SZF 型浮标；国家海洋技术中心生产的 SBA3-2 型声学测波仪和山东省海洋仪器仪表研究所生产的 LPB1-2 型声学测波仪等。

四、数据接收处理子系统

海洋站数据接收处理子系统的主要功能是接收气象子系统、潮位温盐子系统和波浪子系统的测量数据，进行处理、显示、存储和质量控制，并将测量数据传输到海洋数据传输网。数据接收处理子系统由数据接收处理计算机、UPS电源和通信机组成。

海洋站水文气象自动观测系统的数据传输路径为数据观测子系统、数据接收处理子系统、中心站、海区预报中心/海区信息中心、国家海洋预报中心/国家海洋信息中心。传输路径如下。

（1）气象子系统、潮位温盐子系统和波浪子系统将观测的数据传输到数据接收处理子系统。

（2）数据接收处理子系统将实时数据文件、报文数据文件、定时数据文件和月报表数据文件传输到中心站。

（3）由中心站分别将数据传输到海区预报中心/海区信息中心。

（4）由海区预报中心/海区信息中心将数据传输到国家海洋预报中心/国家海洋信息中心。

由此可以看出，考核海洋站水文气象自动观测系统的数据质量主要是看实时数据文件、报文数据文件、定时数据文件和月报表数据文件的实时性、完整性和准确性。实时性是指四类文件是否按规定的时间生成上传；完整性是指四类数据文件中的观测数据是否完整；准确性是指四类文件中的观测数据是否准确。

海洋站水文气象自动监测系统测量准确度见表7-1。

表7-1 海洋站水文气象自动监测系统测量准确度

测量要素	测量范围	准确度（分辨率）	分辨率
表层水温	−5～+50℃	±0.2 ℃	0.05℃
表层盐度	8～42	±0.4	0.1
潮　汐	0～1 000 cm	±2 cm（小浮子式）	0.1 cm
风　速	0～75 m/s	当风速≤5 m/s时，±0.3 m/s 当风速>5 m/s时，±5%×读数	0.1 m/s
风　向	0°～360°	±5°	1°
气　温	−80～60 ℃	±0.17℃	0.1℃
相对湿度	（0～100）%	（0～90）%时为±1%　（90～100)%时为±1.7%	1 %
气　压	800～1 100 hPa	± 0.5 hPa	0.1 hPa
降水量	0～999 mm	当降水量≤10 mm时，±0.4 mm； 当降水量>10 mm时，±4 %×读数	0.1 mm
能见度	10～30 000 m	当<500 m时，±50 m 当500～1 500 m时，±10%×读数 当1 500～30 000 m时，±20%×读数	10 m
波　高	0.3～20 m	(0.3+5%×读数) m	
波周期	2～25 s	±0.5 s	
主波向	0°～360°	±10°	

第三节 技术要求

我国的海洋观测预报工作始于20世纪60年代初。在党和国家的正确领导下，经过国家和地方各级海洋行政主管部门及相关单位的共同努力，在我国岸边、海岛、海上平台共建了100多个海洋站，基本上实现了自动化观测，初步建立起了海洋站水文气象自动化观测网络，在海洋预报、防灾减灾、国民经济、人民生活、国防、科研等方面发挥了重要的作用。为满足业务化运行的要求，海洋站水文气象自动观测系统对数据采集、处理、存储、传输必须符合相关的标准和规定，系统必须具有高可靠性和海洋环境适应性，同时要具有标准化程度高、功耗低、扩充性强、易安装、易维护和易使用等特点。目前，海洋站水文气象自动观测系统仪器设备由不同厂家提供，缺乏统一的技术规定和相关的技术标准。随着《海洋观测预报条例》的颁布和实施，国家海洋局和沿海省市都在规划海洋观测站点的建设工作，因此，必须对海洋站水文气象观测系统的组成，技术要求和试验方法等方面做出明确的规定。

海洋站水文气象自动观测系统主要用于长期、连续、自动地测量所在海域的水温、盐度、潮汐、波浪，风、气温、相对湿度、气压、降水量和能见度，数据的采集、处理和存储符合《海滨观测规范》(GB/T 14914−2006)，数据传输符合我国海洋数据传输网的要求，编报符合《海洋站海滨观测报告电码》(HD-01 Ⅲ)，设备符合《海洋站水文气象观测设备与系统集成通用技术要求》(2013)。海洋站水文气象自动观测系统由气象子系统、潮位温盐子系统、波浪子系统和数据接收处理子系统组成。海洋站水文气象自动观测系统有如下特点。

(1) 海洋站观测系统是海洋立体监测网的重要组成部分，要求必须能够业务化运行。

(2) 安装在岸边、港口、岛屿、海上平台等地，满足无人值守、功耗低、体积小、可靠性高、适应海洋环境（高温、高湿、高盐等）的要求。

(3) 符合《海滨观测规范》、海洋传输网和《海洋站海滨观测报告电码》、《海洋站水文气象观测设备与系统集成通用技术要求》等业务规定。

(4) 因气象子系统、潮位温盐子系统、波浪子系统和数据接收处理子系统的位置可能集中，可能分散，要求系统集成灵活。

(5) 要求安装、使用、维护方便。

气象子系统和潮位温盐子系统基本是由测量传感器、数据采集器、通信机和电源4个部分组成。浮标子系统除了这4个部分外还包括浮标体和锚系部分。下面主要从传感器、数据采集器和数据接收处理3个方面介绍海洋站水文气象自动观测系统的技术要求。

一、传感器

采用的传感器应满足下列要求。

（1）测量的要素、范围和准确度应满足《海滨观测规范》规定的要求。

（2）经海洋业务主管部门考核列装。

（3）传感器输出信号应满足表7-2的要求，其中：输出信号是模拟电压的为模拟量传感器，是频率的为频率量传感器，是若干位高低电平组合的为数字量传感器；具有双向通信、标准化数字输出的为智能传感器。

（4）应在海洋环境下有1年以上的应用，满足业务化应用要求。

（5）在满足业务化观测的情况下，优先推荐功耗较低的传感器。

（6）传感器电源信号线连接方式为接线端子压接。

（7）检定合格，且在检定周期内。

表7-2　传感器输出信号要求

传感器	可应用传感器形式	智能传感器接口
潮　位	数字量传感器、智能传感器	RS232、RS422、RS485或网络接口
表层海水温度	智能传感器	
表层海水盐度	智能传感器	
海　流	智能传感器	
风　速	频率量、智能传感器	
风　向	模拟量、数字量传感器、智能传感器	
气　温	模拟量、智能传感器	
相对湿度	模拟量、智能传感器	
气　压	模拟量、智能传感器	
降水量	频率量、智能传感器	
能见度	智能传感器	
二氧化碳	智能传感器	

二、数据采集器

（一）基本要求

数据采集器的接口单元、中央处理单元、存储单元、通信单元等应采用模块化设计，拆装方便。数据采集器对数据的采集、处理、存储应满足 GB/T 14914-2006 规定的要求。

（二）外部接口

数据采集器中用于连接传感器、通信设备、电源和其他外部设备的接口称为外部接口。数据采集器外部接口上应标明接口的含义，接口应有冗余，同时应满足：

（1）连接传感器用的智能传感器接口、频率量接口、数字量接口和模拟量接口，优先推荐具有智能接口和频率量接口的传感器。

（2）连接通信设备用的接口。

（3）连接电源用的接口。

（4）模拟量测量通道和频率量测量通道的测量准确度应比它所连接的传感器的测量准确度高4倍。

（三）存储

数据存储应符合 GB/T 14914—2006 规定的要求，存储不低于 60 d 的观测数据。

可外加存储卡等存储设备，便于备份数据。

（四）时钟准确度

月累计最大允许误差 ±30 s。

（五）功耗

气象观测子系统的数据采集器及潮位温盐观测子系统的数据采集器在工作状态下的平均功耗应不大于 1.5 W。

（六）连接传感器和数据采集器的电缆长度

在 150 m 范围内应能正常工作，不影响测量的准确度。

（七）接线方式

除网口和光纤端口外，数据采集器与传感器、通信设备、电源及其他设备之间采用接线端子方式连接。

（八）数据采集和处理

数据的采集和处理应符合 GB/T 14914—2006 规定的要求。

（九）数据通信

应支持电缆通信、光纤通信、蜂窝移动通信、微波、VHF、卫星或短信等通信方式。首选光纤通信方式。

采用电缆、光纤、电话、蜂窝、VHF 和微波等方式通信时，1 min 应传输一次各要素的实时观测数据和极值数据，至少 10 min 传输一次观测子系统的状态数据，如供电电压、复位次数等。

采用卫星通信方式时，根据业务要求，选择传输频次和传输内容。

（十）参数设置

数据采集器应能：

设置传感器类型、参数、工作状态和测量误差的修正值等；

设置通信方式、接口参数、传输内容和传输频次等；

设置日期、时间；

设置站位信息。

（十一）测试

数据采集器应能：

测试采集器状态；

测试通信接口；

测试传感器接口。

（十二）集成方式

各观测子系统应能与数据接收处理子系统通信。

气象观测子系统应能集成潮位温盐观测子系统和波浪观测子系统，并对观测的数据进行处理、存储和传输。

三、数据接收处理子系统

数据接收处理子系统自动接收、处理、存储和显示各观测子系统的数据，并按规范或规程的要求将数据传输到中心站，常用电缆、光纤、无线通信、微波和卫星等方式通信。数据接收处理子系统由计算机、通信设备、电源和水文气象自动观测系统数据接收处理软件组成。其中，计算机指商用机或工控机，通信设备指与观测子系统或数据中心通信的设备，电源是指为计算机和通信设备供电的设备。水文气象自动观测系统数据接收处理软件运行在计算机上，负责数据的接收、处理、存储、转发、查询、调取等。

（一）数据接收

数据接收处理子系统应能自动接收观测子系统传输的数据，自动向观测子系统发送命令，补录观测数据。

（二）数据显示、处理、存储

数据接收处理子系统对数据的处理和存储应符合 GB/T 14914 规定的要求，应能显示接收的数据。

（三）数据输出

数据接收处理子系统应能生成实时数据文件、整点数据文件、报文文件和月报文件，内容及格式应符合海洋数据传输网和业务工作的要求。

实时数据文件包含实时测量的分钟数据和日界内出现的极值数据，1 min 生成 1 次。

整点数据文件包含整点测量的数据和日界内出现的极值数据，1 h 生成 1 次。

报文文件的内容及格式还应满足海洋观测预报业务的实际需求。

月报数据文件的内容和格式还应符合 GB/T 14914 的要求。

（四）数据通信

观测子系统与数据接收处理子系统的通信应支持电缆通信、光纤通信、蜂窝移动通信、微波、VHF、卫星或短信等通信方式，传输内容、频次和数据传输率应满足海洋数据传输网的要求。

数据接收处理子系统与所属中心站通信应支持电缆通信、光纤通信、蜂窝移动通信、微波、卫星或短信等通信方式，数据传输内容、频次和数据传输率应满足海洋数据传输网的要求。

（五）其他功能

数据接收处理子系统应：

对观测子系统校时；

输入人工观测数据；

以数据、图表及数据曲线等方式显示测量数据；

数据查询、数据修正、数据处理等；

向观测子系统发送命令，补录观测数据；

现场及远程实现参数设置、工作状态监控及异常状态提示等。

第四节　通信方式

海洋站水文气象自动观测系统主要通信方式有 RS232/422/485 方式、光纤通信方式、无线通信方式、微波方式和北斗卫星方式，需结合地理位置、通信信号覆盖情况等进行情况综合考虑。

一、RS232/422/485方式

RS232/422/485 是美国电子工业协会 EIA（Electronic Industry Association）制定的串行物理接口标准。RS232/RS422 采用全双工工作方式，RS-485 采用半双工工作方式。

RS232 串行接口是海洋站数据采集器的基本接口，传输距离较近，一般为几十米，传输速率较低。

RS422/485 串行接口作用距离稍远，可达 1 000 m 以上，传输速率与 RS232 方式相当。

优点：连接稳定，安装简便，易于故障排除与维护。

缺点：传输距离近，必须满足铺设电缆的条件。

应用场合：数据观测子系统与数据接收处理子系统距离较近的场合。

二、光纤通信方式

以太网是应用最为广泛的局域网，包括标准的以太网（10 Mbit/s）、快速以太网（100 Mbit/s）和 10 G（10 Gbit/s）以太网，它们都符合 IEEE802.3 标准。

对于有光纤覆盖的测点，可采用以太网络（Ethernet）通信方式，是一种基于 TCP/IP 协议的实时通信方式。在现有的海洋台站自动观测系统中有两种以太网传输应用模式，均可以达到业务化运行的要求。

（一）串–网转换模式

在观测现场，利用串口服务器把数据采集器输出的 RS232 串口信号转换为网络信号，然后通过光纤网络进行数据上传。

优点：可以实现将数据采集器集成到以太网。

缺点：需要对串 – 网转换模块进行人工设置，功耗较大。

应用场合：有以太网或光纤覆盖的区域或与微波、VSAT 等网络设备结合使用。

（二）以太网络模式

直接由数据采集器对外输出以太网信号，然后通过光纤网络进行数据上传。

功耗：小于 1 W，芯片级功耗。

优点：可以实现将数据采集器集成到以太网。

缺点：需要对串－网转换模块进行人工设置。

应用场合：有以太网或光线覆盖的区域或与微波、VSAT 等网络设备结合使用。

三、无线通信方式

我国的蜂窝无线通信系统主要由中国移动、中国电信和中国联通三大运营商负责日常运营，可承载语音、数据、流媒体等多种业务类型。在海洋观测领域主要应用中国移动、中国电信的 VPDN 数据通信卡进行无线数据传输。

对于有电信信号覆盖，距离较远或布线不便的站点，选择利用 CDMA1X（电信 2G）/ EVDO（电信 3G）/GPRS（移动 2G）/TD-HSDPA（移动 3G）等无线通信方式进行数据传输。

在数据采集器内嵌入无线模块（DTU），将 RS232 串口信号转换为 2G/3G 信号，实现现场数据回传，值班电脑利用无线路由器接收数据。

优点：集成灵活，体积小，功耗较低，防护等级高，可在海岛站、无人站等恶劣环境下长期稳定运行。

缺点：通信速率和链路稳定性均受电信信号覆盖情况的约束。

应用场合：测点距离远，不便铺设直连电缆，但有电信信号覆盖的区域。

四、微波通信

微波通信是在微波频段（300 MHz 至 300 GHz），通过地面视距进行信息传播的一种无线通信手段。微波通信设备体积小、重量轻、安装容易、配置灵活，工作频段和发射功率可供用户根据实际需求灵活调整。

对于部分边远海岛、海上观测平台等测点，在电信信号不佳或无覆盖时，在无遮挡且满足视距传输条件的情况下（一般认为小于 50 km 可满足视距传输条件），可以利用微波通信系统回传数据。首先建立微波通信链路（点对点或点对多点），然后由数据采集器输出标准网络信号，接入微波通信链路实现数据传输。

传输速率：理论值 500 Mbit/s，实际应用大于 100 Mbit/s。

优点：传输速率高，可达百兆以上，可传输高清视频信号。收发站配对成功后无需二次人工干预，可稳定运行。

缺点：受障碍物遮挡和波束方向性的影响。

应用场合：测点距离接收站 50 km 以内，无障碍物遮挡，可直视。多应用于边远海岛或海上观测平台上。

五、北斗通信方式

中国北斗卫星导航系统是我国自行研制的全球卫星定位与通信系统。是继美国之后的全球卫星定位系统。该系统由空间端、地面端和用户端组成，可在全球范围内全天候、全天时为各类用户提供高精度、高可靠定位、导航、授时服务，并具备短报文通信能力，定位精度优于 20 m，授时精度优于 100 ns。

海洋站自动观测系统可利用北斗卫星通信系统，以短报文的形式发送数据。北斗室外天线只要安装在无明显遮挡处，即可与北斗卫星同步，完成数据报文的收发。

优点：除了固定条件下，在运行状态下也可实现报文发送；除应用于台站系统外，也可应用于志愿船观测。

缺点：仅支持报文传输，速率较低，无法传输视频等流媒体文件，应用范围限定在北斗卫星覆盖的范围之内。需要支付通信费用。

应用场合：有北斗信号覆盖的区域，多用于边远海岛或近海志愿船上。

第五节　供电

观测子系统的供电电源输出为 DC 12V(1±10%)，应能充电，在不充电条件下，应能为气象观测分系统、潮位温盐观测分系统供电至少 72 h。供电控制器要具备多路输出控制功能，可兼容太阳能供电和市电供电等供电方式。市电供电输出为 AC 220V(1±10%)。观测子系统可选择交流电蓄电供电方式、太阳能蓄电池供电方式和风光互补工作方式。

一、交流电蓄电池供电

交流电蓄电池供电使用交流电结合蓄电池方式为海洋站设备供电，由整流器、蓄电池、直流变换器和直流配电屏等部分组成。工作原理如下。

（1）整流器的交流电源由交流配电屏引入，整流器的输出端通过直流配电屏与蓄电池和负载连接。

（2）当需要多种不同数值的电压时，采用直流变换器将基础电源的电压变换为所需的电压。

（3）由于直流供电系统中设置了蓄电池组，可保证不间断供电。

目前广泛应用的直流供电方式为并联浮充供电方式。并联浮充供电方式是将整流器与蓄电池并联后对设备供电。在市电正常的情况下，整流器一方面给设备供电；另一方面又给蓄电池充电，以补充蓄电池因局部放电而失去的电量。在并联浮充工作状态下，蓄电池还起一定的滤波作用。当市电中断时，蓄电池单独给设备供电。由于蓄电池通常处于充足电状态，所以市电短期中断时，由蓄电池保证不间断供电。若市电中断期过长，整流器应由油机发电机组供电。

并联浮充供电方式的优点是结构简单、工作可靠，供电效率较高。但是，采用这种工作方式时，在浮充工作状态下，输出电压较高，当蓄电池单独供电时，输出电压较低，因此负载电压变化范围较大。

二、太阳能蓄电池供电

太阳能供电电源是将太阳能转换为电能，由太阳能电池组件、太阳能控制器、蓄电池（组）组成。如输出电源为交流 220 V 或 110 V，按实际需要还可以配置逆变器。工作流程为：

（1）太阳能电池板是太阳能发电系统中的核心部分，其作用是将太阳的辐射能力转换为电能，通过太阳能控制器送往蓄电池中存储起来，或为负载供电。

（2）太阳能控制器的作用是控制整个系统的工作状态，并对蓄电池起到过充电保护、过放电保护的作用。在温差较大的地方，合格的控制器还应具备温度补偿的功能。其他附加功能如光控开关、时控开关都应当是控制器的可选项；

（3）蓄电池一般为免维护铅酸电池，小微型系统中，也可用镍氢电池、镍镉电池或锂电池。其作用是在有光照时将太阳能电池板所发出的电能储存起来，到需要的时候再释放出来。

太阳能供电系统的设计需要考虑的因素有：

（1）太阳能发电系统在哪里使用，该地日光辐射情况如何；

（2）系统的负载功率多大；

（3）系统的输出电压是多少，直流还是交流；

（4）系统每天需要工作多少小时；

（5）如遇到没有日光照射的阴雨天气，系统需连续供电多少天；

（6）负载的情况，纯电阻性、电容性还是电感性，启动电流多大；

（7）系统需求的数量。

三、风光互补供电方式

风光互补供电系统是一种将光能和风能转化为电能为设备供电的装置，主要由风力发电机组、太阳能光伏电池组、控制器、蓄电池、逆变器、交流直流负载等部分组成，具体结构组成见图 7-2。风光互补供电系统是集风能、太阳能及蓄电池等多种能源发电技术及系统智

能控制技术为一体的复合可再生能源发电系统，工作原理如下。

（1）风力发电部分是利用风力机将风能转换为机械能，通过风力发电机将机械能转换为电能，再通过控制器对蓄电池充电，经过逆变器对负载供电。

（2）光伏发电部分利用太阳能电池板的光伏效应将光能转换为电能，然后对蓄电池充电，通过逆变器将直流电转换为交流电对负载进行供电。

（3）逆变系统由几台逆变器组成，把蓄电池中的直流电变成标准的 220 V 交流电，保证交流电负载设备的正常使用。同时还具有自动稳压功能，可改善风光互补发电系统的供电质量。

（4）控制部分根据日照强度、风力大小及负载的变化，不断对蓄电池组的工作状态进行切换和调节：一方面把调整后的电能直接送往直流或交流负载；另一方面把多余的电能送往蓄电池组存储。发电量不能满足负载需要时，控制器把蓄电池的电能送往负载，保证了整个系统工作的连续性和稳定性。

（5）蓄电池部分由多块蓄电池组成，在系统中同时起到能量调节和平衡负载两大作用。它将风力发电系统和光伏发电系统输出的电能转化为化学能储存起来，以备供电不足时使用。

风光互补发电系统根据风力和太阳辐射变化情况，可以在 3 种模式下运行：一是风力发电机组单独向负载供电；二是光伏发电系统单独向负载供电；三是风力发电机组和光伏发电系统联合向负载供电。

风光互补供电系统充分利用绿色清洁能源，实现零耗电、零排放、零污染，具有独立供电、不需铺设输电线路，不需开挖路面埋管，不消耗电能，供电稳定等特点。利用太阳能和风能的互补性，通过太阳能和风能发电设备集成系统供电，利用太阳能和风力发电设备给蓄电池组充电，通过智能控制器为负载设备供电。

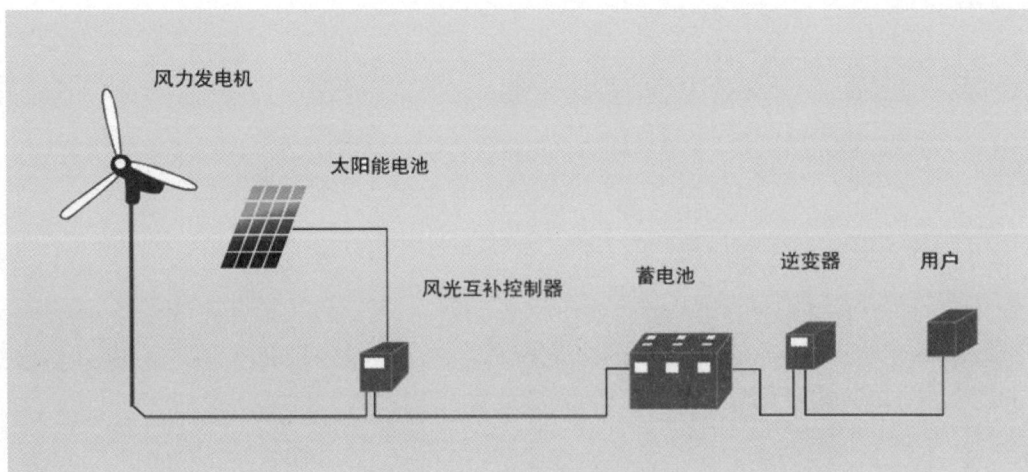

图7-2　风光互补电源组成

第六节　系统集成

气象子系统、潮位温盐子系统、波浪子系统和数据接收处理子系统之间的位置非常复杂，分散集中兼有，要使系统有效集成，要求各观测子系统能独立运行，另外应有一个观测子系统能集成其余观测子系统。常用的集成方式有集中集成方式和分散集成方式。

集中集成方式适合气象子系统、潮位温盐子系统和波浪子系统比较集中，且无人值守的海洋站（图 7-3）。气象子系统集成潮位温盐子系统、波浪子系统，由气象子系统将观测数据传输到数据接收处理子系统。

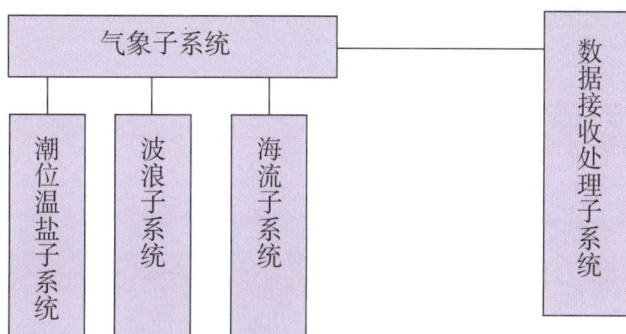

图7-3　集中集成方式

分散站集成方式适合气象子系统、潮位温盐子系统、波浪子系统和数据接收处理子系统分散的海洋站（图 7-4），各观测系统独立的将观测数据传输到数据接收处理子系统。

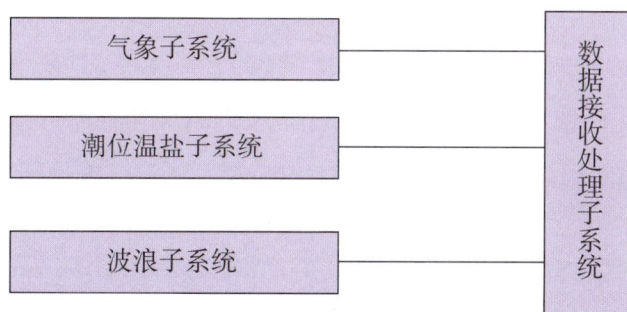

图7-4　分散集成方式

【复习题】

1. 海洋站自动观测系统一般由哪些子系统组成?

2. 海洋站自动观测系统观测的气象、水文要素包括哪些?

3. 气象观测子系统由哪些部分组成? 常用的测量传感器有哪些?

4. 目前海洋站自动观测波浪的设备有哪几种?

5. 数据处理接收系统由哪些部分组成?

6. 通常温盐传感器是如何安装在温盐井内的?

7. 风传感器距离地面的安装高度为多少?

8. 观测要素测量的准确度主要指哪几个方面?

9. 实时数据文件每几分钟生成一次?

10. 潮位数据每几分钟存储一次?

11. 各类风速特征值是如何获取的? 其采样时间是多少秒?

12. 温湿传感器的检定周期为几年?

13. 观测数据以 CDMA 或 GPRS 通信的优点是什么?

14. 气象 / 潮位温盐 / 波浪观测子系统与数据接收处理子系统有哪些通信方式? 你所在的海洋站分别使用哪种通信方式?

15. 数据接收处理子系统生成哪四类数据文件? 依据的标准是什么?

16. 简述海洋站自动观测系统的数据传输流程?

17. 风传感器使用有哪些要求?

18. 温盐传感器使用有哪些要求?

19. 海洋站自动观测系统一般由哪几部分组成? 画出你所在海洋站的系统组成。假如在数据接收处理软件上显示风向测量数据不正确,试分析问题产生的原因。

第八章　气象子系统

第一节　概述

XZY3-1 型自动海洋站（又称气象子系统）是水文气象要素自动化测量设备，主要用于陆地、海岛和海上平台连续自动采集、处理、显示和存储气温、相对湿度、气压、降水量、风速、风向、能见度、水温、盐度和潮汐数据。测量数据可以用多种通信方式向上位机（接收站）传输。

XZY3-1 型自动海洋站可以根据用户需要灵活配置，常用的两种方式如下。

（1）标准自动气象站。主要由 XZY3-1 型自动海洋站的数据采集器、温湿传感器、气压传感器、雨量传感器、风传感器和能见度传感器（可以选用 CJY-1A 型、PWD20 型、DNQ2 型能见度仪）组成。

（2）标准自动水文气象站。主要由标准自动气象站集成 SCA11-3A 型浮子式水位计或 SCA6-1 型声学水位计组成。

主要特点如下。

（1）按照 GB/T 14914−2006《海滨观测规范》的规定，自动采集处理并存储气温、相对湿度、气压、风速、风向、降水量、能见度、水温、盐度、潮汐等数据。

（2）采用嵌入式数据采集控制系统，功耗低，运行稳定可靠，环境适应性强，便于野外使用。

（3）机箱一体化，体积小、重量轻、安装方便。

（4）使用大屏幕点阵液晶显示器，清晰悦目。

（5）人机界面采用中文菜单，操作方便。

（6）传感器配置灵活，可以适应不同用户的需求。

（7）液晶显示可用按键关闭，节省电源消耗。

（8）通过更换内部通信板，能以隔离 232/442、CDMA/GPRS、因特网、无线 3G、卫星等方式与上位机（接收站）通信。

（9）能直接集成多种型号能见度仪、SCA11-3A 型水位计、SCA6-1 型声学水位，接收、存储、转发其数据。

第二节　系统组成、技术指标及接口定义

一、系统组成

XZY3 型自动海洋站由数据采集器和传感器两部分组成。

（1）数据采集器（图 8-1），进行数据采集、处理、显示、存储和传输。具有水位计接口，可以直接集成 SCA11-3A 型或 SCA6-1 型声学水位计（选配）。

图8-1　数据采集器

（2）传感器，包括风速风向、气温相对湿度、气压、降水量传感器和能见度仪（选配）。每个传感器通过各自的电缆分别接入数据采集器。

XZY3 型自动海洋站组成框图如图 8-2 所示。

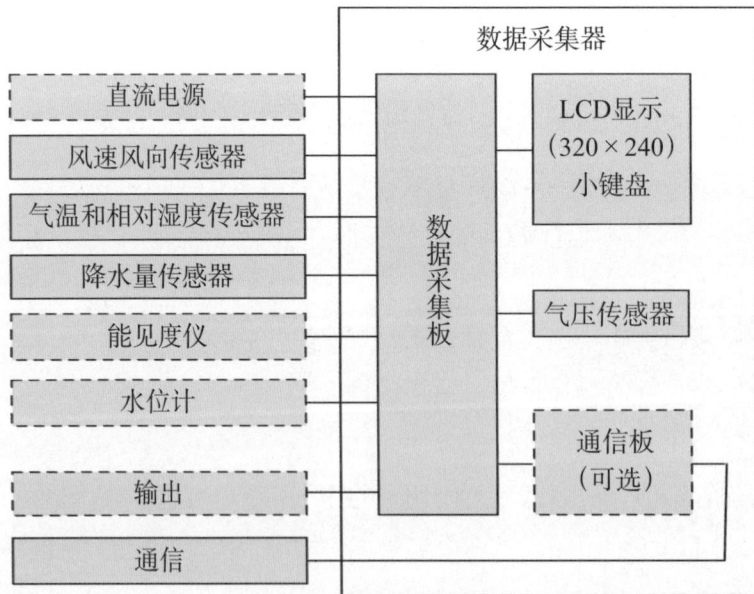

图8-2　系统组成框图

二、技术指标

主要技术指标如下。

（1）测量要素和测量指标见表 8-1。

（2）数据存储时间：60 d。

（3）数据显示：320×240 点阵、带背光的液晶显示器，数据更新周期 1 s。

（4）工作方式：连续。

（5）工作电源：DC 12 V（10.5 ~ 15.0 V）。

工作电流：液晶显示器开启时 ≤ 150 mA，关闭时 ≤ 55 mA。

（测试条件为带气压、温湿、风传感器和隔离 232 接口板）。

（6）尺寸重量：机箱（355 mm×230 mm×150 mm），6.5 kg。

（7）工作温度：-30 ~ + 50℃。

（8）储存温度：-40 ~ + 60℃。

表8-1 自动测量要素和指标

测量参数		测量范围	测量准确度	分辨率
气压		800~1 100 hPa	±1 hPa	0.1 hPa
气温		-40~+60 ℃	±0.5℃	0.1℃
相对湿度		0~100%	在20℃的条件下经过校准后： 当相对湿度≤90%时，±2% 当相对湿度>90%时，±3%	1%
风速	WAS425A 风传感器	0~65 m/s	当风速<50 m/s时，±0.135 m/s 或±3%×读数 当风速≥50 m/s时，±5%×读数	0.1 m/s
	XFY3-1 风传感器	0~70 m/s	当风速≤10 m/s时，±1 m/s； 当风速>10 m/s时，±10%×读数	0.1 m/s
风向	WAS425A 风传感器	0°~360°	±2°	1°
	XFY3-1 风传感器	0°~360°	±5°	1°
降水量		0~1 000 mm	当降水量≤10.0 mm时，±0.4 mm 当降水量>10.0 mm时，±4%×读数	0.1 mm
能见度		10~30 000 m	当能见度<500 m时，±50 m； 当能见度500~1 500 m时，±10%×读数 当能见度1 500~30 000 m时，±20%×读数	0.1 km

注：测量参数的范围和测量准确度只与选用传感器的技术指标有关。

第三节 采集器配置及接口定义

一、采集器配置

为适应不同的传感器和不同的外部通信方式，XZY3 型自动海洋站在设计上提供了多种灵活的配置方式，允许用户根据实际情况选择适合自己条件的配置。

注意：系统配置变化时，往往需要改变机箱内部连线（图 8-3），必须小心操作。用户可以在订货时说明系统配置，由厂家完成系统配置工作；也可以在详细阅读本说明书后自行完成系统配置工作。

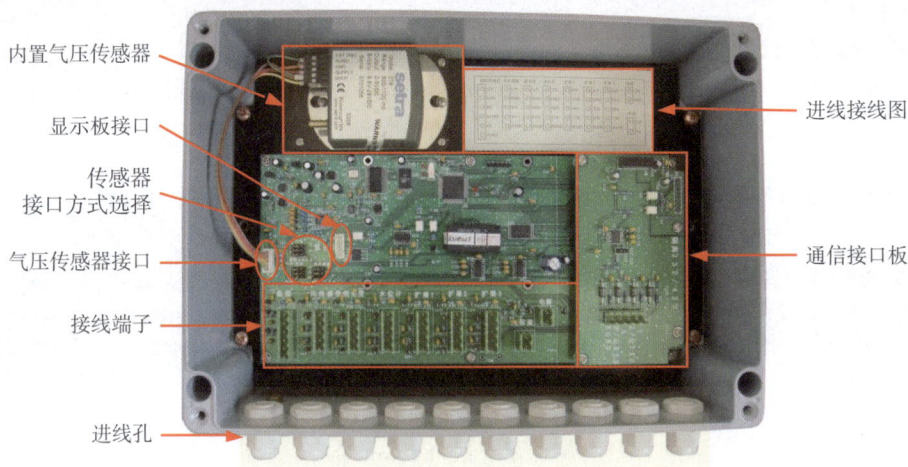

图8-3 数据采集器内部布局

（一）传感器配置

除降水量和能见度传感器接口方式固定外，气压、温湿、风传感器均可选用模拟信号或数字信号接入方式。变动某个传感器的信号方式时，只需把数据采集板上与该传感器对应的"接口方式转换插座"的 3 个短路帽分别插到相应的位置即可（图 8-4）。系统出厂时已设置成模拟接入方式。

图8-4 传感器接口方式转换插座

（二）通信方式配置

XZY3 型自动海洋站可配置不同的通信接口板以适应不同的通信方式。现有多种通信板可供选用：

* 隔离 232/422 通信板（图 8-5）

能以 RS-232C 或 RS-422 方式与上位机连接。

接口方式由板上"422/232"插座短路帽的位置决定，插到上面为 RS-232C，插到下面为 RS-422。

图8-5 隔离232/422通信板

* 全 RS-232C 通信板（图 8-6）

可通过卫星通信机、MODEM 或 VHF 电台与上位机（接收站）通信。

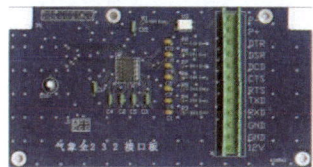
图8-6 全RS-232C通信板

* CDMA 通信板（图 8-7）

板上带 CDMA 模块，通过短信或网络方式与上位机（接收站）通信。

图8-7 CDMA通信板

* GPRS 通信板（图 8-8）

板上带 GPRS 模块，通过短信或网络方式与上位机（接收站）通信。

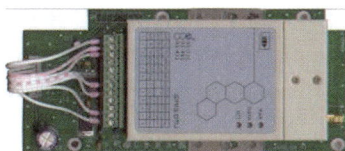
图8-8 GPRS通信板

* 新型网络和 3G 通信板（图 8-9）

KD-702 型网络接口模块，可以通过因特网实现数据采集器和数据中心的通信。

SZ-509 型 3G 通信模块，使用电信 3G 网络实现数据采集器和数据中心的通信。

图8-9 SDH通信板

二、采集器机箱内部连接

采集器机箱内部，气压传感器和显示板通过两根带 TJC3-5 插头的电缆与采集板连接，见表 8-2 和图 8-10，表 8-3 和图 8-11。

表8-2 气压传感器与采集板连接

TJC3序号	功能	备注
1	12V	传感器电源正极
2	GND	传感器电源负极
3	AGND	传感器模拟信号参考地
4	QOUT	传感器信号输出端
5	NC	不接

图8-10 气压传感器与采集板连接插座

表8-3　显示板与采集板连接

TJC3序号	功能	备注
1	12V	显示板电源正极
2	GND	显示板电源负极
3	DRD	显示板数据通信接收
4	DTD	显示板数据通信发送
5	KDS	显示控制开关

图8-11　显示板
与采集板连接插座

三、采集器机箱对外连接

除通信接口外，其余接线如图 8-12 所示。

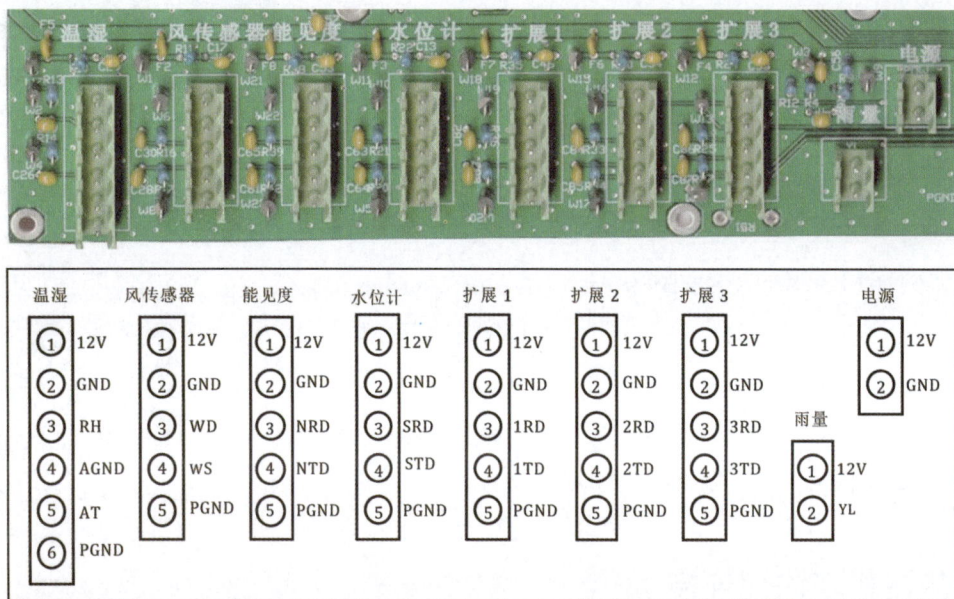

图8-12　采集器对外接线图

图 8-12 信号标识说明：

（1）电源

12V：采集器工作电源的正极接点。

GND：采集器工作电源的负极接点。

（2）气温相对湿度传感器

12V：气温相对湿度传感器工作电源的正极接点。

GND：气温相对湿度传感器工作电源的负极接点。

RH：相对湿度信号输入端。

AT：气温信号输入端。

AGND：气温相对湿度传感器模拟信号参考地接点。当连接传感器的电缆较长时，应将传感器端的模拟信号参考地用单独线芯连接到此点，以降低长线传输引起的信号衰减；当连接传感器的电缆较短时，该端可以与 GND 连在一起。

PGND：气温相对湿度传感器保护地接点，连接传感器所提供的保护地或传感器的外壳。通常以电缆的屏蔽层连接此点。

（3）风传感器

12V：风传感器工作电源的正极接点。

GND：风传感器工作电源的负极接点。

WD：风向信号输入端。

WS：风速信号输入端。

PGND：风传感器保护地接点，连接传感器所提供的保护地或传感器的外壳。通常以电缆的屏蔽层连接此点。

（4）能见度传感器（CJY-1A 型陆用能见度仪，RS-232 接口）

12V：能见度仪工作电源的正极接点。

GND：能见度仪工作电源的负极接点。

NRD：能见度仪通信接收端接点。

NTD：能见度仪通信发送端接点。

PGND：能见度仪保护地接点，连接能见度仪所提供的保护地或外壳。通常以电缆的屏蔽层连接此点。

（5）水位计（SCA11-3A 型水位计，RS-232 接口）

12V：水位计工作电源的正极接点。

GND：水位计工作电源的负极接点。

SRD：水位计通信接收端接点。

STD：水位计通信发送端接点。

PGND：水位计保护地接点，连接水位计所提供的保护地或外壳。通常以电缆的屏蔽层连接此点。

注：当水位计已经单独供电时，12V 可不接，因为在这种情况下采集器只接收水位计数据，一般仅接 STD 和 GND 两线即可。

（6）降水量传感器

12V：降水量传感器开关信号接点。

YL：降水量传感器开关信号的另一接点。

（7）扩展 1、扩展 2、扩展 3（RS-232 接口）

扩展接口目前仅支持采用 RS-232 的数字化传感器。

12V：扩展传感器工作电源的正极接点。

GND：扩展传感器工作电源的负极接点。

XRD：扩展传感器通信接收端接点。

XTD：扩展传感器通信发送端接点。

PGND：扩展传感器保护地接点，连接扩展传感器所提供的保护地或外壳。通常以电缆的屏蔽层连接此点。

注 1：扩展接口只作为硬件预留。如需要接入某种传感器，应与厂家联系，加入相应软件后方可应用。

注 2：气压、风传感器以数字方式连接时，均按下表接线。

插座序号	1	2	3	4	5
功能	12V	GND	XRD	XTD	PGND

注 3：气温相对湿度传感器以数字方式连接时，按下表接线。

插座序号	1	2	3	4	5	6
功能	12V	GND	XRD	空脚	XTD	PGND

第四节　设备安装

XZY3 型自动海洋站的安装顺序为：

（1）安装前整套设备功能检查；

（2）安装室内设备；

（3）确定室外设备的安装位置并估算所需电缆的长度；

（4）连接传感器电缆；

（5）安装室外设备并布设电缆；

（6）连接室内电缆；

（7）通电检查。

一、安装前整套设备功能检查

按照以下步骤在室内进行整套设备安装前的功能检查。

（1）拆开包装箱后，轻微晃动每个设备，如出现异常声响，应拆开设备检查是否有紧固件松脱现象，直到找出原因、妥善处理后，方可进行下一步工作。

（2）给数据采集器加电，显示应正常。接入配置的传感器，应显示相应的数据。如有异常，应立即与生产厂家联系。

（3）如配置有计算机，应同时与计算机连接。使用配套程序检查其通信功能是否正常。如不能接收到数据，可检查计算机的通信设置是否有误。

二、安装室内设备

（一）数据采集器安装

数据采集器可以根据使用需要安装于室内或者室外。由于已经采取了特殊保护措施，安装于室外不会影响其测量的准确度。

* 室内安装

数据采集器机箱可用螺钉固定在桌面或墙壁上。

桌面安装时，机箱应平放，打开机箱盖，机箱两侧有 4 个直通底部的固定孔，安装尺寸为 310 mm × 180 mm，用 M6 的机螺钉（铁胀管）或木螺钉固定即可。

壁挂安装时，机箱上沿距地面 1.6 m 为宜，以便于观察和操作。

注意：若因需要暂时卸下机箱盖，应妥善摆放，以免掉落砸伤人员或损坏设备。

* 室外安装

当把数据采集器安装于室外时：

（1）应采取合适的遮阳和防雨措施，一方面要保护数据采集器使其正常工作；另一方面要便于操作人员检查数据采集器的工作状况和维修。

（2）若使用太阳能电池，电源应采取避雷措施。

（3）若远距离直流供电，应考虑导线的压降（横截面积为 1 mm^2 长度为 1 000 m 铜导线的电阻约为 16 Ω）。

（二）计算机安装

如果配置有计算机，计算机应安置在固定的桌面上。

三、确定室外设备的安装位置并估算所需电缆的长度

（一）室外设备安装位置的确定

应按 GB/T 14914-2006《海滨观测规范》的规定确定各传感器的安装位置。

（二）电缆长度的估算

室外设备的安装位置确定后，即可估算所需电缆的长度。估算时应注意：在传感器端留出 2 m 左右的余量，以便今后更换传感器；在室内留出 5 m 左右的余量，以防因估算误差造成电缆长度不够。

四、连接传感器电缆

为减少电缆种类，除采集器电源线外，一律采用天津609电缆有限公司（国营第609厂）生产的 AVPV5×0.2 的屏蔽电缆。为避免电缆连接错误，建议对电缆芯线按下述方法编号：红色——1，黄色——2，绿色——3，蓝色——4，白（黑）色——5，屏蔽层——6。

为避免接插件或电缆连接处在室外腐蚀造成故障，建议电缆中间尽量不加接头，能与传感器直接紧固的可直接紧固，电缆接头需与传感器焊接的可在室内焊好后再安装。

布设前应在电缆两端分别做好各传感器芯线的标记，以防到室内安装时不易分辨。如果条件允许，可用数码相机拍摄电缆接头连接情况，作为安装档案的内容之一留供以后查阅。

电缆接线端的处理如不能采用焊接方式，建议采用绝缘压接端子处理后再拧入端子排中。详见附录10-6。

使用接线盒或传感器提供接线端子的，一般都配有电缆锁紧接头。电缆锁紧接头的使用方法详见附录10-7。

几种常用传感器接线图如下。

（一）XFY3-1型风传感器

电缆采用绝缘压接端子处理后接入线路板上的接线端子中（图8-13）。更加详细的说明见附录10-1。

功能	风向	+12V	屏蔽地	风速	不接	地
芯线颜色	绿	红	白（黑）	蓝		黄

图8-13　风传感器电缆接线图

（二）HMP45A型气温相对湿度传感器

HMP45A 型温湿传感器生产厂家原配的电缆长度仅 3 m 左右，在一般情况下，不够与 XZY3 型自动海洋站的数据采集器直接相连，可以采用下述两种方式解决这个问题（详见附录 10–2）。

（1）插入接线盒，即：温湿传感器→原配电缆（3 m）→接线盒（图 8-14）→天津 609 电缆有限公司生产的 AVPV5×0.2 电缆（长度根据实际需要确定）→数据采集器。

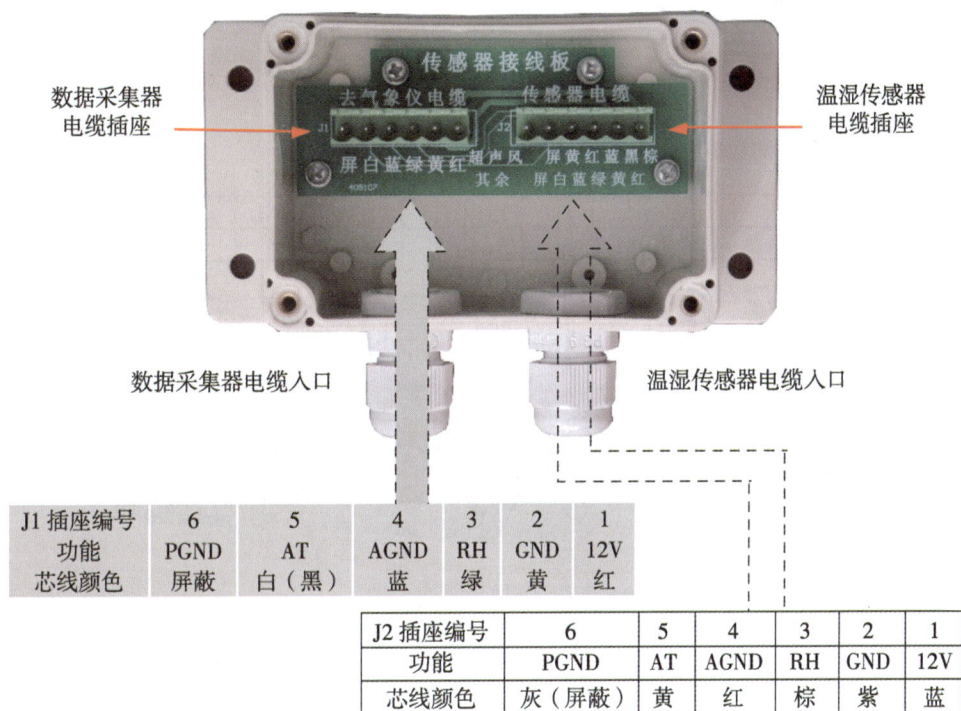

J1 插座编号	6	5	4	3	2	1
功能	PGND	AT	AGND	RH	GND	12V
芯线颜色	屏蔽	白（黑）	蓝	绿	黄	红

J2 插座编号	6	5	4	3	2	1
功能	PGND	AT	AGND	RH	GND	12V
芯线颜色	灰（屏蔽）	黄	红	棕	紫	蓝

图8-14　数据采集器－接线盒－温湿传感器连接示意图

接线盒连接步骤为：把温湿传感器的电缆和数据采集器的电缆分别从接线盒下端插入；分别接在盒内右侧和左侧两个接线端子上（注意接线端子的编号，避免因接线错误损坏传感器）；分别把接线端子（插头）插在底板对应的插座上；拧紧接线盒下端的电缆锁紧头；罩上盒盖，拧紧螺丝。

（2）更换电缆，即：用一根长度足够的、天津 609 电缆有限公司生产的 AVPV5×0.2 电缆替换原配的 3 m 电缆，使温湿传感器与数据采集器直接相连。

更换步骤为：拧开传感器壳体的后端，拆下原配电缆（图 8-15），焊上天津 609 电缆有限公司生产的 AVPV5×0.2 电缆（图 8-16）。

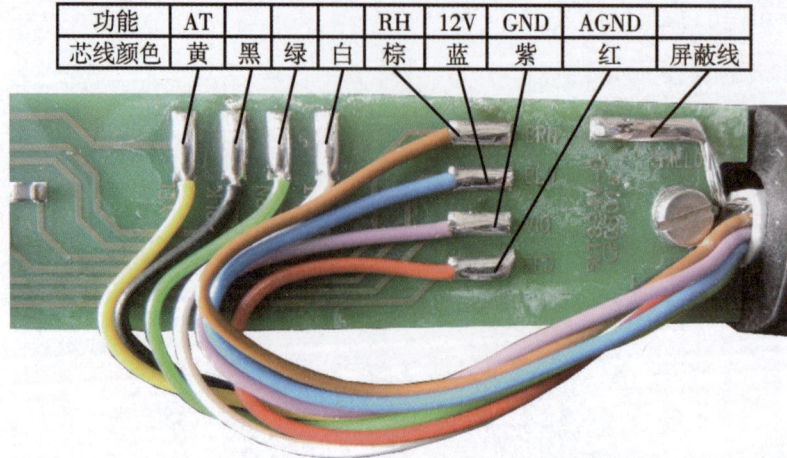

功能	AT				RH	12V	GND	AGND	
芯线颜色	黄	黑	绿	白	棕	蓝	紫	红	屏蔽线

图8-15 HMP45A温湿传感器原配电缆接线图

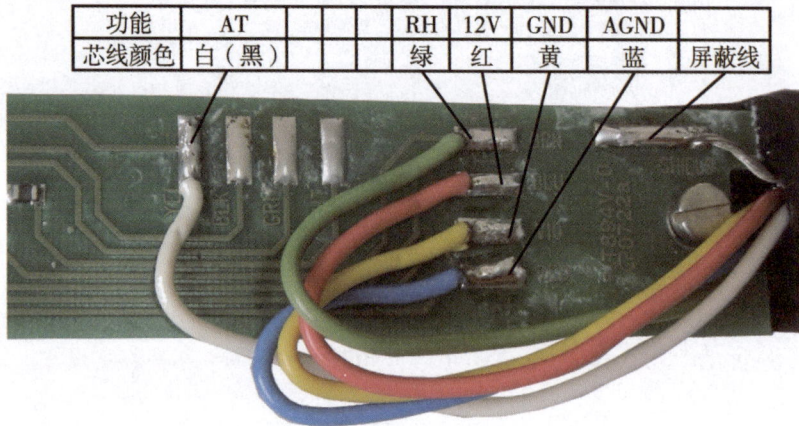

功能	AT			RH	12V	GND	AGND	
芯线颜色	白（黑）			绿	红	黄	蓝	屏蔽线

图8-16 HMP45A温湿传感器使用AVPV5 0.2电缆接线图

（三）278型气压传感器

气压传感器安装在采集器内部，采用扁平电缆连接（图8-17）。扁平电缆通向采集器电路板的一端为TJC3-5插头，通向气压传感器的另一端为绝缘压接端子，可以直接插到传感器上。

详见附录10-3。

图8-17 气压传感器扁平电缆接线图

（四）SL3-1型降水量传感器

把电缆的红、黄芯线分别接到降水量传感器内部的两个接线柱上（不分极性）（图8-18），同时并联一个 100 ~ 200 kΩ 的电阻；把屏蔽线接到传感器的金属架上，以降低外界干扰。

图8-18　降水量传感器接线柱

（五）CJY-1A型前向散射能见度仪

打开能见度仪的电控盒，可以看到其下部有一排接线端子，最左侧一个3芯接线端子为电源输入，最右侧一个4芯接线端子为通信端口（图8-19）。安装前，应首先核实能见度仪的电源要求，据之连接电源，然后在切断电源的情况下接入通信芯线。使用市电供电的能见度仪，在维护前应注意首先将 220 V 电源插头拔下，否则容易造成操作人员触电，此时厂家不负责任。

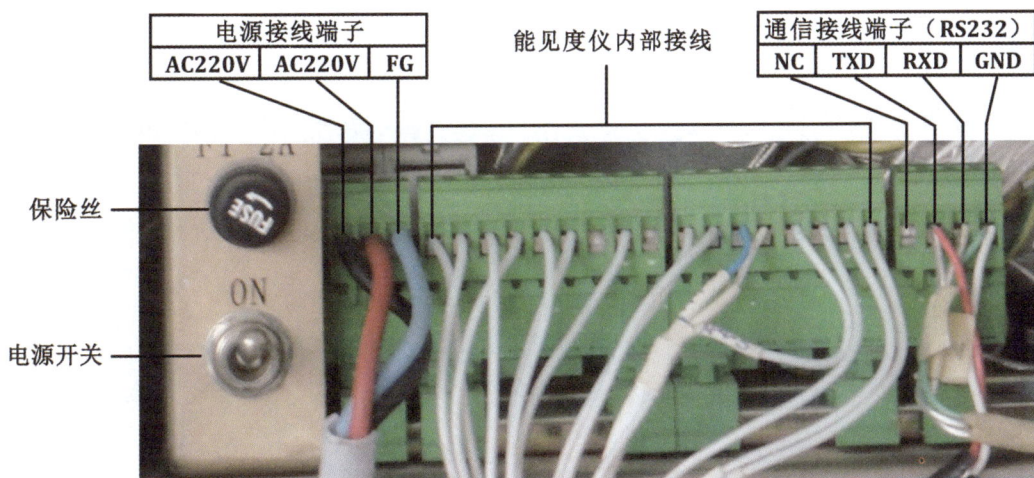

图8-19　能见度仪电控盒下部接线端子

五、安装室外设备并布设电缆

为防止外露的金属紧固件腐蚀而影响日后拆卸，安装时应用黄油涂抹，以增强其防腐性。

（一）风传感器安装

为使风传感器正常工作，应先把它安装在长度不短于 200 mm、外径 42.5 mm 的钢管底座或者厂家提供的安装座上，再把底座固定在标准风杆（或铁塔）高处不影响风测量的地方。以安装座为中心，风传感器周围 400 mm 之内不得有任何障碍物。标准风杆（或铁塔）顶端应设置符合要求的避雷针，并有良好的防雷击接地。为避免雷击，风传感器应在避雷针的保护范围之内。

图8-20　风传感器定位方法示意图

具体步骤如下。

（1）在地面打开风传感器接线盒，按说明书中的要求接好电缆，检查无误后盖上接线盒，拧紧接线盒上的 4 个螺钉。

（2）将风传感器吊到风杆（或铁塔）的顶端。先将定位环以凸出点向上的姿态穿入安装管（图 8-20），再将风传感器插到安装管上，让定位环的凸出点与风传感器底部的凹入点啮合，此时风传感器底部应与定位环平齐。

（3）缓慢旋转传感器和定位环，直到定位环指北棒指向"地理北"（"地理北"的确定方法见附录10-8）。

（4）旋紧定位环上的喉箍紧固螺钉，注意在紧固过程中定位环位置不得变动。

（5）旋紧风传感器喉箍的紧固螺钉，并注意在紧固过程中啮合位置不发生变动。至此风传感器固定完毕。下次更换风传感器时，只拆卸风传感器即可，无须拆卸定位环。由于定位环位置保持不变，新安装的风传感器与定位环啮合后即可直接固定，不需要重新校准方位。

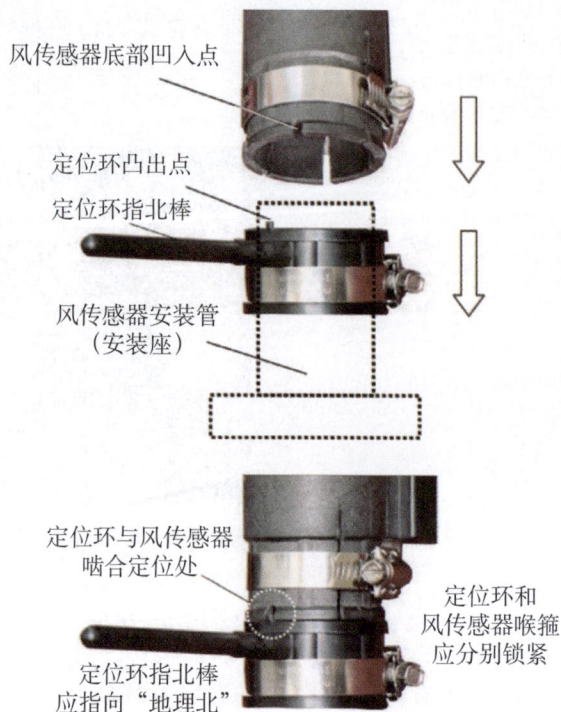

（二）温湿传感器安装

温湿传感器安装于气象场的百叶箱内或风杆上固定的防辐射罩内。

在百叶箱内的温湿传感器安装应参照相关标准进行。

如采用防辐射罩安装温湿传感器，其安装顺序如下。

（1）在风杆上适当位置固定防辐射罩安装板（或安装支架）。

（2）拧下防辐射罩的 3 个固定螺母，将其 3 根固定螺杆插在安装板相应的安装孔上，并拧紧固定螺母。

（3）去掉温湿传感器顶端的黄色防护罩，将温湿传感器的接插部分和调整孔用水密胶布包紧，以防长期使用腐蚀内部电路。

（4）松开防辐射罩的传感器固定箍，插入温湿传感器，拧紧固定箍。

（5）用塑料扎带将温湿传感器电缆固定于安装板上，以防振动损坏。

（三）降水量传感器（雨量计）安装

降水量传感器（雨量计）的安装和调试按有关使用说明书的规定进行。详见附录 10-4。

（四）能见度仪安装

能见度仪的安装按有关使用说明书的规定进行。

（五）室外电缆布设

传感器与数据采集器之间的连接电缆通常比较长，布设时必须因地制宜妥善处置。

（1）对于室外铺设的电缆，应穿在金属管中埋入地下，避免雷击和其他损坏。穿管时应预防金属端口蹭磨电缆。

（2）对于在水平方向悬空布设的电缆，应用钢丝吊挂逐段固定。

（3）对于在垂直方向悬露的电缆，应逐段固定。通常每隔 1 m 左右用塑料扎带与固定物扎紧，以免风吹电缆颤动损坏。

（4）对于拐弯处的电缆，应采取适当的保护措施防止损坏。

（5）对于电缆两端留出的富余部分，应适当盘起、扎好。

六、连接室内电缆

电缆引入室内后，应逐根截到合适的长度，并重做标记；依次将每根电缆剥开 8 cm 左右，把每根芯线装上绝缘压接端子（详见附录 10-6）；把电缆按要求插入数据采集器相应的电缆锁紧接头（详见附录 10-7）；把电缆各根芯线按相应传感器的接线顺序，插入采集器内的传感器插座上，并旋紧固定螺钉；盘起、放好剩余电缆。

七、通电检查

整个系统连接完毕后，应仔细检查各部分是否安装牢靠，电缆固定是否合适。在确认达到上述要求后，按下述步骤进行通电检查。

（1）检查直流电源插头上的电压是否为 11 ~ 15 V，极性是否有误，如有问题应检查供电装置。

（2）把数据采集器的电源插头插入采集器底板上的电源插座，电源将自动接通。密切观察整个采集器的变化，如发现异常应立即切断电源。采集器应在自检后 10 s 内，进入正常数据显示画面。

（3）将检查无误的传感器插头逐个插到采集器线路板对应的插座上，观察显示数据是否正常，如不正常请参照本部分"第六节 一般故障排除"处理。

（4）系统功能检查全部正常后，逐条整理机箱内电缆，旋紧相应的电缆锁紧接头，最后盖上面板并旋紧固定螺丝，清理安装现场。

注意：在通电试验过程中，应密切注意各种设备的工作情况。如出现问题应及时断电，以免造成更大的损失。

第五节　数据采集器使用

一、面板键盘

（一）功能 Fun 功能键

在显示自动测量数据时，按功能键进入功能选择菜单。

在各级功能菜单中，按此键返回上一级菜单。

（二）↵ 确认键

用于确认进入所选择的功能项或确认输入的数据。

（三）↑、↓ 选择键

在菜单操作时，用于选择所要进入的功能项。

在显示测量数据画面时，用于翻页显示测量数据或状态信息。

（四）删除 Del 删除键

用于删除已键入的数值。

（五）0～9 数字键

用于输入数字；或作为进入下一级菜单的快捷键。

（六） +/- 符号键

在数据输入时，用于输入数字的符号。

在多选一选择时，用于改变输入项。

（七） 显示开关 Dis 显示开关

用于变换显示器的工作状态（工作／关闭）。

二、实时数据显示

系统加电后先自检。2～3 s 后自检完成，显示系统名称、版本号（目前为 1.10）和制造厂家名称。6～7 s 后显示实时数据（图 8-21）。

（1）风速、风向：风速单位为 m/s；风向单位为（°）；其数据是 10 min 平均值。

（2）气温：单位为℃。

（3）湿度：为相对湿度，单位为 %。

（4）气压：显示值为本站气压，单位为 hPa。

（5）能见度：单位为 km。

（6）降水Ⅰ、降水Ⅱ：降水Ⅰ为前一天的 20 时到当天 08 时的总降水量；降水Ⅱ为当天 08 时到 20 时的总降水量，单位为 mm。

（7）水位：当前水位值，单位为 cm。

（8）水温：单位为℃。

（9）盐度：无单位。

显示器的最下面一行显示了采集器的状态信息，其中：

电压：显示当前采集器的工作电源电压；

复位：显示采集器当天复位次数；

CPU 温度：显示了当前采集器机箱内的环境温度；

通信：显示当前所用的通信方式和通信状态，其中"="表示通信正常；"X"表示通信故障。

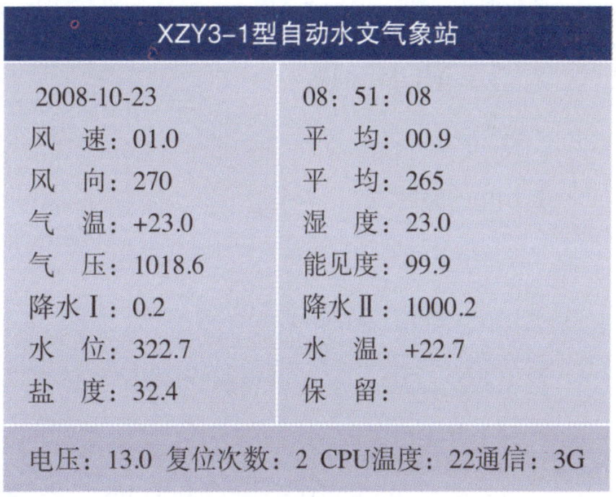

图8-21 实时数据显示

三、系统设置

在显示实时数据的情况下，按功能键，进入"系统设置"菜单（图8-22）。进入某项功能菜单有两种方法：一是用"↑"、"↓"键把反显块移动到欲选项，再按"↵"键，进入该项功能子菜单；二是按相应数字键直接进入该项功能子菜单。

系统设置
1 本站代码
2 观测项目
3 通信设置
4 校对时钟
5 传感器参数
6 厂商设置
7 液晶对比度

图8-22 "系统设置"菜单

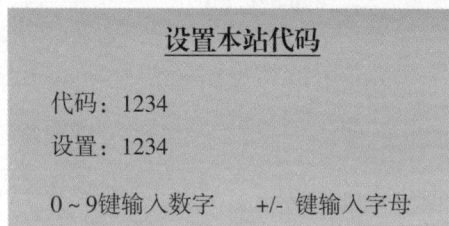

（一）本站代码设置

进入本项功能菜单后显示如图8-23所示。

本站代码由4位字母或数字组成。可按屏幕提示修改"设置："后面的内容，修改完成按"↵"键，待"代码"项变成与"设置"项相同后，即可按功能键退出。

设置本站代码
代码：1234
设置：1234
0~9键输入数字　+/- 键输入字母

图8-23 设置本站代码

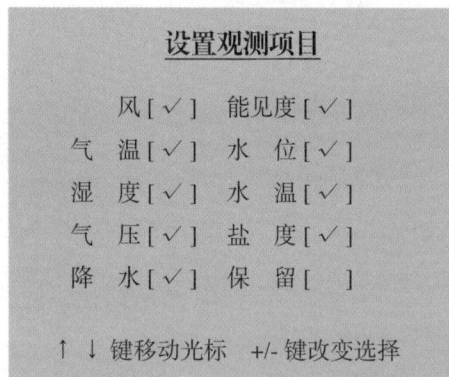

（二）观测项目设置

本项功能允许用户把不观测的项目关闭，并在通信时删除数据流中原来分配给该项目的位置。按屏幕提示把不观测项目的"√"去掉（图8-24）。

设置观测项目	
风 [√]	能见度 [√]
气 温 [√]	水 位 [√]
湿 度 [√]	水 温 [√]
气 压 [√]	盐 度 [√]
降 水 [√]	保 留 [ ]
↑↓键移动光标　+/-键改变选择	

图8-24 设置观测项目

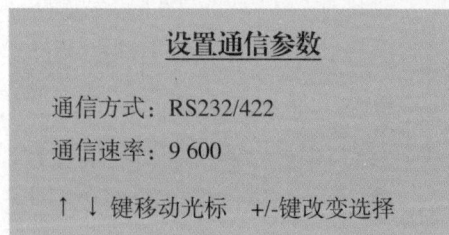

（三）通信参数设置

通信方式有以下多种可供选择：

* RS232/422

* GPRS/CDMA

* MODEM

* VHF MODEM

* GSM

* Inmarsat-C

* Wain Star

* Internet

* 3G NOTC-1

* POST-BOX

通信速率可在600～57 600 bit/s之间选择（图8-25、图8-26）。

选择完成后按"↵"键，即可退出此菜单。

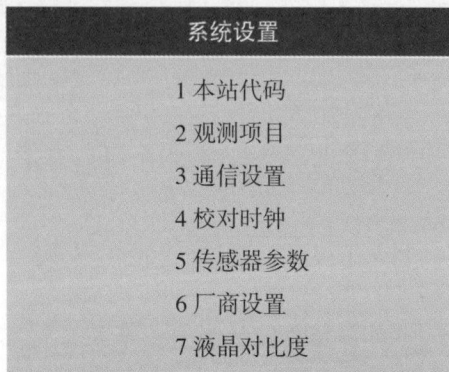

设置通信参数
通信方式：RS232/422
通信速率：9 600
↑↓键移动光标　+/-键改变选择

图8-25 设置通信参数

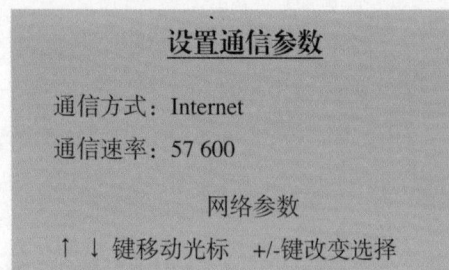

设置通信参数
通信方式：Internet
通信速率：57 600
网络参数
↑↓键移动光标　+/-键改变选择

图8-26 设置通信参数

其中常用的设置作如下简介。

1. RS232/RS422通信

该通信方式适合数据采集器与计算机的距离较近、能够直接用电缆连接的情况，在此设置下需要在数据采集器内安装 RS232/RS422 通信板，通信速率设置为 9 600。由于多数计算机标准配置已经没有 RS232 串口，建议用 Internet 选项替代。

2. GPRS/CDMA通信

该通信方式选择深圳宏电公司 2G 通信方式，数据采集器通信速率应选择 57600，由于该模块的通信设置较复杂并且 3G 业务已经全面替代了 2G 业务，建议新建站采用 3G 通信。

3. Internet通信

该通信方式采用技术中心最新推出的 KD-702 型工业级网络通信模块，采集器通信速率设置为 57 600，同时数据采集器直接支持网络模块的通信参数设置（无须单独通过 PC 机设置）设置过程如下。

（1）首先在数据采集器上通过按功能键—系统设置—通信设置，进入设置通信参数菜单，按照系统提示将通信方式选择为 Internet，通信速率选择为 57 600，按"确认"键确认。将光标移到"网络参数"处按"+/-"键，进入到网络参数设置菜单。

（2）在设置网络参数菜单中，按照网络管理员的要求，依次输入网关、子网掩码、本机 IP 地址、本机端口号、目标 IP 地址、目标端口号确认即可。注意物理地址是不可更改的（图 8-27）。

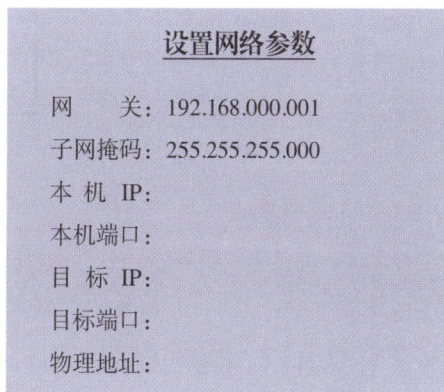

> **设置网络参数**
>
> 网　　关：192.168.000.001
> 子网掩码：255.255.255.000
> 本 机 IP：
> 本机端口：
> 目 标 IP：
> 目标端口：
> 物理地址：

图8-27　设置网络参数图

4. 3G通信

该通信方式采用技术中心最新推出的 SZ-509 型工业级 3G 通信模块，采集器通信速率设置为 57 600，同时数据采集器直接支持 3G 网络模块的通信参数设置（无须单独通过 PC 机设置）设置过程如下。

（1）首先在数据采集器上通过按功能键——系统设置——通信设置，进入设置通信参数菜单，按照系统提示将通信方式选择为 3G NOTC-1，通信速率选择为 57 600，按"确认"键确认。将光标移到"网络参数"处按"+/-"键，进入到设置 3G 参数菜单（图 8-28）。

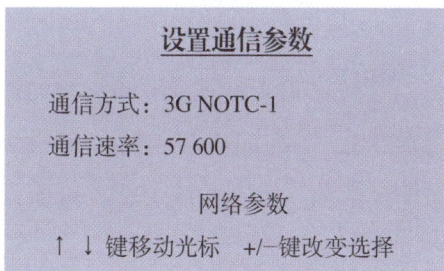

> **设置通信参数**
>
> 通信方式：3G NOTC-1
> 通信速率：57 600
>
> 网络参数
> ↑ ↓ 键移动光标　+/-键改变选择

图8-28　设置通信参数图

（2）在设置3G参数菜单中，前3项内容接入点、用户名和密码由电信网络运营商决定，后2项内容由网络管理员决定。用户依次输入以上信息后按"确认"键确认即可（图8-29）。

5. POST-BOX通信

该通信方式下，采集器通信速率设置为9 600。该通信方式实际是因特网通信和3G通信的组合。通过增加一个与数据采集器连接的通信盒，系统支持同时使用网络和3G功能（以后还可以升级开通北斗通信功能）。系统的设置过程与网络和3G相似（图8-30）。

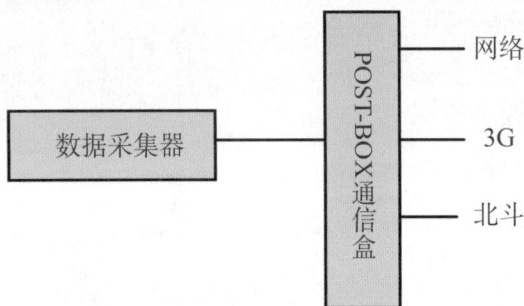

```
设置网络参数

接 入 点：
用 户 名：
密    码：
目标 IP：
目标端口：
```

图8-29 设置网络参数

图 8-30　POST-BOX通信连接

```
设置系统时钟

时钟：2008-10-24 14：30：37
设置：2008-10-24 14：30：37
```

图8-31 设置系统时钟

（四）时钟校对

用"↑"、"↓"键移动光标，用数字键修改数值，把"设置："项后面的时间修改正确，按"↵"键，待"时钟"项的数值变成与"设置"项的数值相同后，即可退出此菜单（图8-31）。

（五）传感器参数设置

本项功能是为适应不同类型的传感器而设计的，用于计算所测物理量的数值。如设置有误，所计算的物理量数值将出现系统差错，因而设置此项时应特别慎重（图8-32）。

按数字键后即可进入相应传感器的参数设置菜单。

1. 风速

风速计算公式如下（图8-33）：

```
设传感器参数

1. 风速标定
2. 雨量标定
3. 气压标定
4. 气温
标定
5. 湿度标定
6. 风向标定
7. 选能见度
8. 选水位计
9. 水位标定
```

图8-32 设置传感器参数菜单

```
风速标定
```

$$WS = K \times fc + b$$

系统：$K = 0.096\,000$　$b = +\,0.000\,0$
修改：$K = 0.096\,000$　$b = +\,0.000\,0$

图8-33 风速标定参数设置

$$WS = K \times fc + b$$

式中：

    WS——风速，m/s；

    fc——风速传感器输出的频率值，Hz；

    K——风速传感器标定回归直线的斜率，(m/s)/Hz；

    b——风速传感器标定回归直线的截距，m/s。

2. 雨量（降水量）

雨量计算公式如下（图8-34）：

$$RN = K \times n$$

式中：

    RN——雨量，mm；

    n——雨量传感器输出的脉冲个数；

    K——雨量传感器标定回归直线的斜率（详见附录10-4）。

3. 气压

气压传感器的输出电压与气压呈线性关系，标称测量范围 800 ~ 1100 hPa、输出信号 0 ~ 5 V。数据采集器出厂时按此关系设置参数、进行计算（图8-35）。

气压传感器使用一段时间后，需要重新检定。对于计量部门的检定结果，应该首先分析：检定点中有无超差（即误差超过 ±16.7 mV 或 ±1 hPa）若无，则不必对采集器进行新的参数设置。若有，则应选择下述两种方法之一，进行新的参数设置。

（1）若利用全部检定点求出的回归直线可以保证误差控制在原定的范围内，则应该用此直线首末两点的回归值（注意不是实际检定数据首末两组值），进行气压传感器的参数设置和计算。

（2）若利用全部检定点求出的回归直线仍然不能保证误差控制在原定的范围内（即传感器的输出电压与气压呈复杂关系），则应该用折线代替直线，进行气压传感器的参数设置和计算（图8-36）。

基于上述情况，XZY3 型自动海洋站的采集器按照五点法设计传感器的标定参数（即假设标定曲线为四段折线）。至于实际采用几点法，应依传感器的检定结果而定。

气压标定参数设置菜单（图8-35和图8-36）底部一行"修改："后面的行号、电压值和气压值均可用数字键修改，确认无误后按"↵"键，则显示屏中部相应行号内的数值将变

雨量标定

$$RN = K \times n$$

系统：$K = 0.010\ 000$

修改：$K = 0.010\ 000$

图8-34 雨量标定参数设置

气压标定

1	$V = 0.000\ 0$	$AP = 0\ 800.0$
2	$V = 5.000\ 0$	$AP = 1\ 100.0$
3	$V =$	$AP =$
4	$V =$	$AP =$
5	$V =$	$AP =$

修改：1 $V = 0.000\ 0$ $AP = 0\ 800.0$

图8-35 气压标定参数设置（两点法）

气压标定

1	$V = 0.0250$	$AP = 0801.1$
2	$V = 1.0380$	$AP = 0860.2$
3	$V = 3.0150$	$AP = 0981.0$
4	$V = 4.9840$	$AP = 1099.9$
5	$V =$	$AP =$

修改：1 $V = 0.0250$ $AP = 0801.1$

图8-36 气压标定参数设置（四点法）

成与修改项相同。不论采用几点法,电压数值应从小到大自上而下排列。各项修改完成,确认无误后即可退出此菜单。

4. 气温

5. 湿度

6. 风向

这3种传感器的参数设置原则与气压传感器相似,图8-37～图8-39列出了显示样式,不再赘述。

气温标定	
1 V = 0.000 0	AT = -40.0
2 V = 1.000 0	AT = +60.0
3 V =	AT =
4 V =	AT =
5 V =	AT =
修改:1 V = 0.000 0	AT = -40.0

图8-37 气温标定参数设置

7. 选能见度

数据采集器支持使用三种能见度仪,在选能见度菜单下,用户可根据所采购的能见度仪进行设置。目前支持的能见度仪分别是:

CJY-1A:洛阳凯迈公司;

PWD20:VAISALA 公司;

DNQ2:安徽蓝盾公司。

湿度标定	
1 V = 0.000 0	RH = 000
2 V = 1.000 0	RH = 100
3 V =	RH =
4 V =	RH =
5 V =	RH =
修改:1 V= 0.000 0	RH = 000

图8-38 湿度标定参数设置

8. 选水位计

数据采集器支持连接 SCA11-3A 型浮子水位计和SCA6-1 型声学水位计,在选水位计菜单下,用户可以根据所采购的水位计进行设置。

9. 声学水位计标定

该项菜单用于声学水位计的现场标定。

风向标定	
1 V = 0.000 0	WD = 000
2 V = 5.000 0	WD = 360
3 V =	WD =
4 V =	WD =
5 V =	WD =
修改:1 V = 0.000 0	WD = 000

图8-39 风向标定参数设置

(六)厂商设置

"厂商设置"专供厂商在生产过程中标定和测试仪器使用。为避免操作错误造成系统参数混乱而影响系统正常工作,进入此菜单必须输入密码。一般情况下不允许用户使用此功能,特殊需要的用户可与厂商联系。

"厂商设置"菜单包括以下选项:

(1)基准电压修正;

(2)电源电压校准;

(3)通道数据测试;

(4)删除全部数据。

（七）液晶对比度调整

为使液晶显示器在不同的环境条件下达到最佳显示效果，用户可以改变液晶显示器的对比度。

具体操作方法是：进入系统设置选择的液晶对比度菜单，按照提示用"↑"键和"↓"键调整对比度，同时观察屏幕显示情况的变化，至调整满意后按"确认"键即可。

第六节　设备维护

一、设备使用注意事项

（1）本系统使用的电源为直流 12 V（10.5 ~ 15.0 V）。设备供电前应先检测电压和极性是否符合要求，以免损坏设备。

（2）发现工作异常，应记录故障现象，并及时与厂家或维修单位联系。未经厂家培训认可的人员不得拆机维修，以免造成更大的故障。

（3）设备附近不得放置可能对设备造成危害的物体，以确保设备安全。

（4）设备的电源、室外传感器连接电缆应切实保护，并按照相关规定加装防护、避雷装置。

二、设备一般故障排除

系统工作不正常时应详细记录故障现象，并按以下顺序检查、判断。

（一）数据采集器无显示

本系统设有"显示开关"，无显示时应先按动此开关，如仍无显示才进行下述检查。

检查电源有无符合要求的直流电压。如无电压，则检查供电部分；如有，则检查采集板直流电压和稳压输出。

（二）数据采集器有显示，按键无反应

断开数据采集器电源，打开数据采集器面板，检查键盘扁平电缆与显示板键盘插针的接插情况。

（三）数据采集器有显示，但某传感器显示数据异常

首先拔下该传感器的电缆插头，用万用表测量数据采集器相应插座的1、2脚之间的电压。

如电压在 12 V 左右，则应检查该传感器的电缆和传感器本身。如无电压，则应检查数据采集器内部该传感器供电电路的自恢复保险。最后进行传感器电缆检查。

（四）传感器和电缆故障判别

为方便判别故障是传感器还是电缆所致，可把发生故障的传感器拆下，直接用短电缆接入数据采集器。如数据正常，则连接电缆有问题；否则为传感器故障。

三、设备检查维护

（一）随时检查设备运行状况

每天应检查以下项目，发现问题应及时处理。

* 各传感器参数是否正常。

* 电池电压是否在正常范围内。

* 室外传感器是否松动。

* 电缆是否有损坏的危险。

（二）定期维护设备

每 3 个月应进行如下维护工作。

* 检查温湿传感器的防尘罩。如防尘罩变黑，应拆下清洗晾干后再装上，以防影响其响应速度。

* 维护外露紧固件。应逐个松动紧固件，加黄油再拧紧，以防锈蚀。

* 更换温湿传感器时，建议只换其头部，可免电缆焊接。

（三）定期检定传感器

应按用户的上级部门规定的检定周期对传感器进行检定。

【复习题】

1. 气象子系统常用的通信方式有哪几种?

2. 气象子系统通常使用多少伏电源供电?

3. XZY3气象子系统的温湿度、气压传感器分别安装在什么部位?

4. 实时数据在屏幕上每几秒钟更新一次?

5. 气象数据每几分钟存储一次?

6. 风传感器如何安装定位?

7. 简述温度湿度传感器的安装过程。

8. 简述"系统设置"的功能。

9. 简述"功能 Fun"的作用。

10. 简述"系统设置／通信设置"的作用。

11. 简述"系统设置／传感器参数"的作用。

12. 假如在数据接收处理软件上显示风向测量数据不正确，试分析问题产生的原因。

第九章　潮位温盐子系统

第一节　概述

潮位温盐子系统可安装在海岸、海岛、海上平台、防波堤、码头、水库、河流等地，按照 GB/T 14914－2006《海滨观测规范》的规定，自动连续观测潮汐（以下简称水位）、表层海水温度（以下简称水温）和表层海水盐度（以下简称盐度）。

本章重点以 SCA11-3A 型浮子式水位计（简称水位计／潮位温盐子系统）为例，介绍潮位温盐子系统的原理、组成、安装和使用。

水位计能通过 RS232/422、光纤、GPRS/CDMA、微波、卫星等多种方式与数据接收处理子系统通信。具有如下特点。

（1）自动连续地测量、显示和存储水位、水温、盐度数据。

（2）按照《海滨观测规范》的要求自动判别高、低潮及出现的潮时。

（3）存储 60 d 每分钟测量数据。

（4）可通过 RS232/422、光纤、GPRS/CDMA、微波、卫星等与数据接收处理子系统通信。

（5）菜单式设置操作。

（6）采用带背光的液晶显示器。

（7）具有开机自检和告警功能，内置实时时钟。

水位计主要技术指标如下。

（1）测量范围：水位 0～1 000 cm；水温 –5～＋50℃；盐度 8～42；

（2）准确度：水位 ±1 cm；水温 ±0.2℃；盐度 ±0.4。

（3）数据采集频率：1 Hz。

（4）数据处理：显示和存储的数据为 1 min 的平均值，判断高低潮。

（5）数据存储：60 d 每分钟的水温、盐度、水位和高低潮。

（6）数据显示：显示每分钟的水温、盐度、水位，每秒更新一次。

（7）数据传输：可通过 RS232/422、光纤、GPRS、CDMA、微波、卫星等与数据接收处理子系统通信。

（8）工作方式：连续工作。

（9）工作温度：−10 ～ ＋45℃。

（10）供电电源：DC（9 ～ 16）V。

（11）整机功耗：＜ 2 W。

第二节　组成和工作原理

SCA11-3A 型水位计由浮子、重锤、绳轮、传动变速机构、轴角编码器、数据采集电路板等组成，结构框图见图9–1，实物图见图9–2。

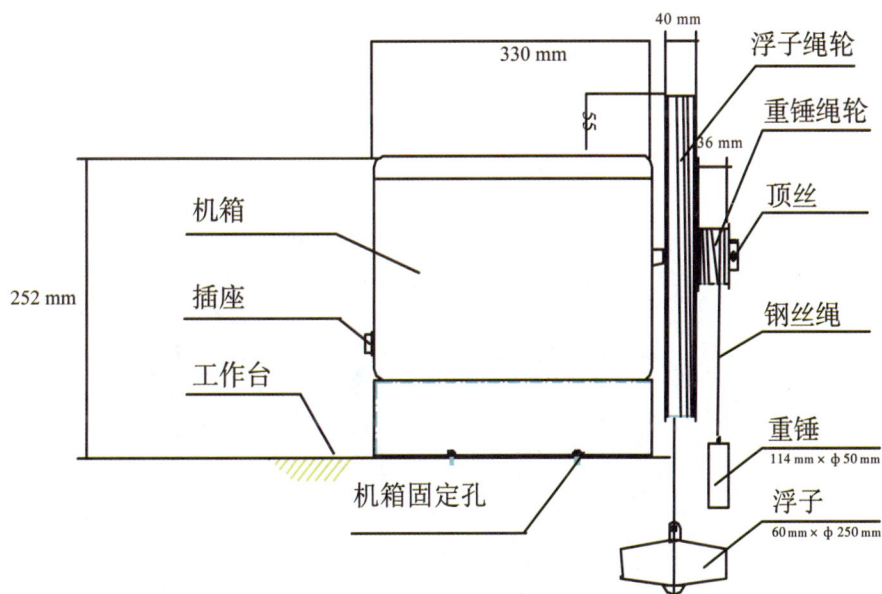

图9–1　水位计结构框图

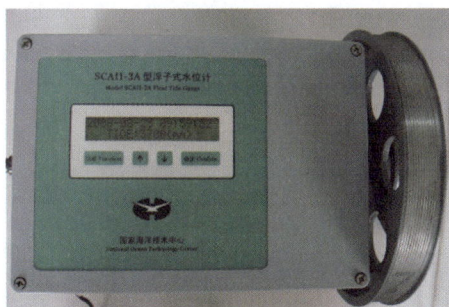

图9–2　SCA11-3A型水位计实物

一、浮子和重锤

浮子在验潮井内随水位变化而上下浮动，重锤用以平衡浮子，两者分别悬挂在浮子绳轮和重锤绳轮上。

重锤：重量 2.45 kg，尺寸 114 mm × φ 50 mm。

浮子：重量 2.45 kg，尺寸 60 mm × φ 250 mm。

二、绳轮

包括浮子绳轮和重锤绳轮两个部分，两者直径比为 4.5∶1。绳轮通过传动、变速机构的主轴带动轴角编码器转动，编码器输出与水位线性相关的信号。

三、传动、变速机构

传动变速机构由主轴和两个齿轮组成。大齿轮固定在主轴上，小齿轮固定在轴角编码器的转轴上，变速比为 3∶1。

四、轴角编码器

轴角编码器对转角位移量进行编码，其输出信号接入采集器控制板。

五、采集控制板（图9-3）

采集控制板采集并处理轴角编码器的编码输出，计算潮位值，判别高低潮，存储数据；同时采集控制板可接温盐传感器，采集存储表层水温和表层盐度数据。此外，采集控制板还完成与上位机通信功能。

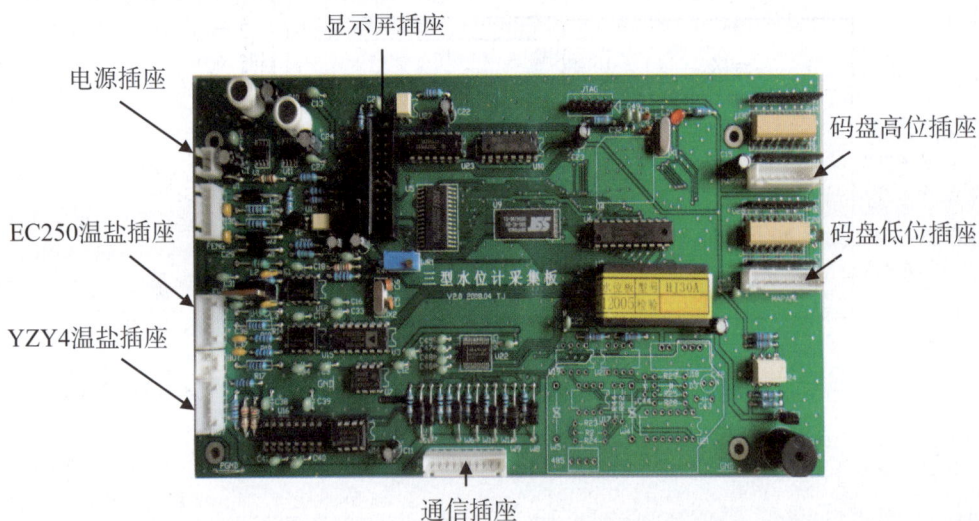

图9-3 采集控制板

当浮子随水面升降时，带动绳轮转动，绳轮通过传动变速机构带动轴角编码器转动。

数据采集电路每秒钟采集处理一次水位数据并更新显示（显示 1 min 的平均数据）。在整分钟时存储 1 min 平均水位数据。此外，该水位计判别并保存高低潮数据。

水位计通过标准 RS-232 通信接口与通信设备，如 RS232/422、光纤、GPRS/CDMA、微波、卫星等连接，传输实时数据。

第三节 设备安装

一、开箱检查

（1）外观检查：检查水位计机箱和配件在运输当中是否磕碰、损坏。

（2）配件检查：按照装箱单清点配件是否齐全。

（3）内部检查：打开机箱盖，检查接线是否完好，转动浮子绳轮，检查插头是否牢固，螺钉是否松动，变速齿轮随动性等。

二、安装要求

（1）验潮井内径不小于 400 mm。

（2）井内、井外应安装水尺，并经过水准点校准。

（3）验潮井上方应设置安放仪器的工作台。

（4）安装地点应有 220 V 交流电或提供 12 V 直流电源。

（5）安装地点应有良好的接地线和避雷设施。

三、安装方法

（一）安装水位计机箱

机箱安装结构见图 9-4。

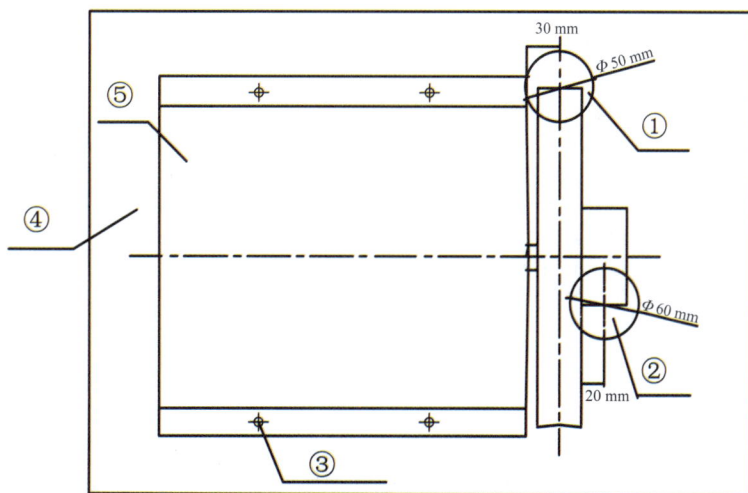

图9-4 机箱安装结构

①浮子钢丝绳过线孔；②重锤钢丝绳过线孔；
③机箱定位孔；④工作台；⑤水位计机箱

- 水平放置工作台，并将其固定在验潮井上方；
- 在工作台①和②处钻孔，孔①中心应在验潮井中心位置附近；
- 将水位计机箱放置在工作台上，将其固定在定位孔处；
- 松开绳轮与主轴的顶丝（见图9-1），使轴不随绳轮转动。

（二）安装浮子（图9-4~图9-6）

- 从包装箱中取出钢丝绳和浮子；
- 放开钢丝绳一端，穿过孔①（见图9-4）；
- 钢丝绳端系紧在浮子悬挂环上，再将浮子慢慢放入井水中。操作时应戴上手套，以免钢丝绳打滑伤手；
- 待浮子入水后，将剩余的钢丝绳一边放开，一边仔细均匀地将其顺时针从位置 A 到浮子绳轮外侧孔 B 一圈一圈地绕在浮子绳轮线槽内。然后将钢丝绳剪断穿过孔 B 系牢。A 和 B 之间的钢丝绳圈数 n_1 与当时潮位和当地的最大潮差有关，

$$n_1 = (L_1 - Low) / P_1 + 2$$

式中：L_1——当时潮位；

Low——最低潮位；

P_1——浮子绳轮的周长，约 0.9 m。

注意：绕好后，不要让绳轮转动，以免钢丝绳松脱。

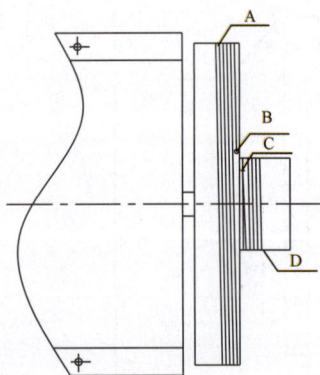

图9-5 钢丝绳绕线原理图　　图9-6 浮子和重锤安装示意图

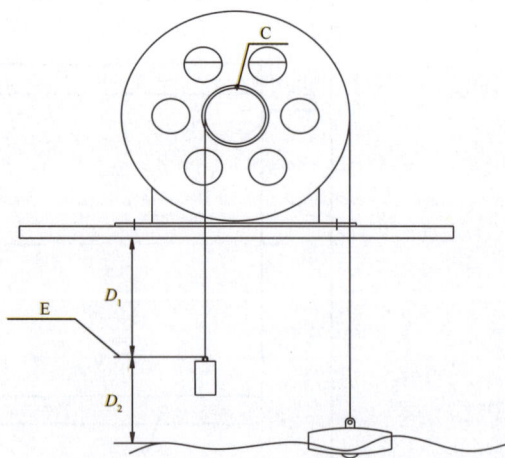

（三）安装重锤（图9-4～图9-6）

- 从包装箱中取出重锤；
- 将剩余钢丝绳一端穿过重锤绳轮内侧孔 C；
- 将钢丝绳逆时针从孔 C 到位置 D 均匀地绕在重锤绳轮线槽内。C 和 D 之间的钢丝绳圈数 n_2 与当时潮位和当地的最大潮差有关；

$$n_2 = (High - L_1) / P_1 + 2$$

式中，L_1 为当时潮位；$High$ 为最高潮位；P_1 为浮子绳轮的周长。

- 松开钢丝绳另一端，穿过孔②（见图9-4）；
- 估算重锤放入井中的初始位置 E，将绳端系紧在重锤悬挂环上，然后将重锤放入井中。

为了确保重锤在验潮过程中不入水，且不与工作台相碰，D_1 和 D_2 应满足下述条件：

$$D_1 > n_1 \times P_2$$
$$D_2 > n_2 \times P_2$$

式中，P_2 为重锤绳轮的周长，约 $P_1/4$（约为 0.225 m）。

若条件不合适，则采用图9-7所示的重锤悬挂方式安装。重锤在整个验潮行程中不能碰触导轮或接触地面。

- 拧紧绳轮与轴的顶丝（见图9-1）。

（四）调整零位

如果水位计显示的潮位数值和水尺相比差别较大时，可松开顶丝（见图9-1），转动轴的原始转角位置，直到水位计示值与水尺一致，然后拧紧顶丝。

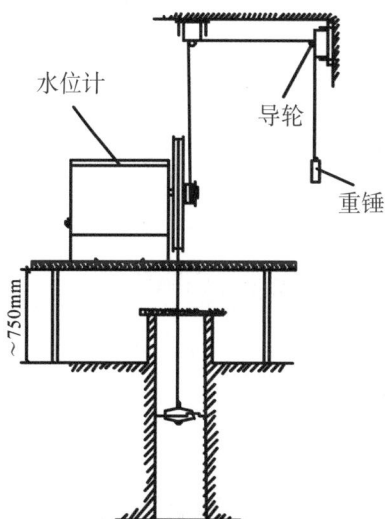

图9-7　重锤非直接安装示意图

（五）数据通信

水位计具有RS232/422、光纤、GPRS/CDMA、微波、卫星等多种通信模式，用户可根据实际需求在订货时可以选择其中一种，检查水位计的系统设置中的通信模式选项，该选项必须与选择的通信模块相一致。

四、设备对外接口

水位计对外电缆接口在机箱侧面，用于连接直流电源、温盐传感器和外部通信设备，如图9-8所示。

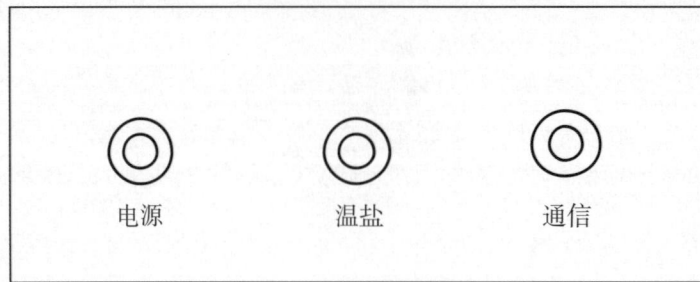

图9-8　水位计对外电缆接口

（一）直流电源接口

采用 3 芯航空插头，定义见表 9-1。

表9-1　直流电源接口

3芯航插序号	功能	机内2芯插头序号	备注
1	NC	\	不连接
2	12V	1	\
3	GND	2	

（二）温盐传感器接口

采用五芯航空插头，定义见表 9-2。

表9-2　温盐传感器接口

5芯航插序号	功能	机内5芯插头序号
1	12V	1
2	B	3
3	A	4
4	GND	2
5	PGND	5

（三）通信接口

采用 10 芯航空插头，定义见表 9-3。

表9-3 通信接口

10芯航插序号	功能	机内10芯插头序号
NC	12V	1
NC	GND	2
1	DCD	3
3	RXD	4
4	RTS	5
5	TXD	6
6	CTS	7
2	DSR	8
7	DTR	9
9	GND	10

第四节 操作方法

一、使用注意事项

（1）仪器使用过程中，插拔任何电缆之前必须关机。严禁带电插拔，否则可能造成设备损坏。

（2）用户通过功能键盘和液晶显示器实现对仪器的操作。

二、键盘

水位计机箱上有4个按键，分别是"功能FUNCTION"、"↑"、"↓"和"确认CON-FIRM"。

（1）"功能"键

在正常工作模式下，按此键进入设置模式，LCD显示功能设置菜单；

在设置模式下，按此键返回上一级菜单。

（2）"↑"键

在正常工作模式下，按此键切换工作页面显示；

在设置模式下，按此键切换页面显示或使被选项数据加1。

（3）"↓"键

在正常工作模式下，按此键切换工作页面显示；

在设置模式下，按此键使光标后移。

（4）"确认"键

在正常工作模式下，此键无作用；

在设置模式下，按此键确认执行操作。

三、液晶显示器

仪器的显示器件为小型 20×2 字符型带背光液晶显示器。为减少耗电，背景光在键盘无触动达 10 min 情况下自动关闭。

四、通电自检

安装工作完成后进行通电检查，操作步骤如下。

（1）通电前用万用表测量机箱内电源电缆插头的电源极性，保证插上电源插头通电后电源极性正确，否则会造成电路板损坏。

图9-9　水位计开机显示画面

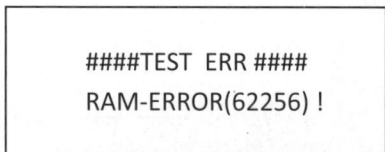

（2）插上电源插头，液晶显示器立刻显示"开机画面"（图 9-9），否则应断开电源进行检查。

（3）仪器通电后，自动检测内部部件的工作状态，用时 3 s 左右。

图9-10　错误类型显示画面

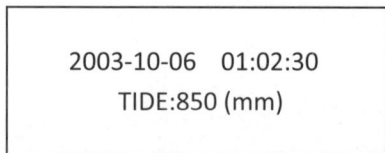

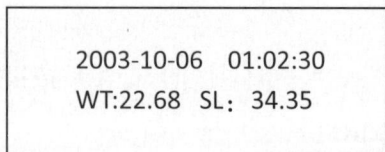

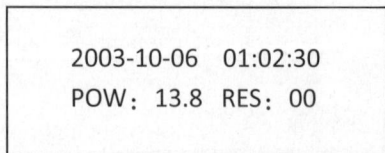

（4）如果自检有错误，液晶显示器显示错误类型（图9-10），同时蜂鸣器和 LED 发出声、光告警，表示仪器不能正常工作，须关机由专业人员对设备进行修理。

（5）如果自检正常，仪器进入正常工作模式，LCD 分三页显示测量数据。按动"↑"键 和"↓"键在这三页间切换显示。

第一页显示当前日期，时间和潮位数据（图 9-11），如果被测项不能正确测量，对应位置将显示"×"。

第二页显示表层水温和盐度数据。

第三页显示包含电源电压和复位次数的系统状态信息。

图9-11　测量数据显示界面

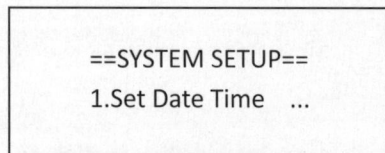

五、系统设置

用户可以通过菜单设置或查看系统参数。在仪器正常工作模式下，按"功能"键进入系统设置模式，LCD 显示系统设置菜单（图9-12）。

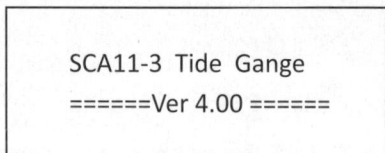

图9-12　系统设置菜单

共有以下 7 种设置操作可供选择：

1. Set Date Time .... （设置日期时间）

2. Station Code .... （设置站代码）

3. Set Comm Mode ...... （设置通信模式）

4. WL Coder Sel .... （水位编码器选择）

5. WT-SL Sel .... （温盐传感器选择）

6. Mfr Setup .... （厂商设置）

7. Exit .... （退出设置功能）

按"↑"键或"↓"键将切换显示上述 7 项。

按"确认"键进入被选项的系统设置菜单。

按"功能"键将返回正常工作模式。

（一）Set Date Time（设置日期时间）

系统设置 1：用于设置系统的日期时间，进入此项设置后，LCD 显示如图 9-13 所示，显示器第一行显示系统日期时间，第二行为用户修改值，此时用"↑"键完成光标所选数据加 1，用"↓"键移动光标，用"确认"键完成修改，用"功能"键退出。

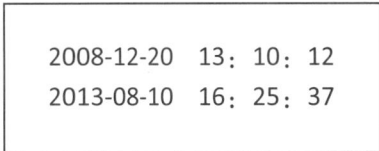

```
2008-12-20  13：10：12
2013-08-10  16：25：37
```

图9-13 设置日期时间显示

（二）Station Code（设置站代码）

系统设置 2：用于查询或设置系统的站代码，站代码由 4 位字母或数字组成。进入此项设置后 LCD 的显示如图 9-14 所示。液晶显示第一行为当前的站代码，第二行为用户想要修改的新的站代码，此时用"↑"键完成光标所选数据更改，用"↓"键移动光标，用"确认"键完成修改，用"功能"键退出。

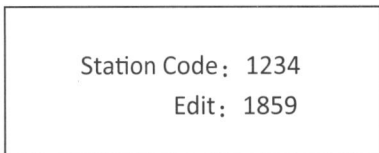

```
Station Code：1234
        Edit：1859
```

图9-14 站代码设置显示

（三）Set Comm Mode（设置通信模式）

系统设置 3：用于查询和设置系统的通信模式，进入此项设置后，LCD 显示如图 9-15 所示，液晶显示的第一行为系统当前通信模式，第二行为用户待选择的通信模式，此时用"↑"键和"↓"键可以选择以下 RS232/422、光纤、

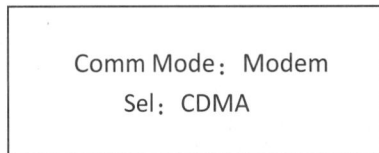

```
Comm Mode：Modem
        Sel：CDMA
```

图9-15 通信模式设置显示

GPRS/CDMA、微波、卫星等通信模式，用"确认"键完成修改，用"功能"键退出。

（四）WL Coder Sel（设置水位编码器）

系统设置4：用于查询和设置水位编码器的选择，进入此项设置后，LCD 显示如图9-16 所示，液晶显示的第一行为系统当前水位编码器，第二行为用户待选择的水位编码器，此时用"↑"键和"↓"键可以选择关闭水位测量、JB19199 编码器、XZ10000 编码器三种选项，用"确认"键完成修改，用"功能"键退出。

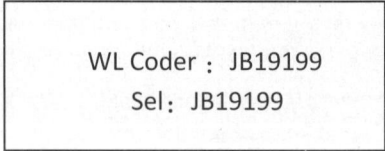

```
WL Coder : JB19199
      Sel : JB19199
```
图9-16 水位编码器选择显示

注意，在一般情况下，水位测量选择 JB19199。

（五）WT-SL Sel（设置水温盐度传感器）

系统设置5：用于查询和设置温盐传感器的选择，进入此项设置后，LCD 显示如图9-17 所示，液晶显示的第一行为系统当前温盐传感器选项，第二行为用户待选择的温盐传感器，此时用"↑"键和"↓"键可以选择关闭温盐测量、选用 YZY4-1 传感器、选用 EC-250 传感器、选用 A7CT-CAR 传感器4 种选项，用"确认"键完成修改，用"功能"键退出。

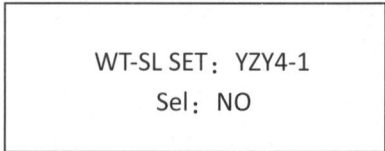

```
WT-SL SET：YZY4-1
     Sel：NO
```
图9-17 温盐器选择显示

注意：由于温盐传感器的选择还涉及硬件链接，用户最好在水位计订货时提出选项要求。

（六）Mfr. Setup（厂商设置）

系统设置6：是设备生产厂商调试设备使用的专用选项，与用户操作无关，为避免无意中错改设备参数造成数据误差，此项操作设有密码保护，建议用户不要进入此项设置。

（七）Exit！（返回显示界面）

系统设置7：选择此选项退出系统设置功能，返回正常数据显示。

第五节　数据通信协议

通信口硬件设置为：1 位起始位、8 位数据位、1 位停止位、无校验位。通信波特率设定见表9-4。

表9-4　通信波特率设定

工作方式	波特率（bps）
RS232/422	9 600
GPRS/CDMA	57 600
MODEM	9 600
VHF-600	600
VHF-1200	1 200
GSM MODEM	4 800

用户在订货时可以任选以上通信方式之一。

第六节　设备维护

一、仪器维护

（1）水位测量装置的维护首先是验潮井的维护。如果验潮井存在消波不好等问题，轻则直接影响测量精度，重则损坏潮位测量装置。

（2）对变化较频繁的一段钢丝绳应涂抹润滑油，以减少钢丝绳的摩擦阻力，延长钢丝绳的使用寿命。

（3）浮子水位计的检定周期是2年。

二、一般故障排除

（一）水位数据显示NO

检查码盘选项是否没有选择码盘类型。

（二）水位数据显示

检查码盘信号线是否插接。

检查码盘选项是否选择使用的码盘类型。

（三）水位数据显示乱码、跳变

检查码盘信号线是否有损坏、断线处。

用万用表电阻挡测量每根线是否连通，如有不通，证明码盘信号线有断线处；更换信号线。

检查码盘是否损坏，松开绳轮的固定螺丝，转动传动齿轮，观察水位数据在何处乱码、跳变。如有乱码、跳变，可判断码盘损坏。更换码盘。

（四）水位数据有显示，但接收机端无数据

检查通信信号线是否有损坏、断线处 。

用万用表电阻挡测量每根线是否连通，如有不通，证明通信信号线有断线处；更换信号线。

检查通信选项是否选择使用的通信类型。

检查水位采集板上的 U22MAX3243 是否损坏。

检查水位采集板上防雷管是否损坏。

（五）水位数据时有时无，数据混乱，复位次数多

检查供电电源，测量电瓶电压应不小于 11 V ，当电瓶电压 = 11 V， 电池亏损，充电控制板处于保护值临界状态，造成水位计反复启动，体现为数据时有时无。

更换电瓶，在无负载的情况下给电瓶充电。

（六）温盐数据显示NO

检查温盐传感器的选项是否所使用的温盐传感器类型。

（七）温盐数据显示 WT ####   SL

检查温盐传感器线是否插接。

检查水位采集板上的 MAX3232 及 U14（MAX487）芯片是否插接或损坏。

第七节　储存运输要求

（1）运输当中注意安全装卸，严禁雨淋。

（2）设备不得露天储存，注意防潮。

（3）设备储存地点注意防止老鼠等动物对电缆及非金属物的损坏。

【复习题】

1. 潮位温盐子系统一般由哪些部分组成?

2. 水位计自动连续地测量、显示和存储哪些数据?

3. 浮子水位计在正常使用时,应如何保养,以减少钢丝绳的摩擦阻力,延长钢丝绳的使用寿命?

4. 温盐传感器的检定周期为几年? 浮子水位计的检定周期为几年?

5. 水位计水位显示调整以 什么为参照?

6. 水位计存储数据为多少天?

7. 设当地历史最大潮差为 8 m(−1 ~ 7 m),水位计安装好后,此时的水位为 2 m, 浮子绳轮上保留缠绕的钢丝绳应为多少圈合适?

8. 潮位温盐观测子系统与数据接收处理子系统有哪些通信方式? 你所在的海洋站分别使用哪种通信方式?

9. 在水位计显示界面上如何查看温盐数据?

10. 调整水位计零点的主要步骤有哪些?

11. 浮子水位计由哪些部分组成?

12. 温盐传感器使用有哪些要求?

13. 水位数据显示乱码、跳变该如何判断故障?

14. 水位数据有显示,但接收机端无数据,该如何判断故障?

15. 水位数据时有时无,数据混乱,复位次数多,该如何判断故障?

第十章　数据接收处理子系统

第一节　概述

数据接收处理软件是配合海洋站水文气象自动观测系统（以下简称系统）使用的值班软件，具有观测数据的录入、存储和显示功能，另外可以生成实时报文和月报文件。

一、软件主界面

主界面是软件运行后的初始界面，是用户操作软件的主要区域。它分为以下几个部分：菜单栏、工具栏、地图区、实时数据显示和状态栏。其中，实时数据区包括气象站、水文站和波浪站3个部分（图10-1）。

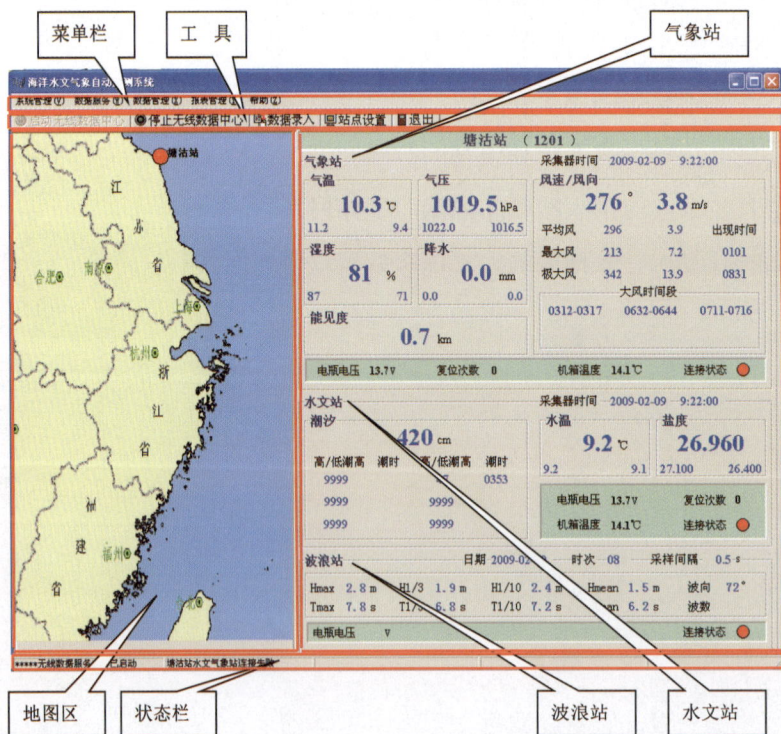

图10-1　软件主界面

二、菜单栏

菜单栏包括 5 个部分：系统管理、数据服务、数据管理、报表管理和帮助（图 10-2）。各菜单栏中的具体功能说明详见后面部分。

图10-2　菜单栏

三、工具栏

工具栏包括 5 个部分：启动无线数据中心、停止无线数据中心、数据录入、站点设置和退出（图 10-3）。

图10-3　工具栏

启动无线数据中心：当测站使用 CDMA 或 GPRS 进行通信时，通信设置连接正常时，单击"启动无线数据中心"按钮，通信将建立，通信状态指示由红色变为绿色。

停止无线数据中心：测站使用 CDMA 或 GPRS 进行通信时，通信链路连接正常，单击"停止无线数据中心"按钮，通信链路将断开，通信状态指示由绿色变为红色。

数据录入：录入测站的历史数据。

站点设置：设置测站的基本信息。

退出：退出软件。

四、地图

在实时数据显示区的左侧，是一幅地图，它是配合实时数据显示，指示海洋站的地理位置，显示通信状态。站点位置由圆点标出，旁边显示站点名称（图 10-4）。当圆点显示红色，表示测站通信链路处于断开状态，显示绿色表示通信链路处于连接状态。

当软件管理多站时，用户用鼠标单击测站圆点，可以切换实时数据显示的站点，便于用户查看实时数据。

图10-4 地图

地图上站点的加入在"本站设置"内完成。当用户在"本站设置"内增加一个新站点后，在地图上将自动以红点显示所加观测站，红点旁边是观测站名称。

当有用户鼠标单击表示站点圆点时，下边状态栏显示的圆点在地图上的坐标，如图 10-5 所示。这个坐标值是"站点设置"中"水平坐标 X"和"垂直坐标 Y"的设置依据，如图 10-6 所示。

图10-5 状态栏X和Y的信息

图10-6 站点设置中坐标X和Y的设置

五、实时数据

实时数据通常 1 min 更新一次，是观测数据的最新值。

观测数据分为气象、水文和波浪 3 个部分。

（一）气象站数据

气象站数据有温度、湿度、气压、当前风速风向、平均风速风向、最大风速风向、极大风速风向、20 时至 08 时降水和 08 时至 20 时降水和能见度。另外还有气象数据采集器的工作状态，如图 10-7 所示。

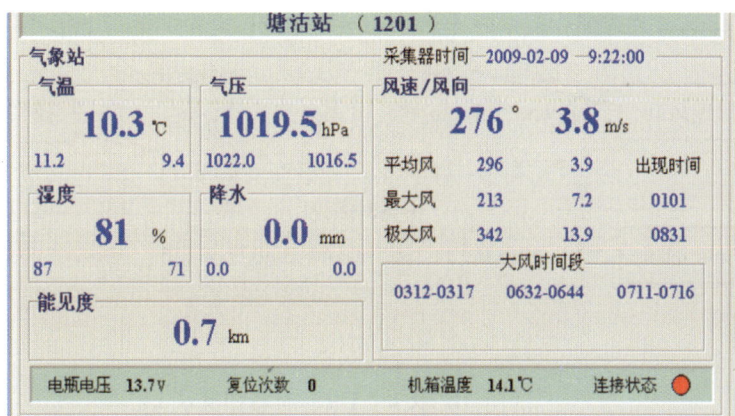

图10-7　气象站

气象站的右上角是采集器的日期和时间，它随着实时数据每分钟更新一次。

气温、湿度和气压实时数据，大字体显示的当前数据，左下角显示的是一天中的最大值，右下角显示的是一天中的最小值，如图 10-8 以气温为例说明。

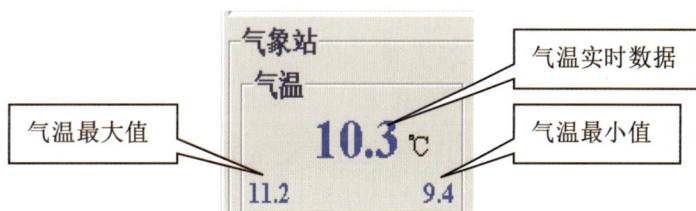

图10-8　气温实时数显示说明

降水实时数据，大字体显示的日降水总量，左下角显示的是 20 时至 08 时降水，右下角显示的是 08 时至 20 时降水，如图 10-9 所示。

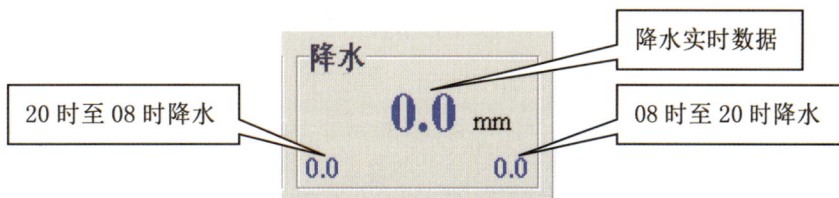

图10-9　降水实时数据说明

风实时数据中显示阵风风速风向、平均风速风向、最大风速风向和极大风速风向。大风时段中显示大于 17 m/s 风的时间段，如图 10-10 所示。

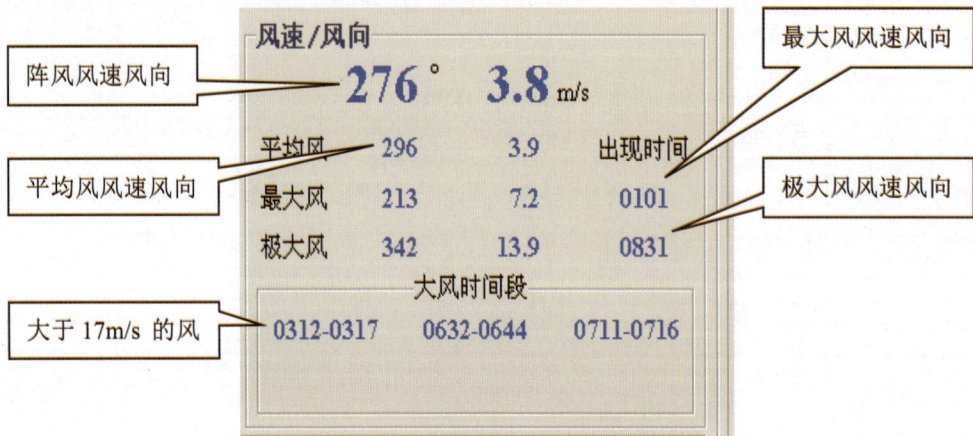

图10-10　风速/风向实时数据显示

数据采集器的工作状态显示在绿色背景的长方框内，如图 10-11 所示。

图10-11　数据采集器的工作状态

电瓶电压是数据采集器连接电源箱中蓄电池的电压值，正常情况，电压值应该在 12 ~ 14.5 V 之间，超出这个范围说明供电不正常。

复位次数记录数据采集器一天内的启动次数，正常情况下，复位次数为零。

机箱温度是数据采集器主板上 CPU 的工作温度，正常情况下，温度值应在 –20 ~ 50℃ 之间。

连接状态表示数据采集器的通信状态，断开圆点显示红色，连通圆点显示绿色。

（二）水文站数据

水文站数据有潮位、水温和盐度。另外有水位计的工作状态值，如图 10-12 所示。

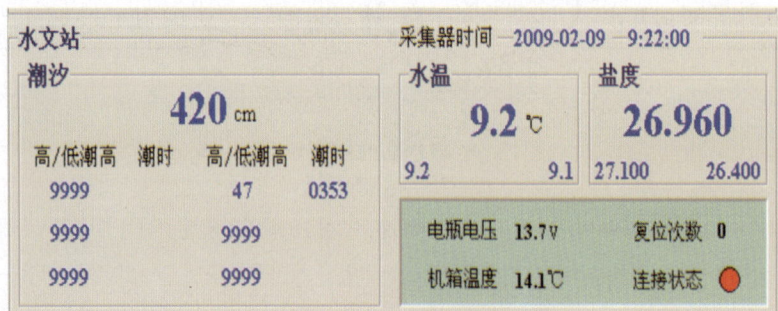

图10-12　水文站实时数据显示

水文站的右上角是采集器的日期和时间，它随着实时数据每分钟更新一次。

潮汐数据由实时潮汐值和高低潮值组成，如图 10–13 所示。

图10–13 潮汐实时数据

水温和盐度实时数据显示与气温布局一样，大字体显示的是当前数据，左下角显示的是一天中的最大值，右下角显示的是一天中的最小值。

右下角是水位计的工作状态，其含义与气象数据采集器一样。

（三）波浪站数据

波浪站显示测波浮标的定时数据。通常波浪每 3 h 工作一次，加密观测为每 1 h 观测一次，如图 10–14 所示。

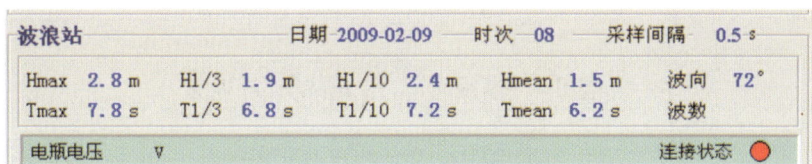

图10–14 波浪定时数据

波浪站右上角显示波浪浮标的日期、工作时次和采样间隔。数据部分显示波浪的最大波高和周期、1/3 波高和周期、1/10 波高和周期以及平均波高和周期。另外还有波向和波数。

状态栏显示波浪的电瓶电压和计算机与波浪数据接收机之间的通信状态。

第二节 系统管理

包括站点设置、启动无线数据中心、停止无线数据中心、波浪发送分钟设置、退出等功能。

一、站点设置

分为站点选择区、观测站信息、观测信息、上方的功能按钮区域、分站点通信设置 5 个部分（图 10–15）。

功能按钮区域　　站点选择区　　观测站信息　　观测信息

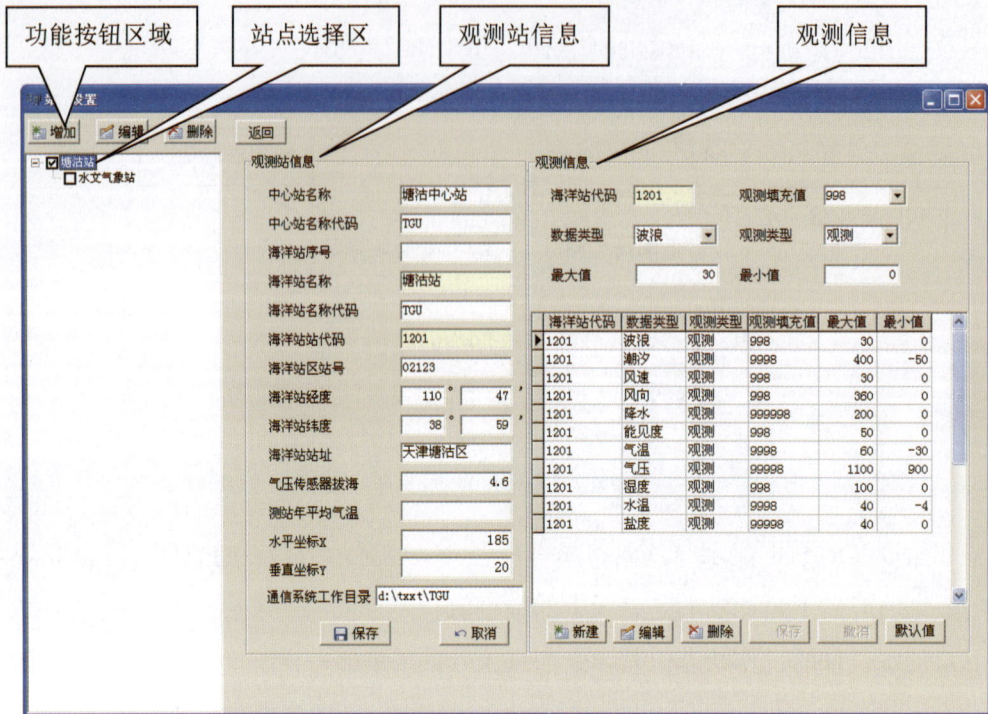

图10-15　站点设置

（一）功能按钮区

功能按钮如图 10-16 所示。

图10-16　功能按钮示意

增加：增加一个站，点此按钮弹出如图 10-17 所示的界面。

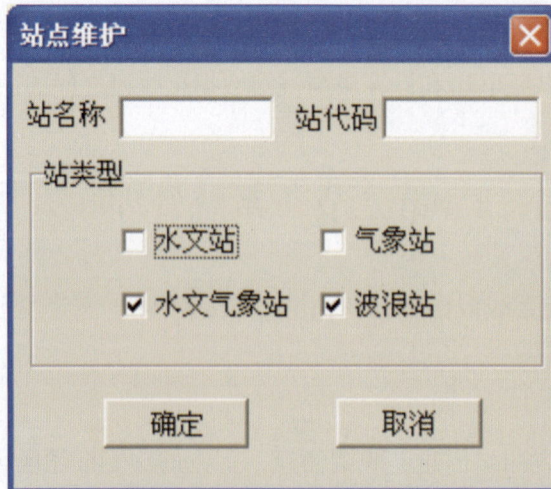

图10-17　站点维护

输入站名称、站代码、选择站类型（可多选）后，点击确定按钮即可。其中站类型的选择由测站的配置决定。如果只观测水文要素，选择水文站；如果只观测气象要素，选择气象站；如果水文气象要素都观测，当水文和气象站不在一起时，分别选择水文站和气象站；当水文和气象站在一起时，选择水文气象站；如果有波浪观测，选择波浪站。

编辑：修改选择的站点，界面如上。

删除：删除选择的站点。

返回：退出该界面。

（二）站点选择

通过点击左侧区域中的第一级选择框，选取要选择的站点，如塘沽站（图10-18）。

图10-18 站点选择

（三）观测站信息

在选中站点的情况下，设置站点的相关信息。站点信息的设置根据观测规范进行。单击"保存"按钮保存修改信息（图10-19）。

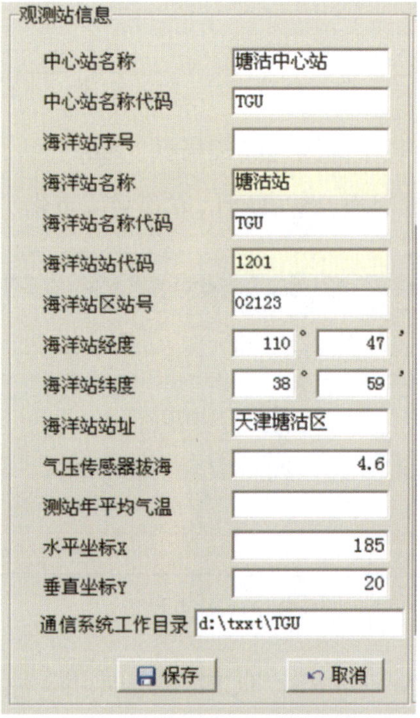

图10-19 观测站信息

（四）观测信息

用户通常选择默认值，即单击"默认值"按钮即可。

单击要编辑的观测要素，表中海洋站代码变为蓝色。以潮汐为例，如图10-20所示，单击"编辑"按钮，就可以修改观测填充值、最大值和最小值等项目，修改后保存。

单击"新建"按钮，可以增加新观测要素观测信息。

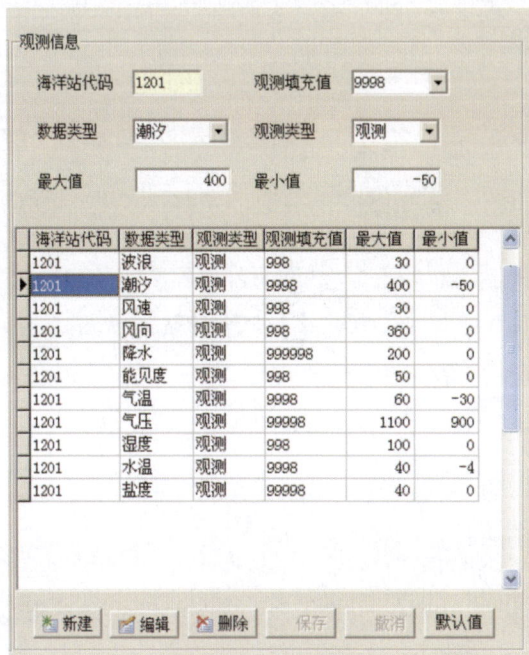

图10-20　观测信息

（五）分站点通信设置

选择分站：通过点击左侧区域中的第二级选择框，选择分站，如选择塘沽下的水文气象站。

右侧出现如图10-21所示的界面，选择通信方式后，点击"保存"按钮保存设置。

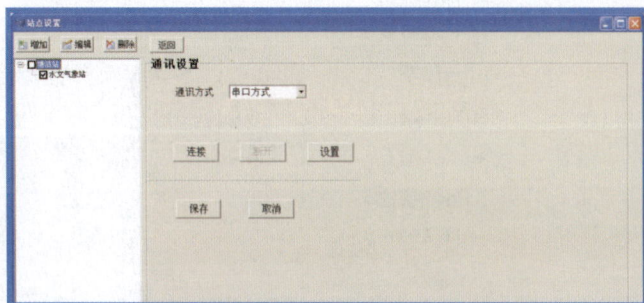

图10-21　站点设置1

通信方式分串口方式，CDMA/GPRS，TCP，禁止使用4种。

串口方式：选择串口方式后，出现如图10-22所示的界面。

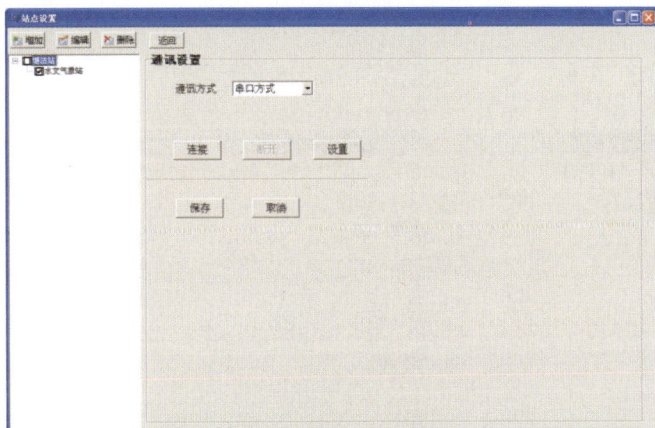

图10-22　站点设置2

点击"设置"按钮，设置串口通信参数，切记必须保存（图10-23）。

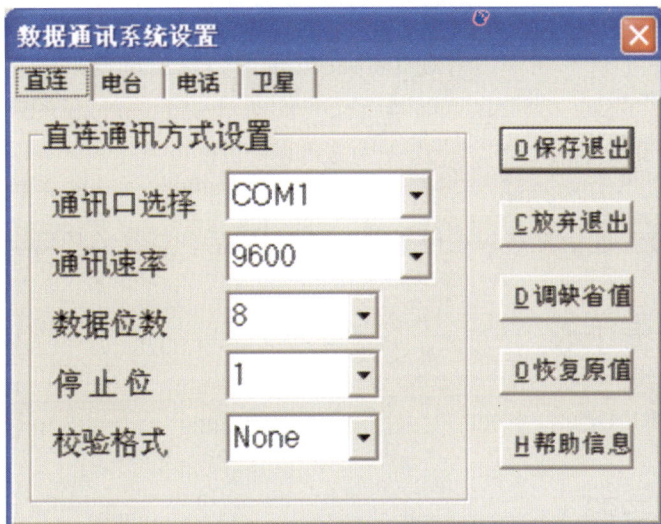

图10-23　站点设置3

CDMA/GPRS方式：选择CDMA/GPRS方式后，出现如图10-24所示的界面。

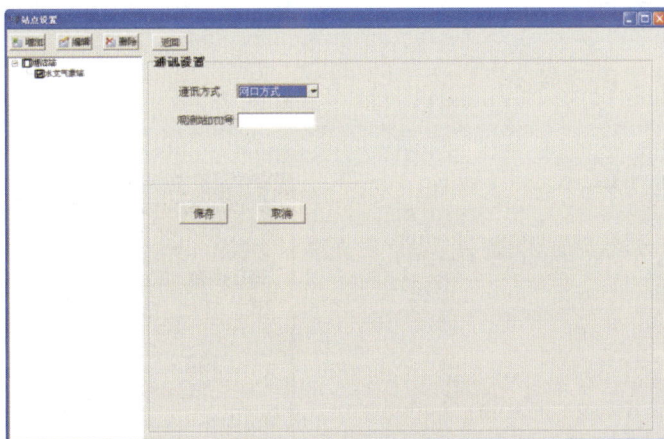

图10-24　站点设置4

设置观测站 DTU 号后，点击"保存"按钮保存设置。

TCP 方式：选择 TCP 方式后，出现如图 10-25 所示的界面。

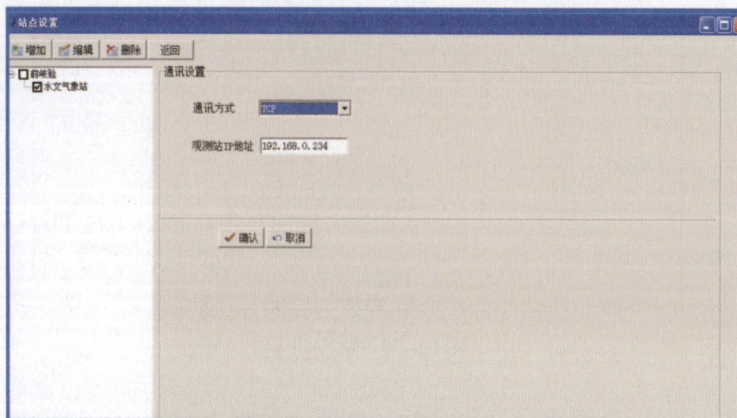

图10-25　站点设置5

在"观测站 IP 地址"栏中设置观测站的 IP 地址，然后确认。

二、启动无线数据中心

使用 CDMA/GPRS 通信方式，在设置好 DTU 号码后，选择此项启动服务。

三、停止无线数据中心

停止 CDMA/GPRS 服务。

四、启动TCP服务器

选择 TCP 通信方式时，设置好 IP 地址后，要启动 TCP 服务，建立通信。

五、停止TCP服务器

停止 TCP 服务，断开连接。

六、波浪发送分钟设置

设置每小时第几分钟发送（图 10-26）。

波浪数据命令。

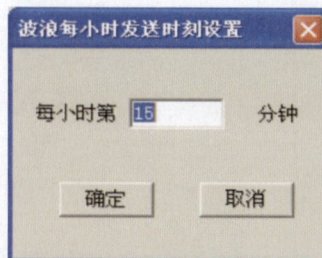

图10-26　波浪发送数据设置

七、系统校时

设置采集器的时间和值班计算机的时间相同。其中如果选择"系统自动校时",则计算机每天定时同步采集器的时间（图 10-27）。

八、退出

退出值班程序。

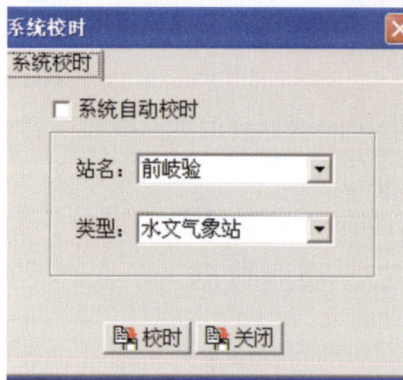

图10-27 系统校时

第三节 数据服务——数据录入

数据服务包括整日数据和小时数据录入。

整日数据录入：录入某站的某日 24 个整点值（图 10-28）。

小时数据录入：向采集器索要某小时的数据，24 时为当日极值数据（图 10-29）。

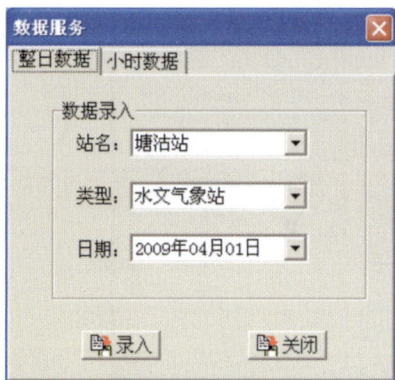

图10-28 整日数据录入

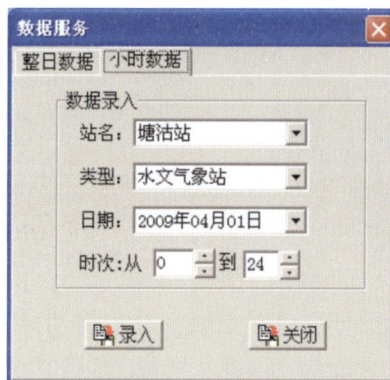

图10-29 小时数据录入

第四节 数据管理

数据管理页面存储观测数据的整点值和原始值，用户可以通过这里查看数据，并对数据进行增加、删除、编辑等操作。

一、树状索引

该页面包括左边的树状索引和右边的观测数据。

　　树状索引的第一层节点显示海洋站的名称。点击站名节点前的"+"，将展开该海洋站所观测的各个要素节点。点击观测要素节点，右边的观测数据页面即切换到该海洋站下相应要素的观测数据（图10-30）。

图10-30　观测要素

二、观测数据

　　观测数据主要包括整点数据、最大／最小值（极值）和原始数据／曲线。

（一）气温

　　气温界面内包括5个部分：站名、站代码和日期；气温整点值和高低值；气温原始数据及曲线；备注；对观测数据进行操作的按钮（图10-31）。相对湿度以及气压界面与温度界面相似，以下不再赘述。

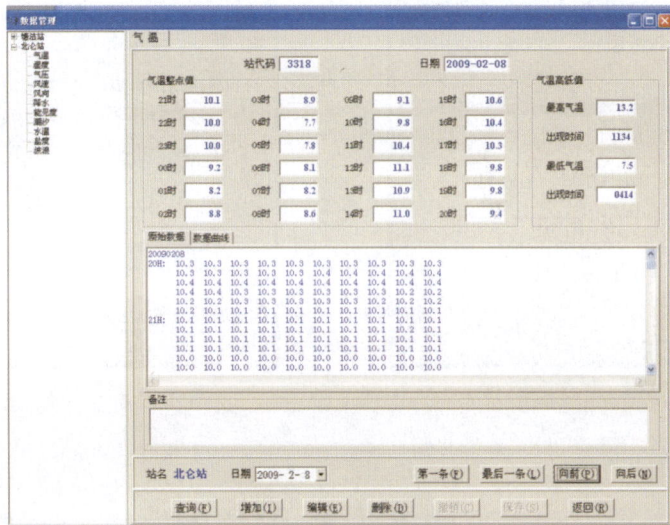

图10-31　气温界面显示

1. 站名、站代码和日期

　　（1）站名：即观测站名称。

　　（2）站代码：即观测站的站代码，由观测规范给定，是标识站唯一性的号码。

　　（3）日期：是当前整点数据的日期。

2. 气温整点值和气温高低值

（1）气温整点值：以气象日界 20 时为界，显示前一天 21 时到当天 20 时的气温整点值，共 24 个（图 10-32）。

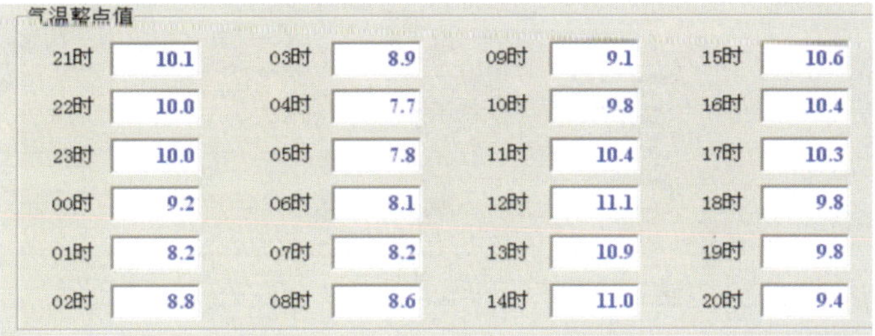

图10-32　气温整点值显示

（2）气温高低值：以气象日界 20 时为界，显示一天的最高气温和最低气温（图 10-33）。

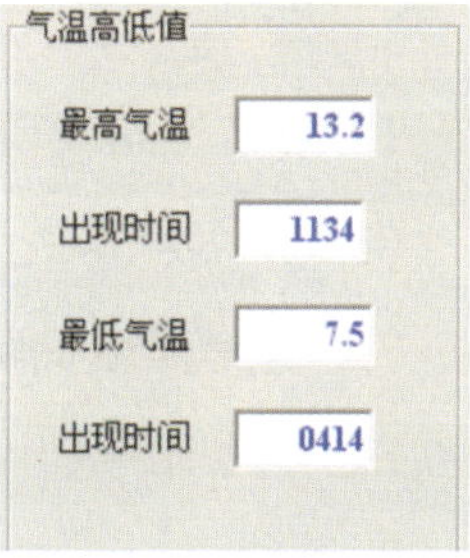

3. 原始数据

以气象日界 20 时为界，显示一天的原始数据文件。可以通过点击数据曲线标签来切换到原始数据曲线页面（图 10-34）。

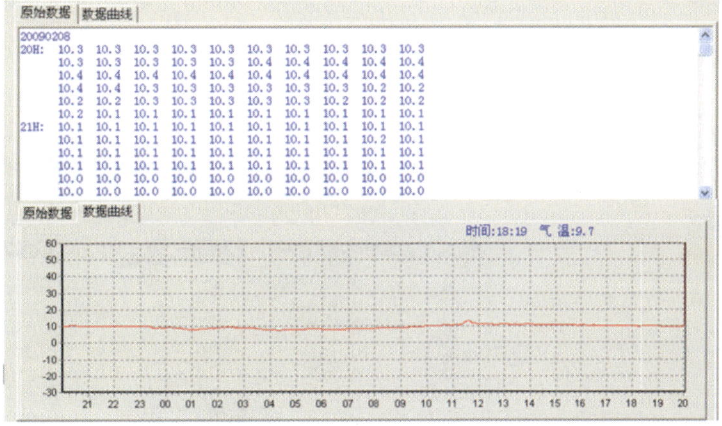

图10-33　气温高低值显示

图10-34　气温数据与曲线比对

（二）湿度

湿度界面内包括 5 个部分：站名、站代码和日期；湿度整点值和高低值；湿度原始数据及曲线；备注；对观测数据进行操作的按钮（图 10-35）。

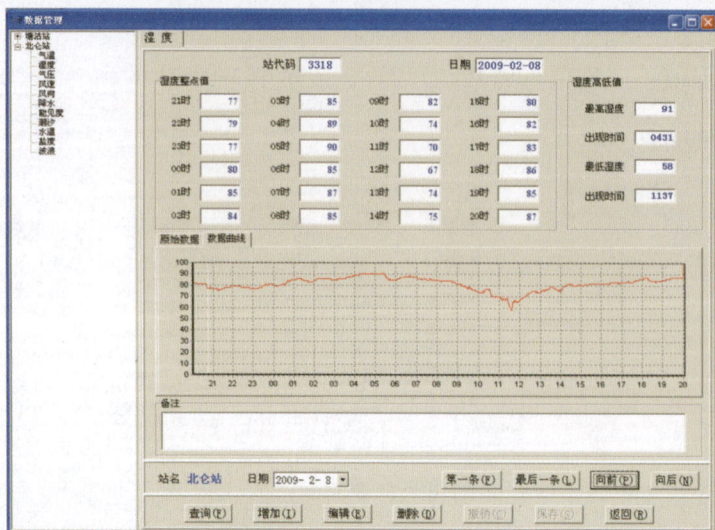

图10-35　湿度界面显示

1. 站名、站代码和日期

（1）站名：即观测站名称。

（2）站代码：即观测站的站代码，由观测规范给定，是标识站唯一性的号码。

（3）日期：是当前整点数据的日期。

2. 湿度整点值和湿度高低值

（1）湿度整点值：以气象日界20时为界，显示前一天21时到当天20时的湿度整点值，共24个。

（2）湿度高低值：以气象日界20时为界，显示一天的最高湿度和最低湿度。

3. 原始数据

以气象日界20时为界，显示一天的原始数据文件。可以通过点击数据曲线标签来切换到原始数据曲线页面。

（三）气压

气压界面内包括5个部分：站名、站代码和日期；气压整点值和高低值；气压原始数据及曲线；备注；对观测数据进行操作的按钮（图10-36）。

1. 站名、站代码和日期

（1）站名：即观测站名称。

（2）站代码：即观测站的站

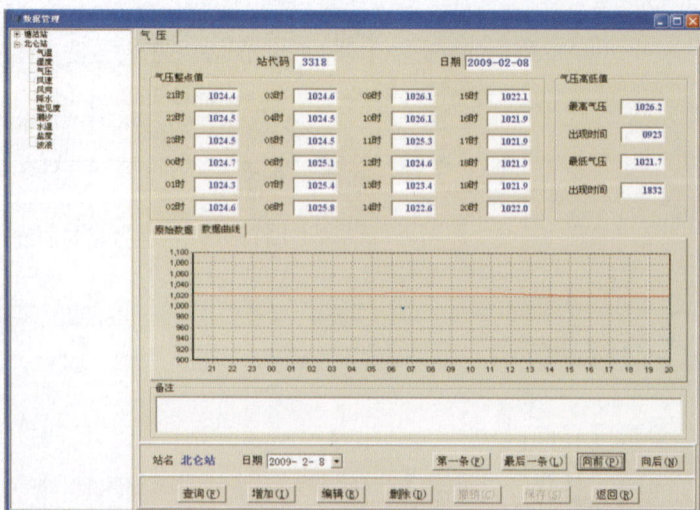

图10-36　气压界面显示

代码，由观测规范给定，是标识站唯一性的号码。

（3）日期：是当前整点数据的日期。

2. 气压整点值和气压高低值

（1）气压整点值：以气象日界20时为界，显示前一天21时到当天20时的气压整点值，共24个。

（2）气压高低值：以气象日界20时为界，显示一天的最高气压和最低气压。

3. 原始数据

以气象日界20时为界，显示一天的原始数据文件。可以通过点击数据曲线标签来切换到原始数据曲线页面。

（四）风

风界面内包括7个部分：站名、站代码和日期；风整点值；大风正点值；风原始数据及曲线；大风原始值；备注；对观测数据进行操作的按钮（图10-37）。

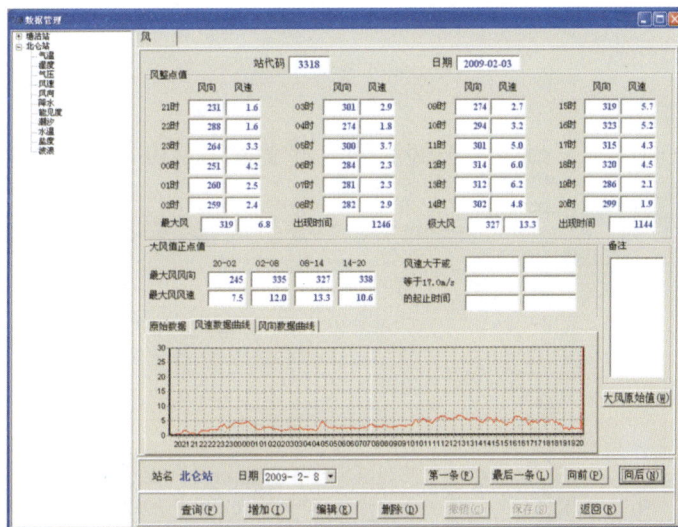

图10-37　风界面显示

1. 站名、站代码和日期

（1）站名：即观测站名称。

（2）站代码：即观测站的站代码，由观测规范给定，是标识站唯一性的号码。

（3）日期：是当前整点数据的日期。

2. 风整点值和最大、极大值

（1）风整点值：以气象日界20时为界，显示前一天21时到当天20时的风速和风向整点值，共24个（图10-38）。

（2）最大风和极大风值：以气象日界20时为界，显示一天的最大风、极大风值和出现时间（图10-38）。

图10-38　风整点值

3. 大风正点值

以气象日界 20 时为界，显示每 6 h 内的最大风速风向。另外还有 6 段大于 17 m/s 的大风时间（图 10-39）。

图10-39　大风整点值

4. 原始数据

以气象日界 20 时为界，显示一天的原始数据文件。可以通过点击数据曲线标签来切换到原始数据曲线页面（图 10-40）。

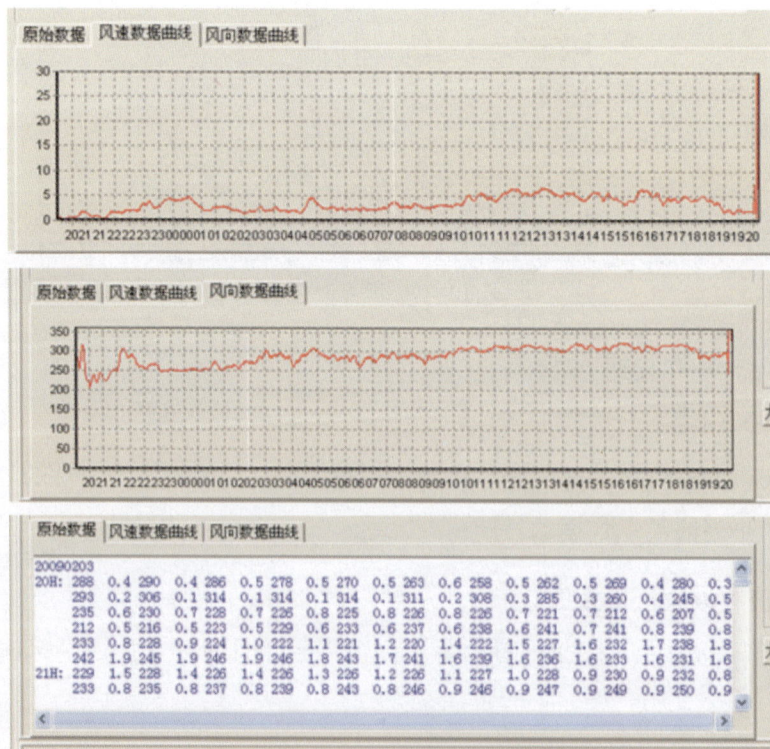

图10-40　风速曲线比对

5. 大风原始值

以气象日界 20 时为界，显示每 3 h 内的最大风速风向。另外还有 18 段大于 17 m/s 的大风时间（图 10–41）。

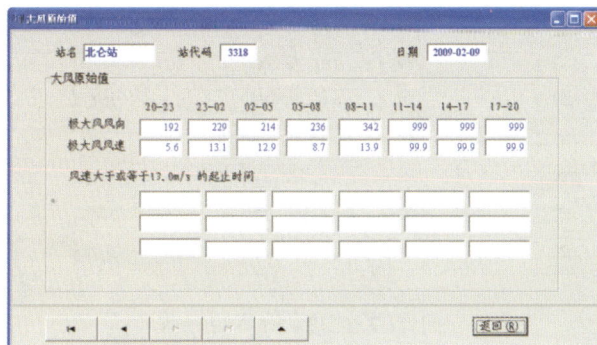

图10–41 大风原始界面显示

（五）降水

降水界面内包括 5 个部分：站名、站代码和日期；降水整点值和正点值；降水原始数据及曲线；备注；对观测数据进行操作的按钮（图 10–42）。

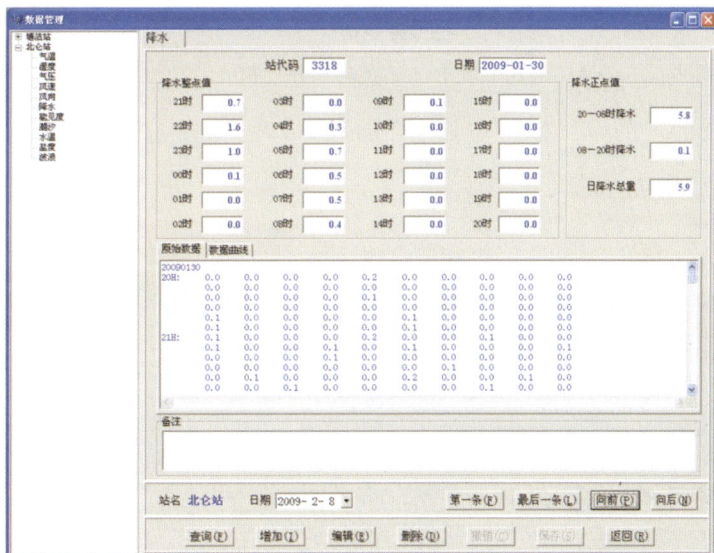

图10–42 降水界面显示

1. 站名、站代码和日期

（1）站名：即观测站名称。

（2）站代码：即观测站的站代码，由观测规范给定，是标识站唯一性的号码。

（3）日期：是当前整点数据的日期。

2. 降水整点值和降水正点值

（1）降水整点值：以气象日界 20 时为界，显示前一天 21 时到当天 20 时的降水整点值，共 24 个（图 10–43）。

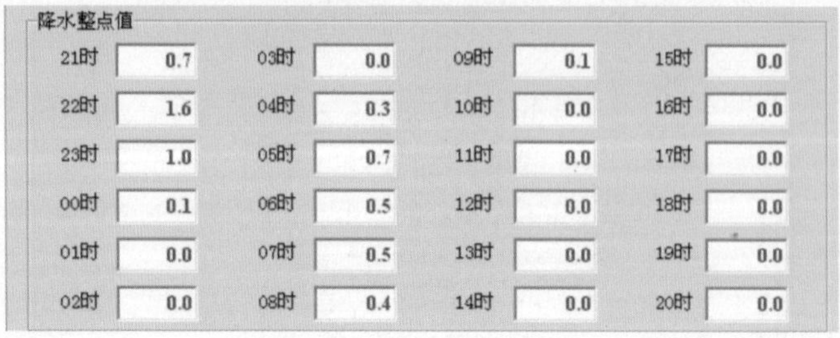

图10-43　24个降水整点值

（2）降水正点值：以气象日界 20 时为界，显示一天的 20 时至 08 时、08 时至 20 时和日降水总量（图 10–44）。

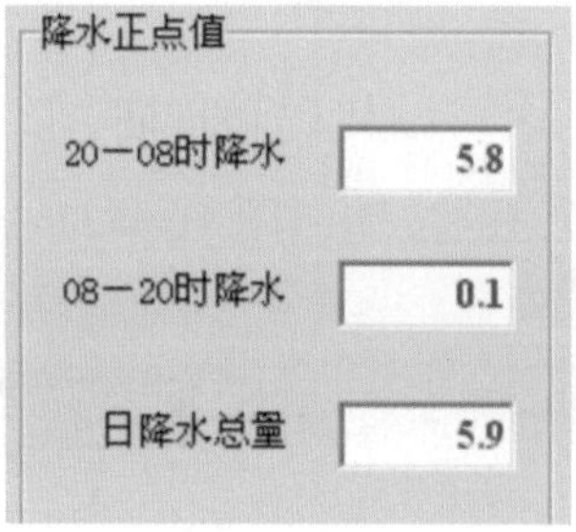

图10-44　降水正点值

3. 原始数据

以气象日界 20 时为界，显示一天的原始数据文件。可以通过点击数据曲线标签来切换到原始数据曲线页面（图 10–45）。

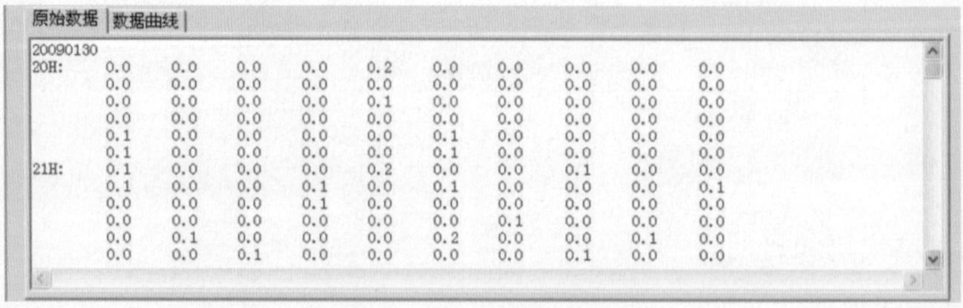

图10-45　降水量原始数据

（六）能见度

能见度界面内包括 5 个部分：站名、站代码和日期；能见度整点值和雾观测值；能见度原始数据及曲线；备注；对观测数据进行操作的按钮（图10-46）。

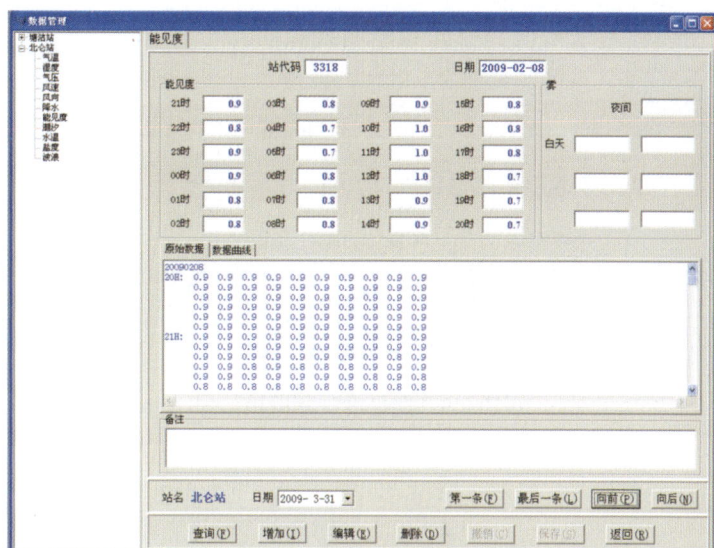

图10-46　能见度界面显示

1. 站名、站代码和日期

（1）站名：即观测站名称。

（2）站代码：即观测站的站代码，由观测规范给定，是标识站唯一性的号码。

（3）日期：是当前整点数据的日期。

2. 能见度整点值和雾观测值

（1）能见度整点值：以气象日界 20 时为界，显示前一天 21 时到当天 20 时的能见度整点值，共 24 个（图 10-47）。

图10-47　24小时能见度数据显示

（2）雾观测值：以气象日界 20 时为界，显示夜间和白天的雾数据输入界面（图 10-48）。

图10-48　雾观测值

3. 原始数据

以气象日界 20 时为界，显示一天的原始数据文件（图 10-49）。可以通过点击数据曲线标签来切换到原始数据曲线页面。

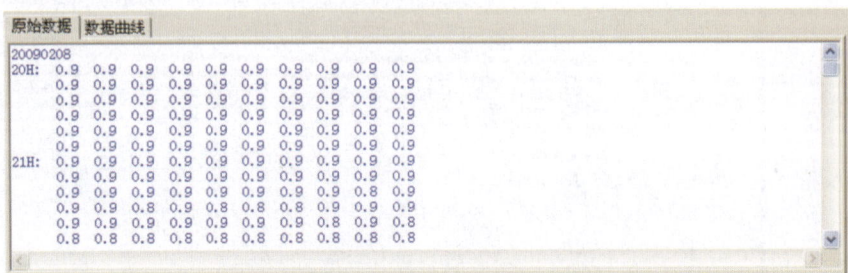

图10-49　能见度观测原始数据

（七）潮汐

潮汐界面内包括 5 个部分：站名、站代码和日期；潮汐整点值和高低值；潮汐原始数据；备注；对观测数据进行操作的按钮（图 10-50）。

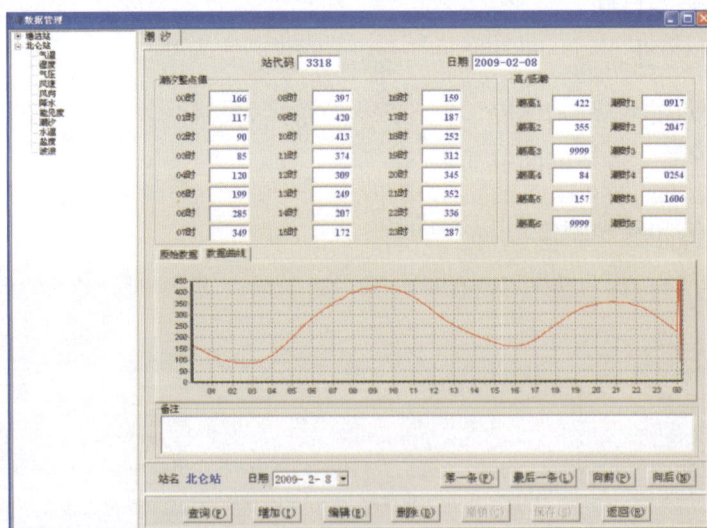

图10-50　潮汐界面显示

1. 站名、站代码和日期

（1）站名：即观测站名称。

（2）站代码：即观测站的站代码，由观测规范给定，是标识站唯一性的号码。

（3）日期：是当前整点数据的日期。

2. 潮汐整点值和潮汐高低值

（1）潮汐整点值：以水文日界 00 时为界，显示当天 00 时 23 时的潮汐整点值，共 24 个（图 10-51）。

图10-51　潮汐观测整点数据

（2）潮汐高低值：以水文日界 00 时为界，显示当天高潮和低潮（图 10-52）。

3. 原始数据

以水文日界 00 时为界，显示一天的原始数据文件（图 10-53）。可以通过点击数据曲线标签来切换到原始数据曲线页面（图 10-54）。

图10-52　潮汐观测高低值

图10-53　潮汐观测原始数据

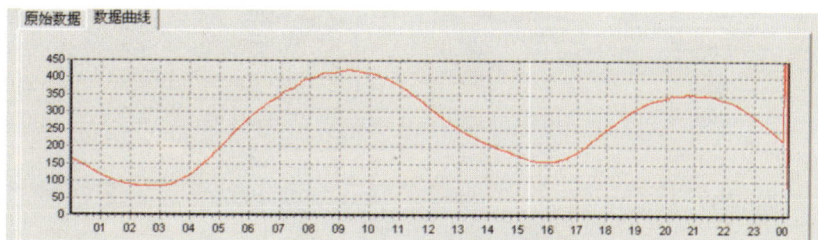

图10-54　潮汐观测数据曲线

（八）水温

水温界面内包括6个部分：站名、站代码和日期；水温整点值和高低值；海发光值；原始数据；备注；对观测数据进行操作的按钮（图10-55）。

图10-55　水温界面显示

1．站名、站代码和日期

（1）站名：即观测站名称。

（2）站代码：即观测站的站代码，由观测规范给定，是标识站唯一性的号码。

（3）日期：是当前整点数据的日期。

2．水温整点值和高低值

（1）水温整点值：以水文日界00时为界，显示当天00时23时的水温整点值，共24个（图10-56）。盐度和潮位整点值以及高低值显示界面也类似，后文不再赘述。

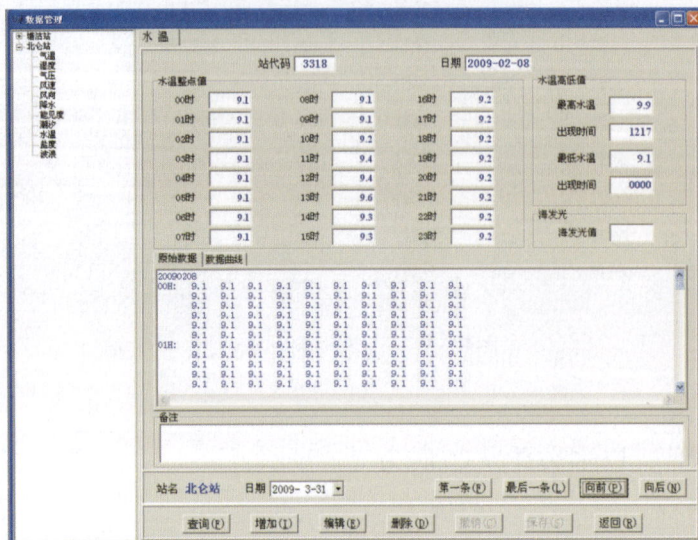

图10-56　水温观测整点值

（2）水温高低值：以水文日界 00 时为界，显示当天最高水温和最低水温（图 10-57）。

海发光值：显示海发光观测值（图 10-57）。

3. 原始数据

以水文日界 00 时为界，显示一天的原始数据文件。可以通过点击数据曲线标签来切换到原始数据曲线页面（图 10-58）。盐度和潮位整点值显示界面也类似，后文不再赘述。

图10-57　水温观测高低值

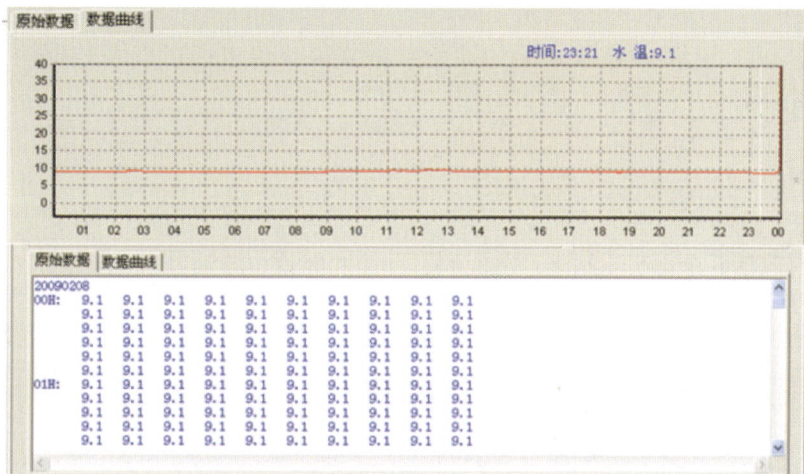

图10-58　水温观测数据曲线与原始数据比对

（九）盐度

盐度界面内包括 5 个部分：站名、站代码和日期；盐度整点值和高低值；原始数据；备注；对观测数据进行操作的按钮（图 10-59）。

图10-59　盐度界面显示

1. 站名、站代码和日期

（1）站名：即观测站名称。

（2）站代码：即观测站的站代码，由观测规范给定，是标识站唯一性的号码。

（3）日期：是当前整点数据的日期。

2. 盐度整点值和高低值

（1）盐度整点值：以水文日界 00 时为界，显示当天 00 时 23 时的盐度整点值，共 24 个。

（2）盐度高低值：以水文日界 00 时为界，显示当天最高盐度和最低盐度。

3. 原始数据

以水文日界 00 时为界，显示一天的原始数据文件。可以通过点击数据曲线标签来切换到原始数据曲线页面。

（十）波浪

波浪界面内包括 6 个部分：站名、站代码、日期和时次；波浪特征值；波向出现的千分数；原始数据；备注；对观测数据进行操作的按钮（图 10-60）。

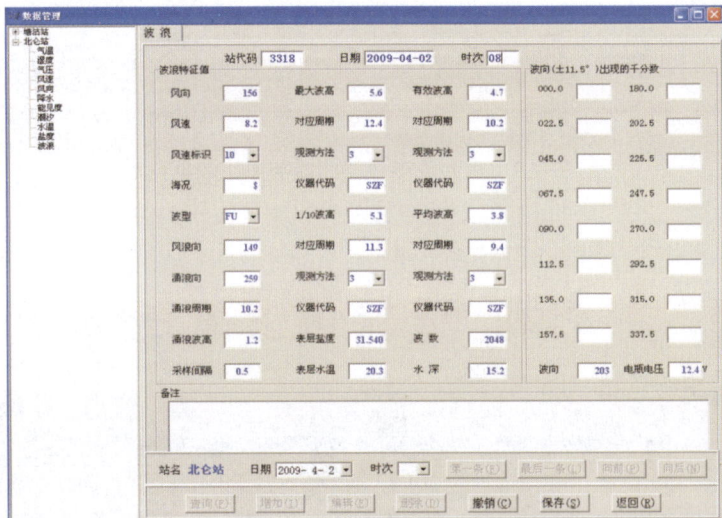

图10-60　波浪界面显示

1. 站名、站代码和日期

（1）站名：即观测站名称。

（2）站代码：即观测站的站代码，由观测规范给定，是标识站唯一性的号码。

（3）日期：是当前整点数据的日期。

（4）时次：波浪特征值的时次。

2. 波浪特征值

显示指定时次的波浪特征值（图 10-61）。

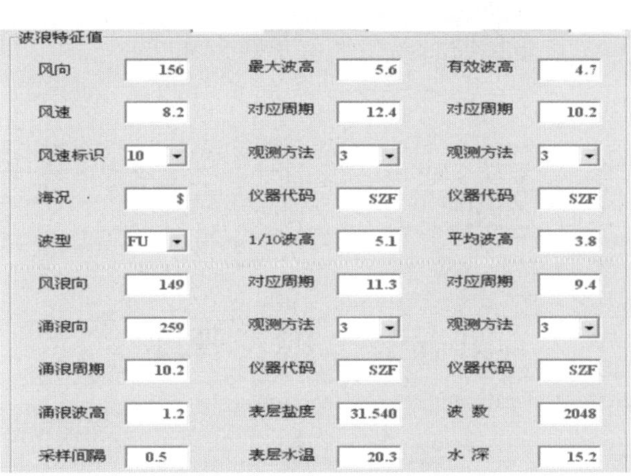

图10-61 波浪特征值显示

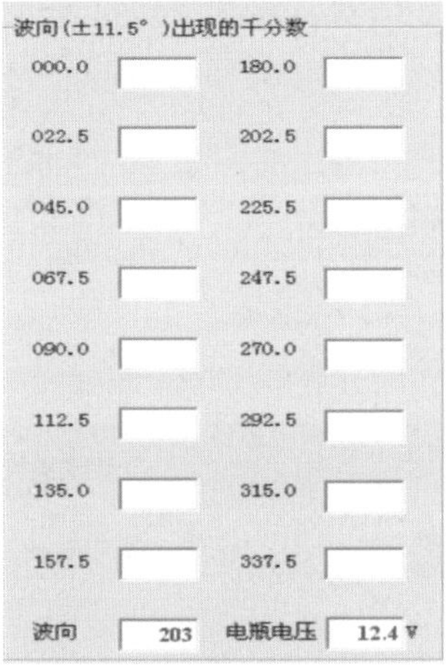

图10-62 波向出现的千分数

3. 波向出现的千分数

使用测波仪，显示波向的千分数（图10-62）。

界面的下方是一组数据操作按钮，配合站名和日期的选择，可以对观测数据进行各种操作（图10-63）。

图10-63 站名和日期输入

以下是对图10-63所示各项的具体介绍。

（1）第一条：当用户单击这个按钮后，记录指针直接指向第一条记录。

（2）最后一条：当用户单击这个按钮后，记录指针直接指向最后一条记录。

（3）向前：当用户单击这个按钮后，记录指针直接指向上一条记录。

（4）向后：当用户单击这个按钮后，记录指针直接指向后一条记录。

（5）查询：用户先在"日期栏"内选择增加数据的日期，然后单击"查询"按钮，便能查找当前站该日期的观测数据。当所查数据存在时，该条记录将显示在页面上；当所查记录不存在时，会弹出信息框告诉用户"查找的记录不存在"。

（6）增加：用户先在"日期栏"内选择增加数据的日期，然后单击"增加"按钮，数据库中会增加一条空记录供用户编辑。

（7）编辑：当用户单击这个按钮后，当前记录处于编辑状态时，用户才可以对数据和备注内容进行修改。

（8）删除：当用户单击这个按钮后，当前记录将被删除。

（9）撤销：当用户单击这个按钮后，将撤销用户对数据的操作。

（10）保存：当用户增加或编辑完成后，单击这个按钮将结果保存到数据库中。

（11）返回：单击"返回"按钮，关闭"观测数据"窗口。

第五节　报表管理

一、月报文件

"月报文件"主界面分为4个区域：标题区、数据区、选项区和功能区。如图10-64所示。

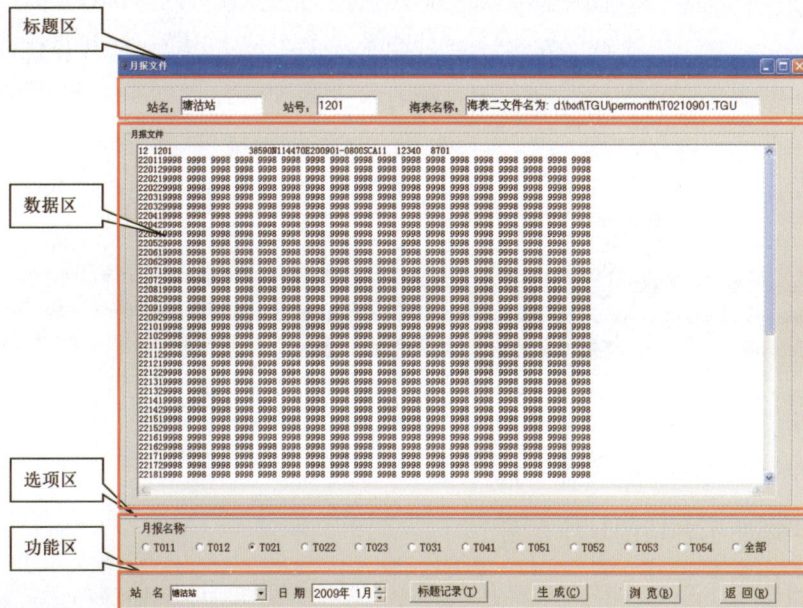

图10-64　月报界面

（1）标题区：显示生成月报文件的站名、站号和海表名称，如图10-65所示。

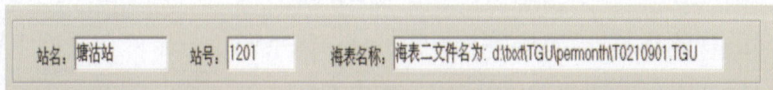

图10-65　标题区

（2）数据区：显示生成月报的具体内容，用户通过点击区域内滚动条箭头，查看数据的全部内容，如图10-66所示。

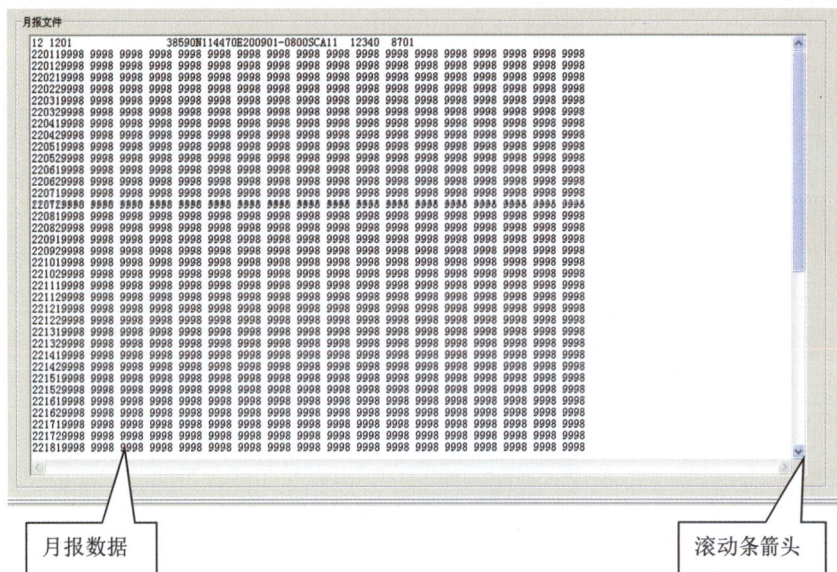

图10-66 月报数据区

（3）选项区：用户在此区中可以选择生成的月报文件。可以生成 T011、T012、T021、T022、T023、T031、T041、T051、T052、T053 和 T054 中的单个文件，也可以选择全部，一次性生成所有文件，如图 10-67 所示。

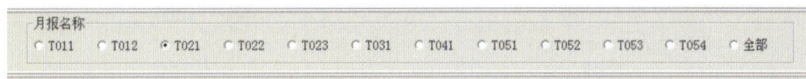

图10-67 月报选项区

图 10-67 中所示 T021 被选中，即为要生成的数据文件。

（4）功能区：提供配合月报生成的功能选项，如选择生成月报的日期，设置标题记录等，如图 10-68 所示。

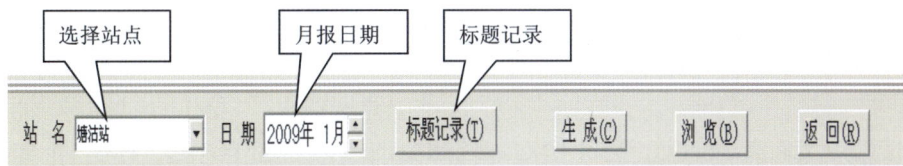

图10-68 月报功能区

（一）标题记录

标题记录是月报表的表头，用户根据本站各观测要素的具体情况，依据海滨观测规范，设置各表的标题记录。

如图 10-69 所示，标题记录中 T011、T012 共用一页；T021、T022 和 T023 共用一页；T031、T041 共用一页；T051、T052、T053 和 T054 共用一页。

（二）生成

在选择了生成的站点和日期后，单击"生成"按钮，可以生成用户选中的月报文件，生成的数据内容显示在数据区中，月报文件存放的路径在标题区中的"海表标题"中显示。

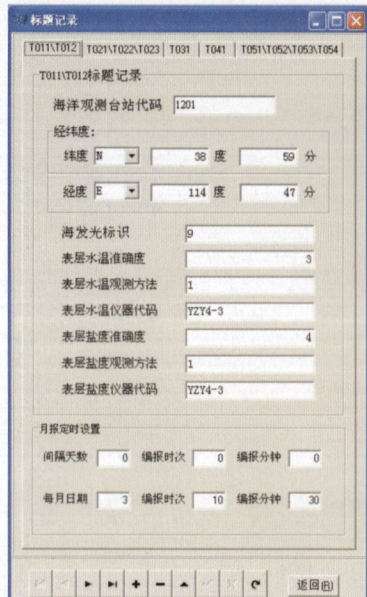

图10-69　标题记录界面

（三）浏览

单击"浏览"按钮，显示如图 10-70 所示的对话框，选择要查看的月报文件路径。

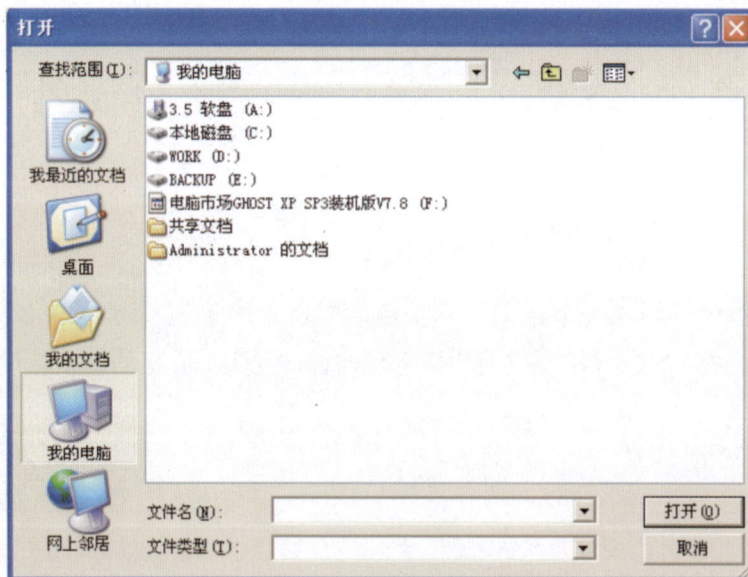

图10-70　路径选择对话框

再选择站点文件夹，如图 10-71 所示，例如塘沽站，选定 TGU 文件夹，下面名字为 permonth 的文件夹中，存储的就是月报文件，如图 10-72 所示。

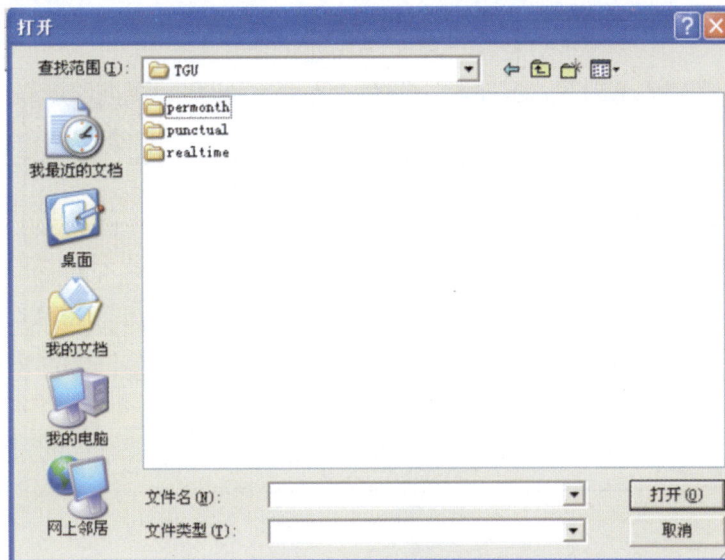

图10-71 月报文件夹

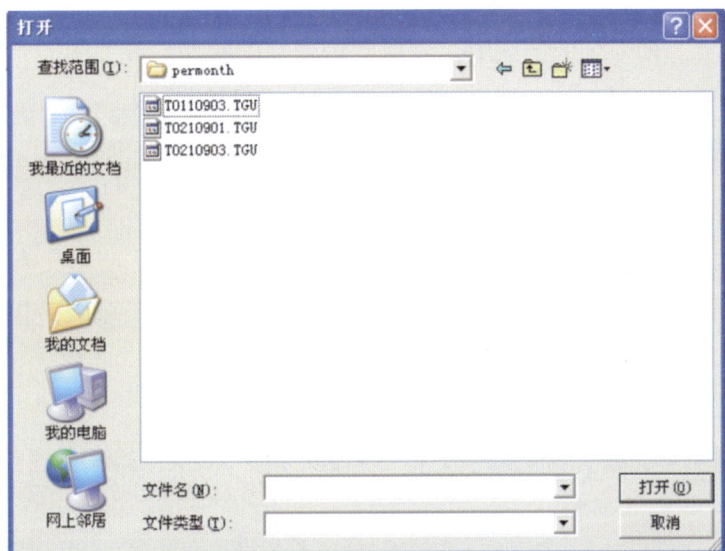

图10-72 月报文件夹下的文件

选择要浏览的文件，单击打开可以查看文件内容。

（四）返回

单击"返回"按钮，退出月报文件界面。

二、报文参数设置

分为站点选择区、报文参数区和按钮区 3 个部分（图 10-73）。

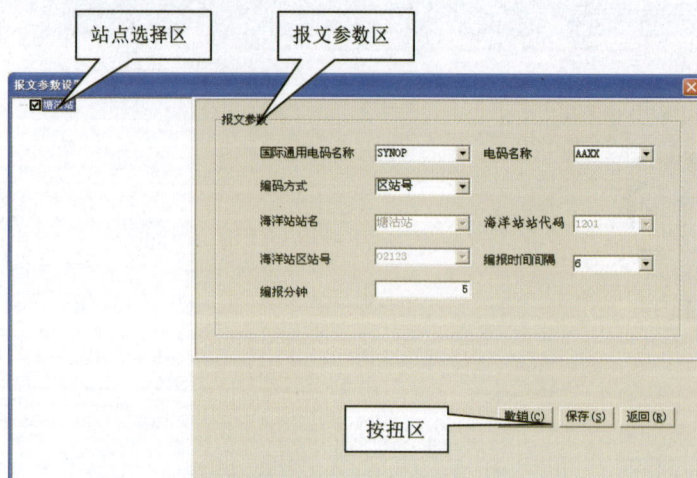

图10-73　报文参数设置示意

站点选择区：通过点击区域中的选择框，选取要选择的站点。

按钮区：

撤销：放弃当前对记录的编辑，恢复到编辑前的状态，并关闭插入和编辑状态。

保存：将当前记录的变化写入数据库。

返回：返回上一级操作界面。

三、实时报文

站点选择区：通过点击区域中的选择框，选取要选择的站点，如图 10-74 所示。

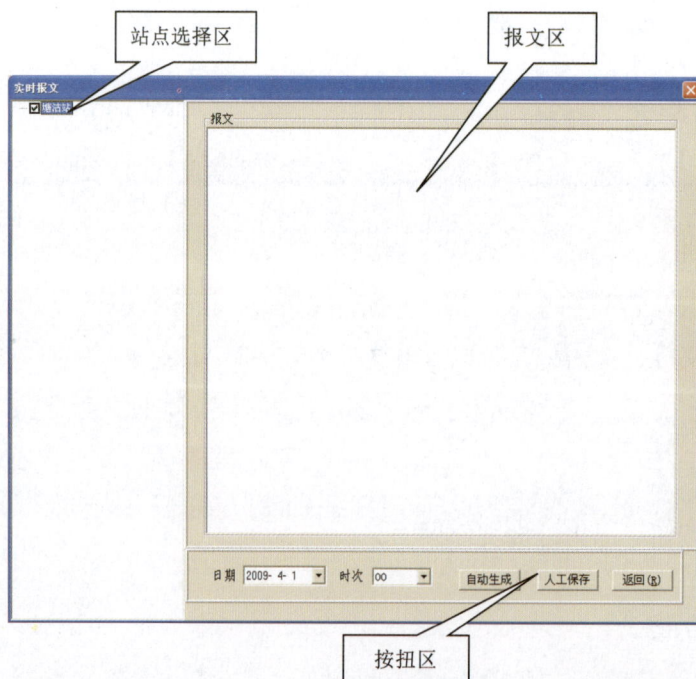

图10-74　实时报文示意1

功能：通过选择站名、日期、时次生成相应的实时报文，生成的报文格式如图10-75所示。

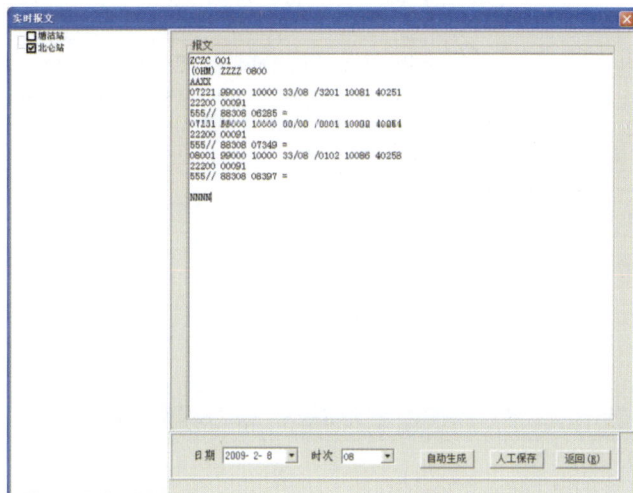

图10-75　实时报文示意2

按钮区：

　　自动生成：选择站名、日期、时次后，点击此按钮，生成相应的实时报文。

　　人工保存：自动生成报文后，可进行手工修改，修改后，点击此按钮，保存修改后的内容。

　　返回：返回上一级操作界面。

第六节　业务运行中的软件使用

本章按海洋观测站业务流程，对软件的使用作详细说明。

一、安装软件

用户使用软件安装包安装软件时，先打开软件安装包文件夹，看到如图10-76所示界面，双击Setup文件，运行安装包软件（图10-77）。

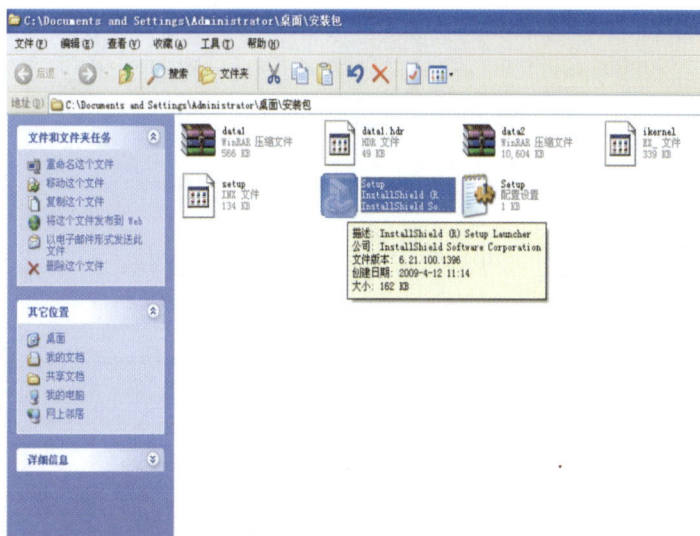

图10-76　软件安装包文件夹

图10-77　Setup文件

运行后显示如图 10-78 所示的界面，进入软件安装路径的选择。

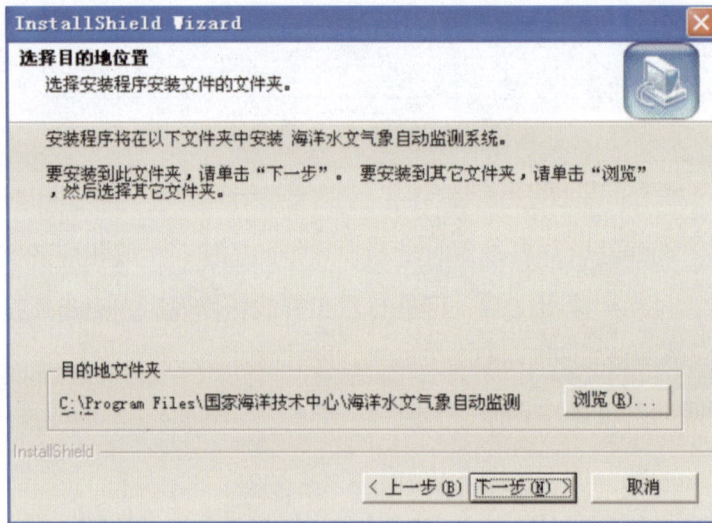

图10-78　路径选择示意1

单击"浏览"按钮，显示如图 10-79 所示的界面。

图10-79　路径选择示意2

将"路径"中改为"D:\海洋水文气象自动观测系统",单击"确定"按钮,显示如图 10-80 所示的界面。

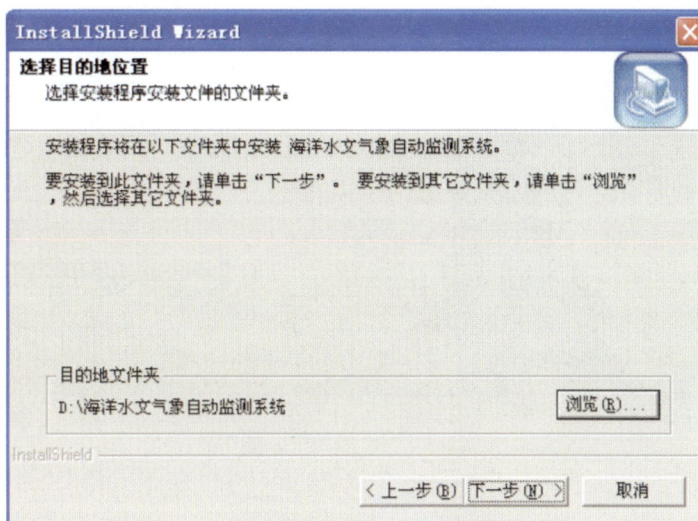

图10-80　路径选择示意3

单击"下一步"按钮,复制完文件显示完成界面,如图 10-81 所示。

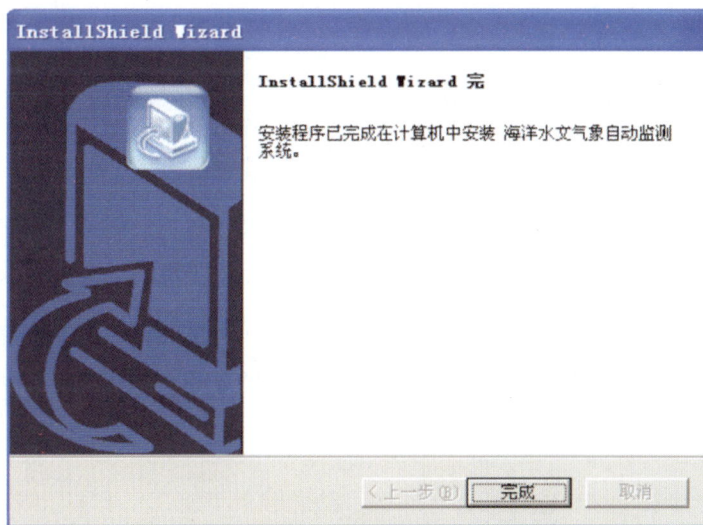

图10-81　安装完成界面

二、运行软件

软件安装成功后,在桌面上生成"海洋水文气象自动观测系统"的图标,双击图标,运行软件,显示如图 10-82 所示的界面。

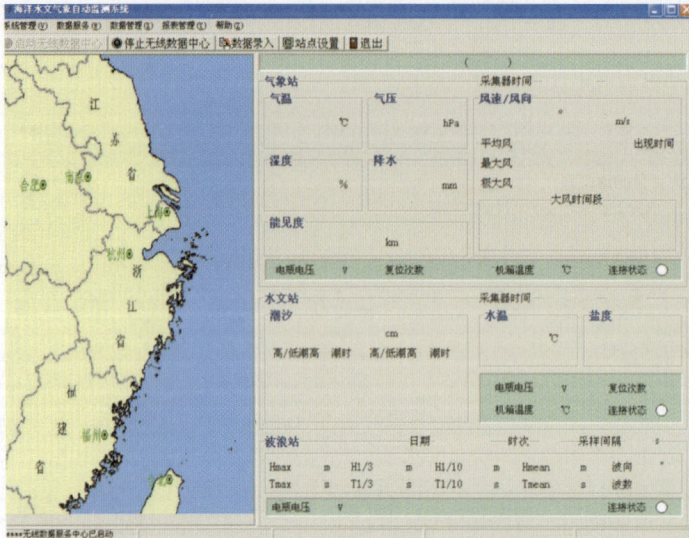

图10-82　软件初次运行界面

三、添加站点

初次运行软件，需要用户添加观测站信息。单击菜单的第一项"系统管理"，显示如图10-83所示的界面。单击"站点"设置，显示如图10-83所示的界面。

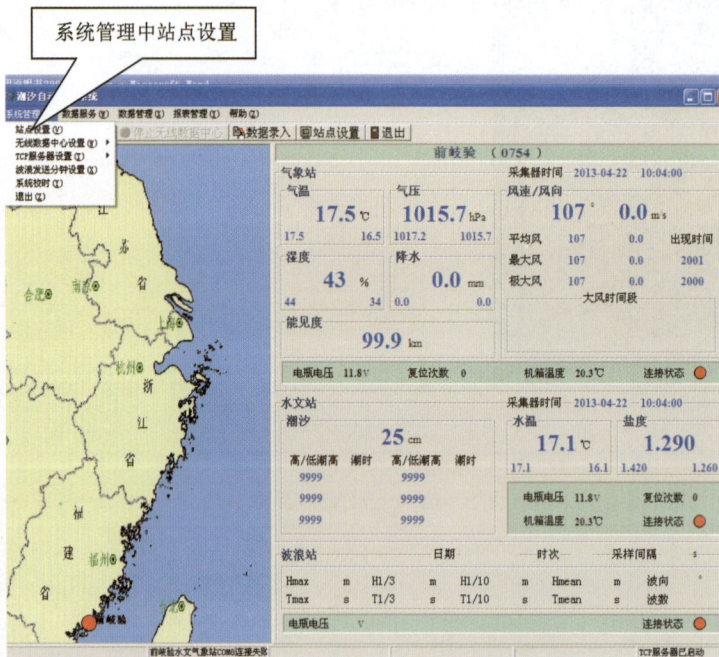

图10-83　系统管理显示界面

单击"增加"按钮，显示如图10-84所示的界面。

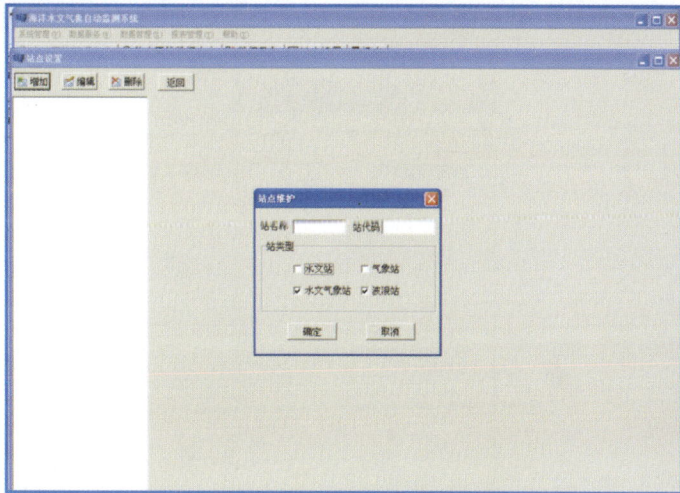

图10-84　站点设置示意1

在"站点维护"中输入站名和站代码,并选择站类型。以塘沽站为例,站名输入塘沽站,站代码根据海洋环境观测站代码表输入1201,塘沽站气象站点和水文站点(即气象采集器与水位计)在一起,而且没有波浪站,故站点类型选择"水文气象站"。如果测站的气象站和水文站是分开的,数据独立传输,则应分别选取水文站和气象站。设置完成后如图10-85所示。

单击"确定"按钮,显示如图10-86所示的界面。

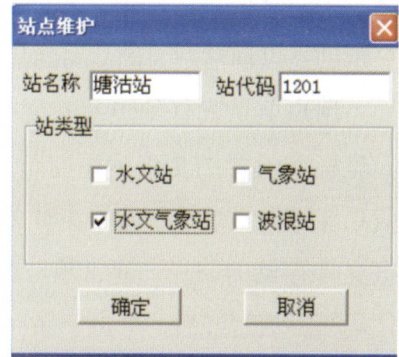

图10-85　站点设置示意2

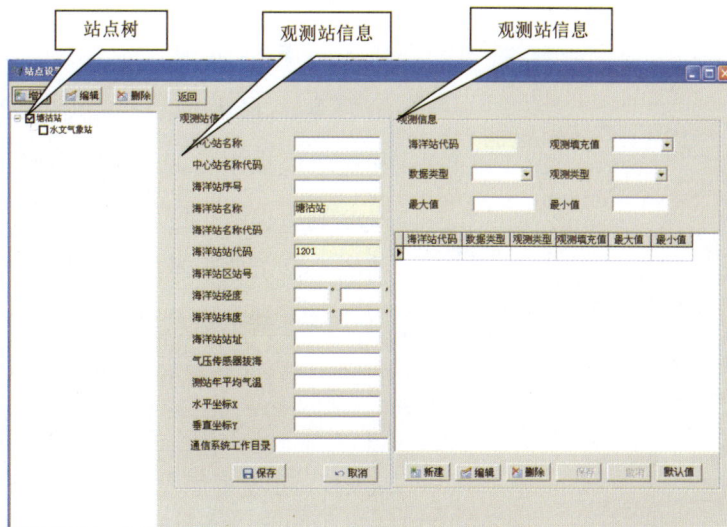

图10-86　站点设置示意3

图中左侧是站点树，即分层显示站点名称和站点类型，如图 10-87 所示。

图10-87　站点设置示意4

中间显示"观测站信息"，用户根据规范填写，图 10-88。显示的是以塘沽站为例填写的信息表。

用户要认真仔细填写观测站信息，其中水平坐标 X 和垂直坐标 Y 设置的是表示站的圆点在主界面地图中的位置，通信系统工作目录是生成的实时文件、整点文件、报文文件和月报文件存储的路径，通常填写的格式为"D:\txxt\ 海洋站名称代码"。填写好后，单击"保存"按钮，保存设置信息。

图 10-88 中右侧是"观测站信息"，通常用户单击"默认"按钮就可以了。

生成的观测信息如图 10-89 所示。其中各观测要素的最大值

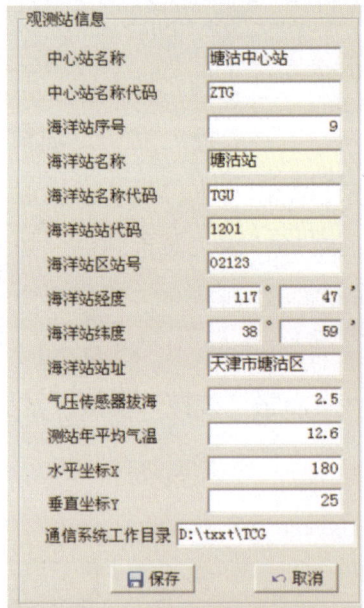

图10-88　站点信息显示

和最小值根据各测站实际情况填写，这两个值主要影响历史数据浏览中数据曲线的显示效果，越精确，显示效果越好。

站点基本信息设置完后，用户单击站点树上的站类型，以塘沽站为例，单击"水文气象站"，则"水文气象站"左侧方框打上对勾，表示其被选中，同时右侧变为"通信设置"界面，如图 10-90 所示，这时用户可以进行站点的通信设置。

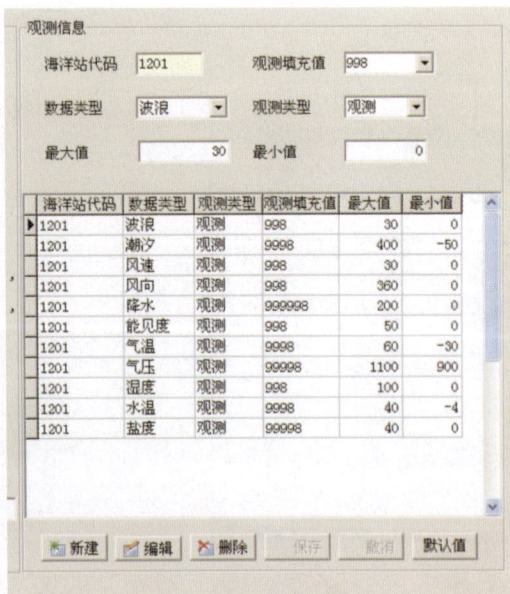

图10-89　配置信息显示

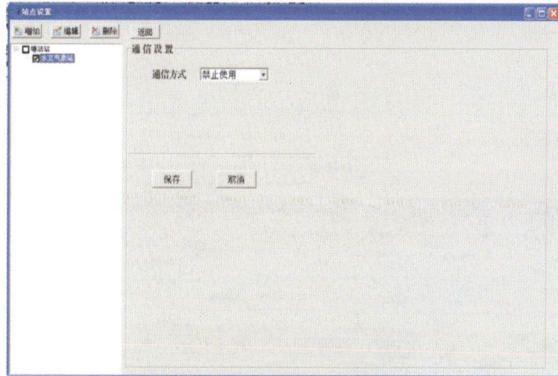

图10-90　通信方式设置1

根据站点的通信类型选择通信方式。塘沽站使用 CDMA 进行通信，则在通信方式中选择"CDMA/GPRS 通信"，如图 10-91 所示。

显示如图 10-92 所示的界面，填写观测站 DTU 号码，即手机号码，保存退出。

完成以上设置后，站点设置完毕。

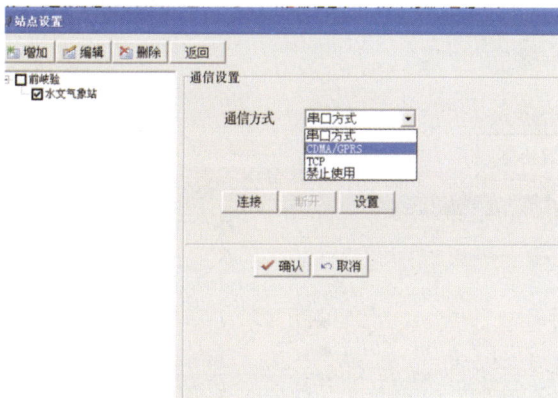

图10-91　通信方式设置2

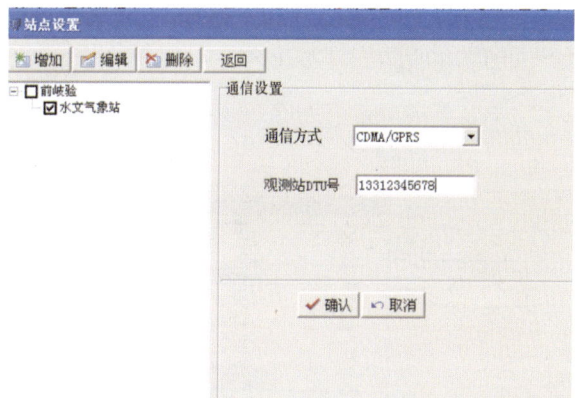

图10-92　通信方式设置3

四、数据通信

进行完站点设置后，软件自动进行通信链路连接，当通信连接上后，主界面地图上的圆点和右侧气象站、水文站中状态栏的圆点，由红色变为绿色，说明通信正常建立，软件等待接收实时数据。

实时数据通常 1 min 刷新一次。用户要密切注意实时数据，在日常业务运行中要定时查看实时数据内容，如采集器日期时间是否正确，电瓶电压是否在 12 ~ 14.5 V 的正常范围内，复位次数是否大于 0。另外，还要注意观测数据是否异常，如果有异常要即使检查传感器或采集器是否出现故障。

五、数据管理

用户单击"数据管理"菜单中的"历史数据",进入数据浏览,如图 10-93 所示。

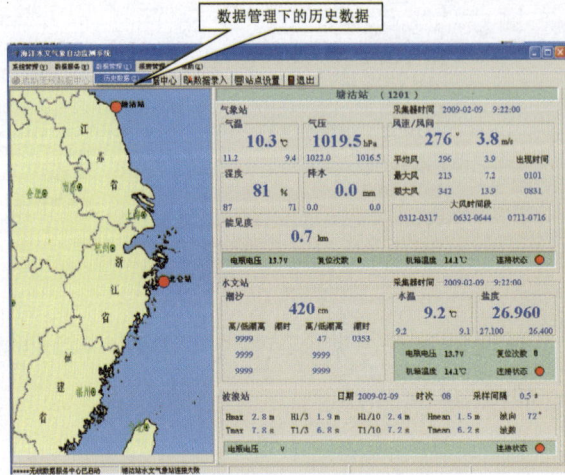

图10-93　数据管理显示

数据浏览是用户查看历史数据的地方,由整点值和原始值组成,并配有原始数据曲线,如图 10-94 所示。

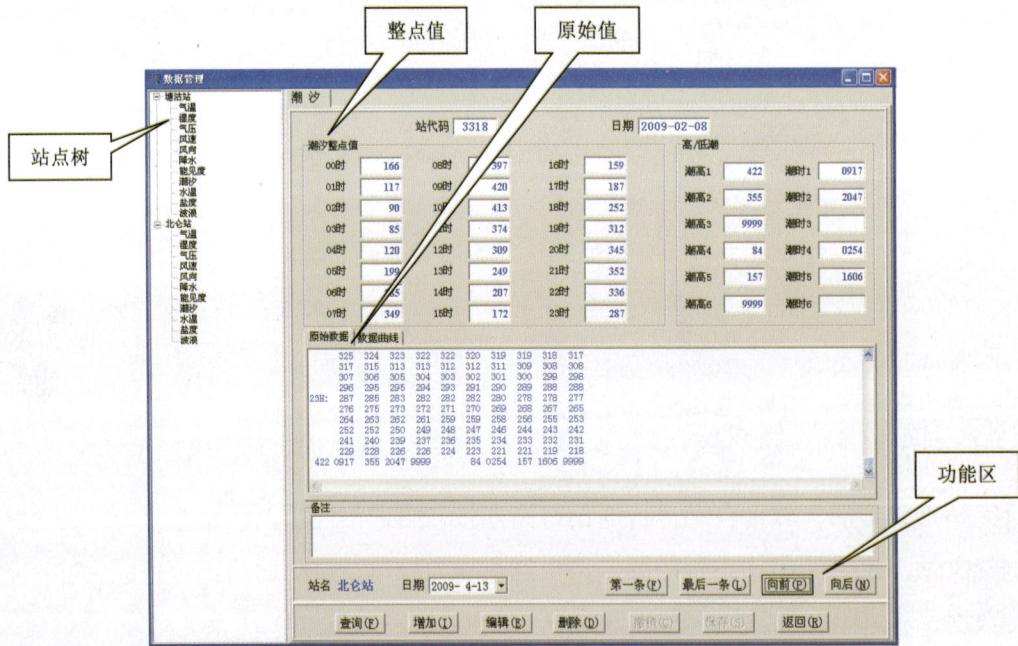

图10-94　原始数据浏览

"数据管理"中的布局如图 10-94 所示,左侧是站点树,分两层:第一层为站点层;第二层为观测要素层。右侧分别是整点数据、原始数据和功能区。具体操作见"数据管理"一节。

在这里，用户可以对观测数据进行浏览、查找、编辑等操作。当用户发现数据缺失时，用"数据服务"中的功能补齐数据，人工观测数据可以通过增加和编辑功能完成数据的输入。用户人工对数据操作后，需要单击"保存"按钮，才能保存输入的结果。

六、数据服务

软件运行和通信连接正常情况下，观测数据将自动存入数据库中，即"数据管理"中。当有异常情况产生，如计算机故障或通信故障等，致使观测数据缺失，"数据服务"为用户提供手动数据录入的功能。界面如图 10-95 所示。

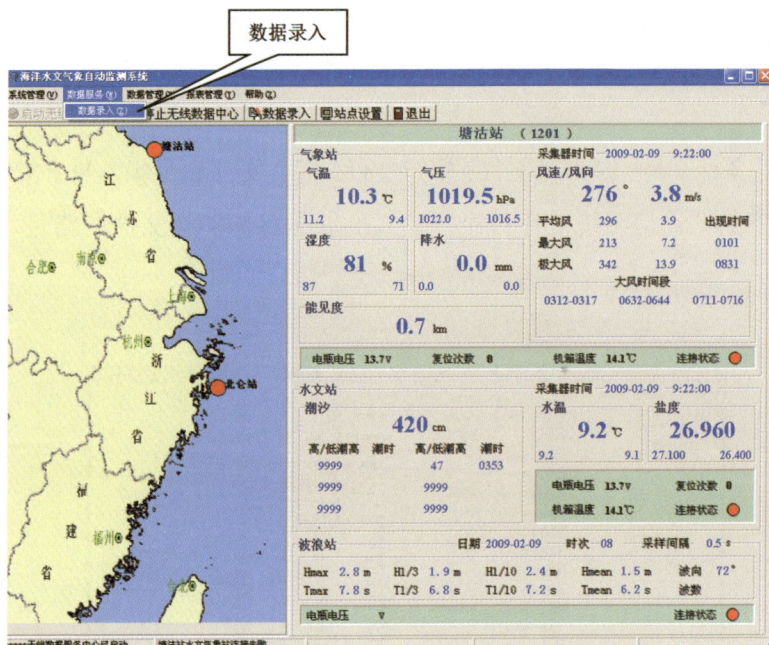

图10-95 "数据服务"中的"数据录入"

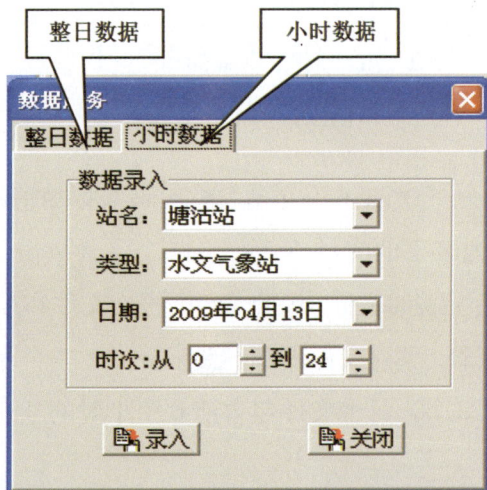

图10-96 整日数据与小时数据设置

"数据服务"中分"整日数据"和"小时数据"录入两个部分（图10-96）。其中，"整日数据"只录入一天24个整点时刻的数据，即整点值；"小时数据"录入的是原始数据，间隔1分钟的数据，按小时分组，一组是一个小时的原始数据，共60个值。

当需要补录数据时，通常用"小时数据"进行补录。这个功能即可以录入原始数据，也包含了整点数据。用户需要注意的是，由于原始数据量较大，尤其在无线通信时，可能出现不能一次录全所需数据的情况，这时再重新录入数据即可。

当通信状态不理想时，为保证业务运行基本数据的需要，可以使用"整日数据"录入。由于整点值数据量小，所以录入的成功率会提高不少。

"数据服务"的具体操作，见"数据服务"一节。

七、文件生成

软件可以生成4种文件，即实时文件、整点文件、报文文件和月报文件。在"站点设置"中，"观测站信息"下的"通信系统工作目录"输入的就是存储4类文件的路径，见图10-97文件路径设置。

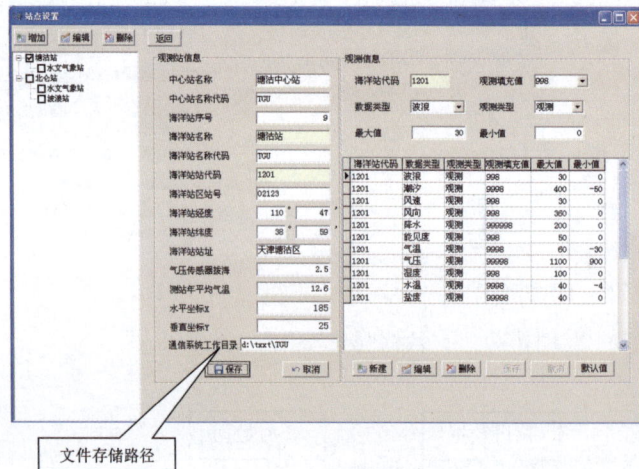

图10-97 文件路径设置

通常文件存储路径设置为："D:\txxt\海洋站名称代码"，以塘沽站为例设置是D:\txxt\TGU。在文件以海洋站名称代码为名字的文件夹下，有4个文件夹分别是：realtime、perclock、punctual和permonth，分别存储实时文件、整点文件、报文文件和月报文件，如图10-98所示。

实时文件每分钟生成一个。整点文件以观测要素分类，一个观测要素每天一个文件。报文文件通常每6个小时生成一个，每个文件包含前6个小时的整点数据。月报文件每月生成一次。

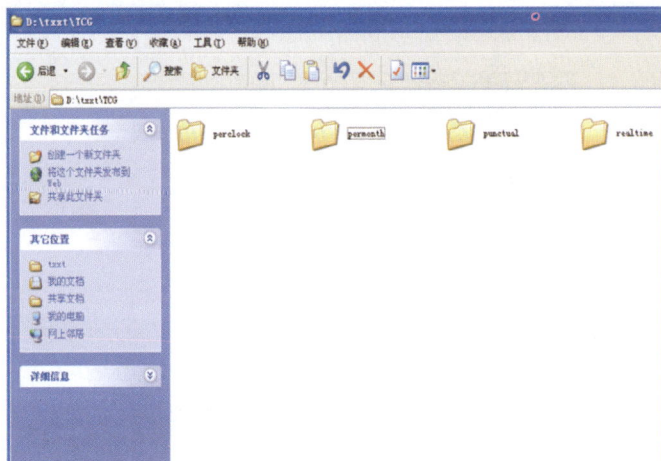

图10-98 存储文件的4个文件夹

当数据文件生成后，传输系统会立刻将它们上传到上级系统。实时数据和整点数据只能软件自动生成，报文和月报文件可以人工生成，并补发。具体操作参见报文和月报说明。

第七节 通信设置

一、CDMA DTU设置

海洋水文气象自动观测系统无线通信一般选用 CDMA 或 GPRS 方式，海洋站现在大多数使用 CDMA 通信方式，下面说明 CDMA 的硬软件的设置方法，GPRS 的设置方法与 CDMA 的几乎一样。

海洋站通常使用宏电 H7710 CDMA DTU 和 H7921 路由器配对通信，有两种通信模式：动态域名解析和 VPDN 方式。为了保证数据传输的稳定性、可靠性和安全性，海洋站选用 VPDN 通信技术，下面对 VPDN 通信模式中 DTU 和路由器设置进行说明。

将 DTU 与计算机的串口相连（本例使用串口 COM1），然后启动超级终端。

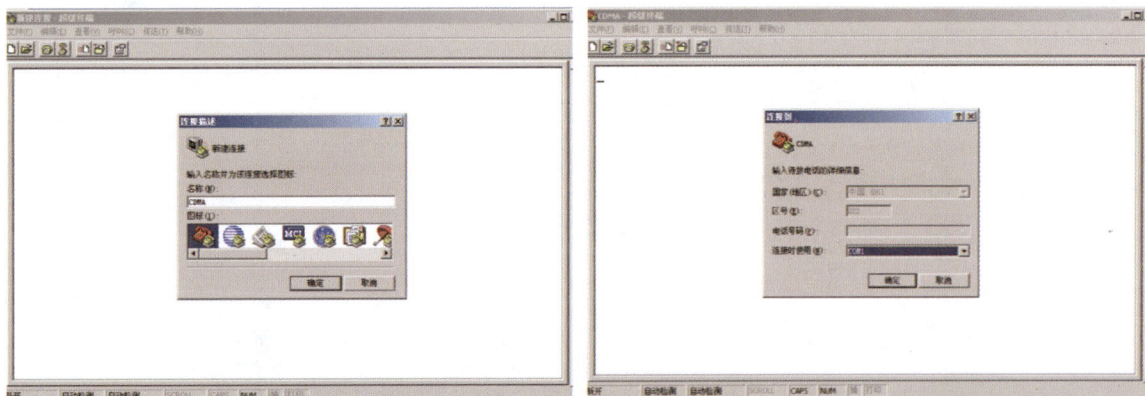

选择 DTU 连接的串口，单击"确定"按钮，出现如下界面。

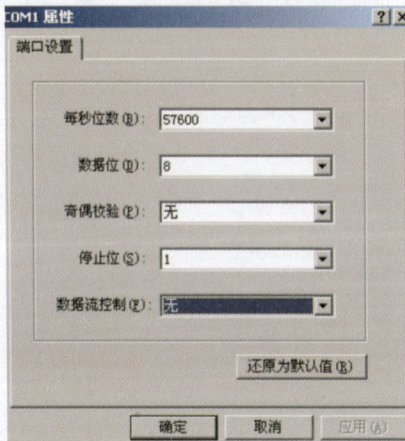

按上图配置参数，单击"确定"按钮后，按住"空格"键给 DTU 加电，进入如下所示的配置界面。

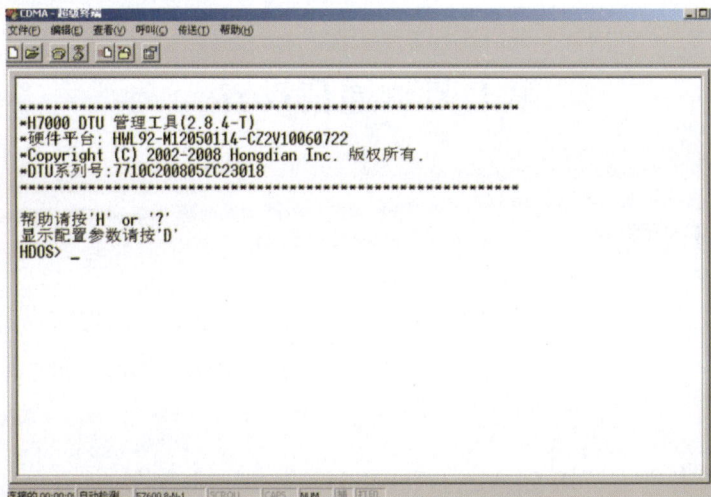

单击"H"键，显示如下界面。

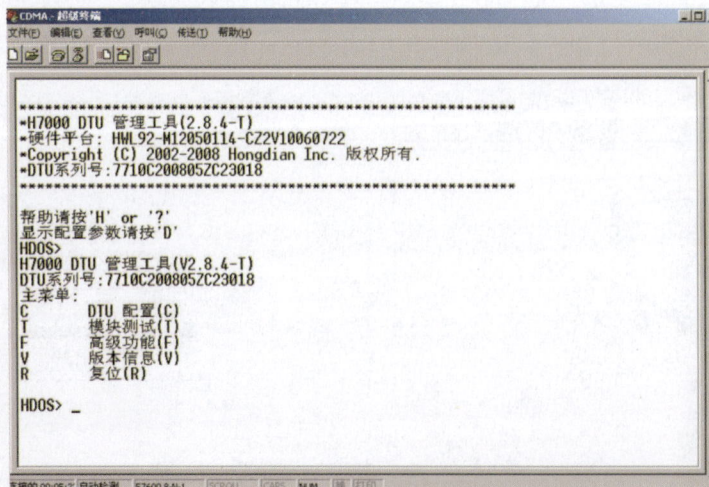

单击"C"键，进入 DTU 配置项，进入之前输入配置密码：1234，显示配置列表，界面如下所示。

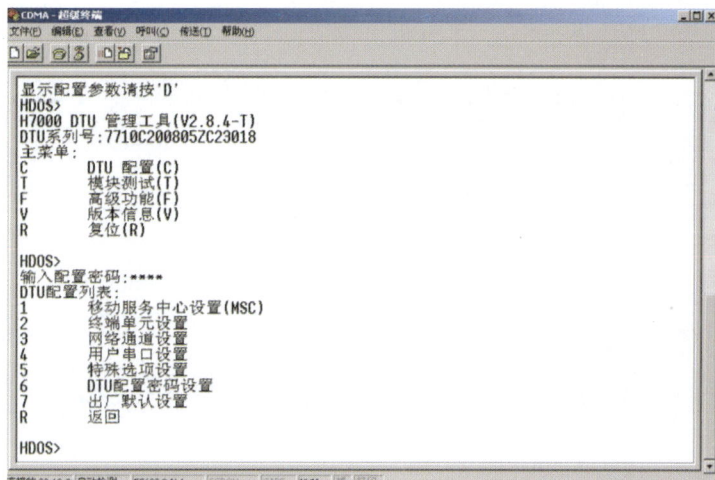

单击"1"键，进入移动服务中心设置，界面如下所示。

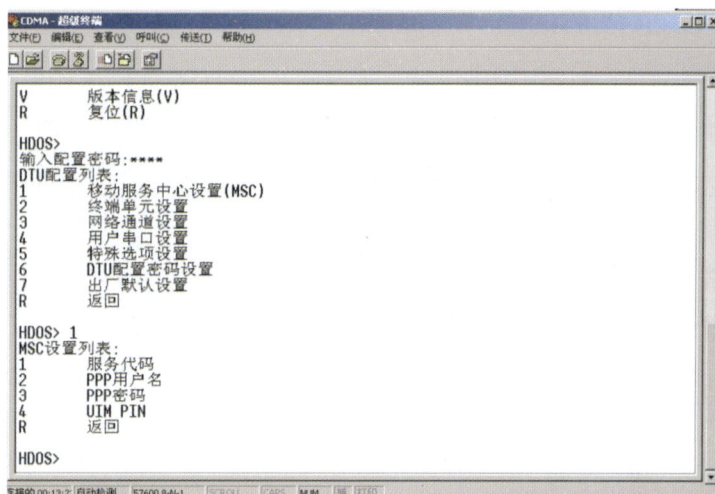

单击"D"键，可以显示列表中设置信息，界面如下所示。

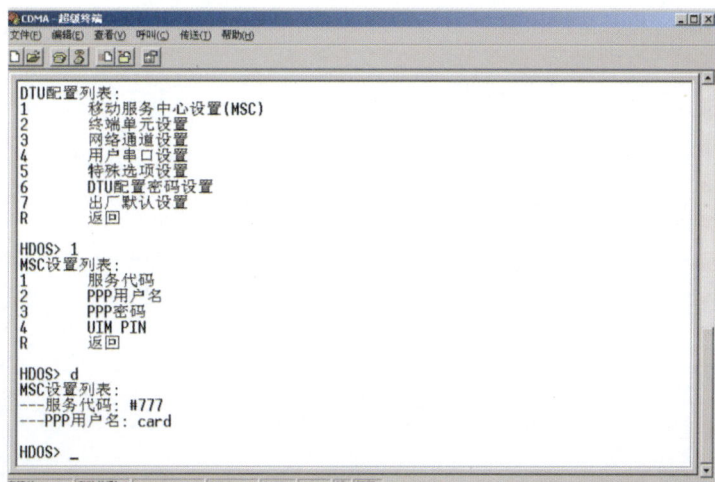

　　输入 DTU 配置的通信卡的用户名和密码，设备出厂的用户名和密码都是 card，需要重新输入通信卡给定的参数。

　　单击 2 键，选择终端单元设置，界面如下所示。

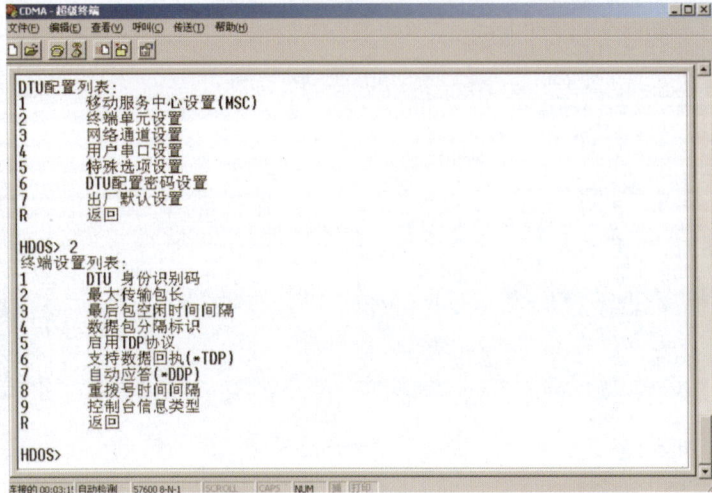

　　单击 1 键，选择 DTU 身份识别码设置，通常输入 CDMA 通信卡的电话号码，作为 DTU 身份识别码。

　　单击 9 键，选择控制台信息类型，这个选项只能输入 0 或 1，通信使用时设置为 0。

　　单击 3 键，选择终端单元设置，界面如下所示。

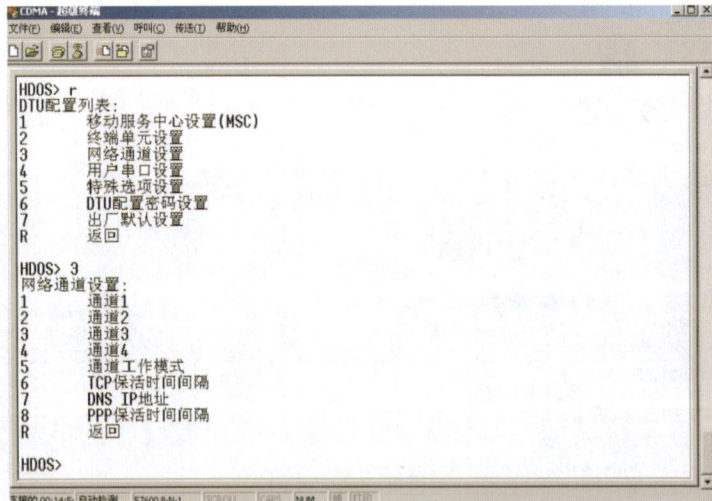

　　单击 1 键，选择通道 1 设置，界面如下所示。

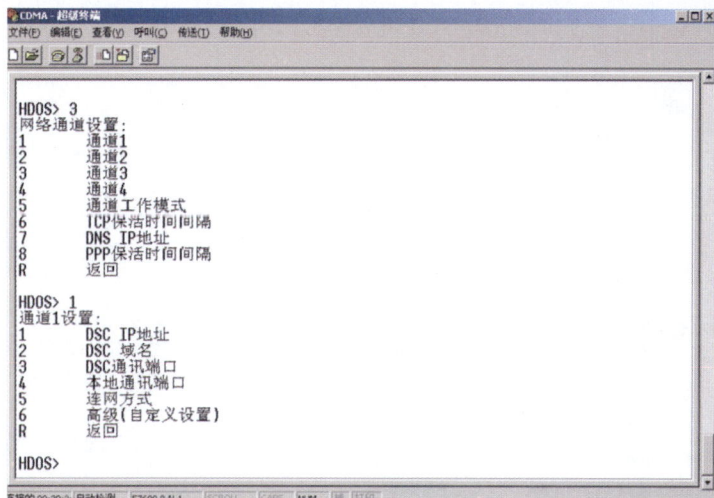

使用 VPDN 方式通信，DSC IP 地址设置为 CDMA 路由器端分配的固定 IP 地址，即接收端通信卡绑定的 IP，DSC 域名设置为空。

如下界面是 VPDN 设置实例。

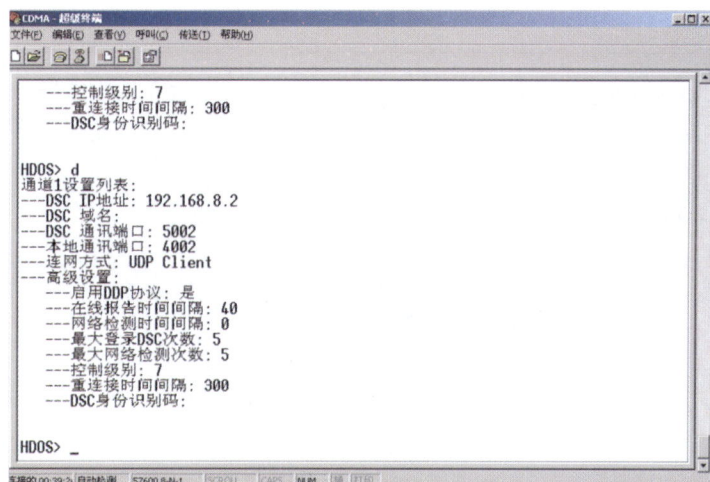

在 DTU 配置列表中选择 4，进行用户端口设置。

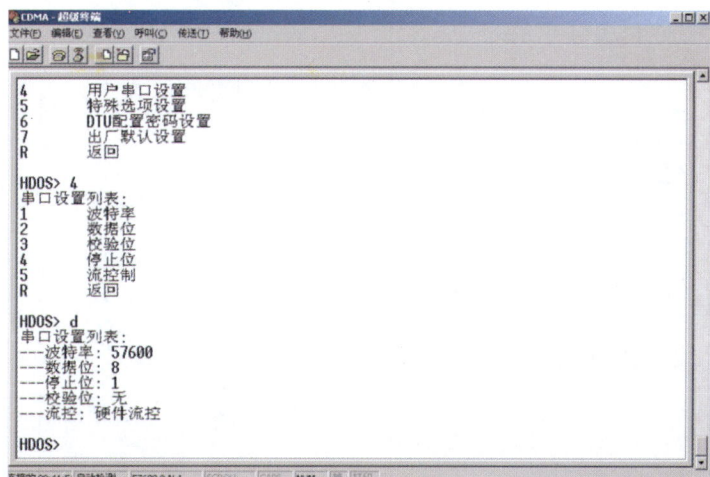

需要注意的是"流控"一项要选择"硬件流控"，出厂默认值为"无"。

二、CDMA路由器设置

进行路由器设置前，先要设置计算机网络地址，设置方法如下：首先进入"网上邻居"，打开"本地连接"，界面如下所示。

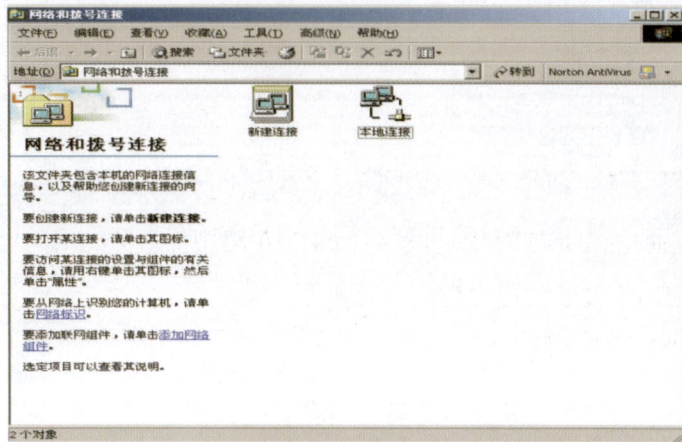

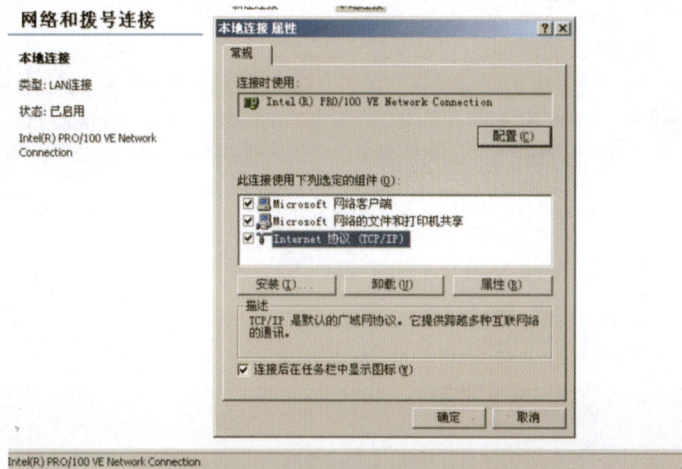

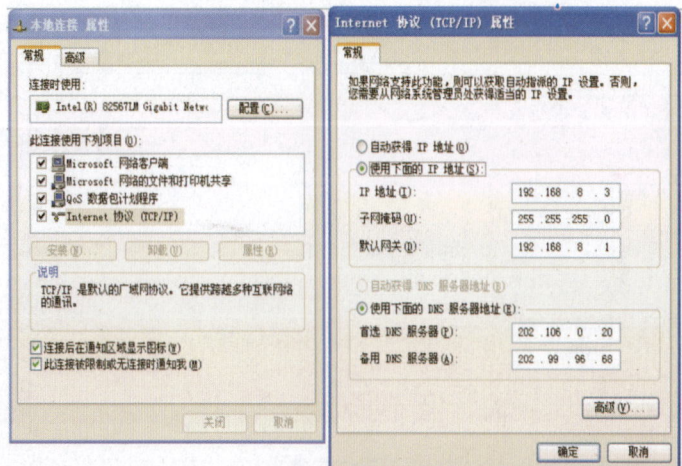

（一）2G路由设置

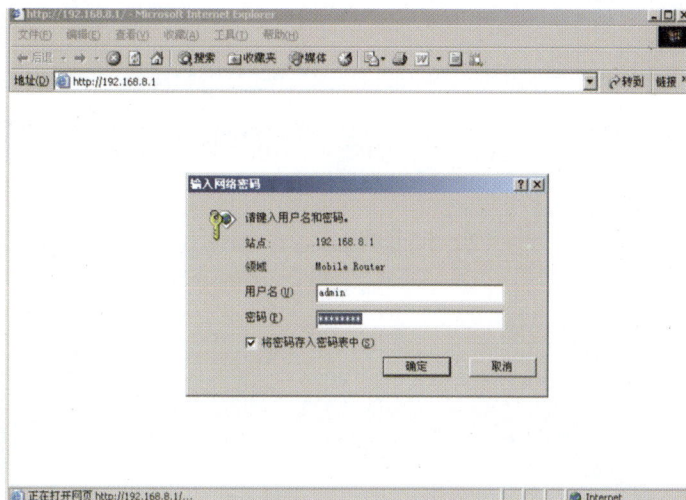

2G 版的路由器的用户名为 admin，密码为 hongdian。输入正确进入下图所示的界面。

按"开始按钮"进入下图所示界面。

启用 DMZ 选项，建议设置地址为：192.168.8.3，如有具体地址规划，需和网管沟通后，填写。下面设置无线网络参数。

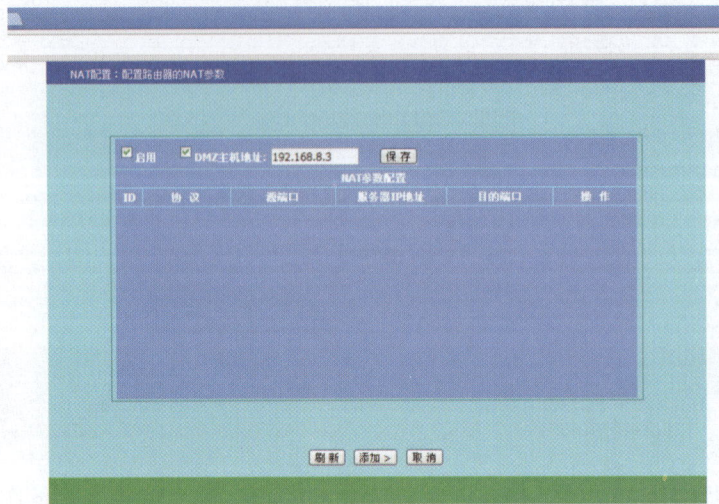

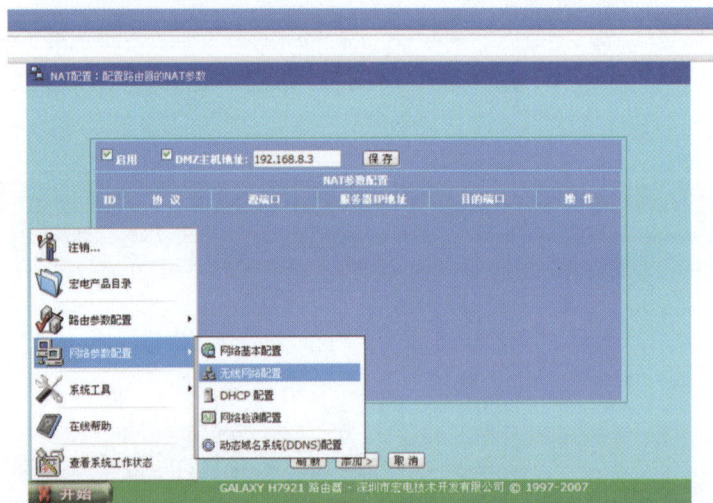

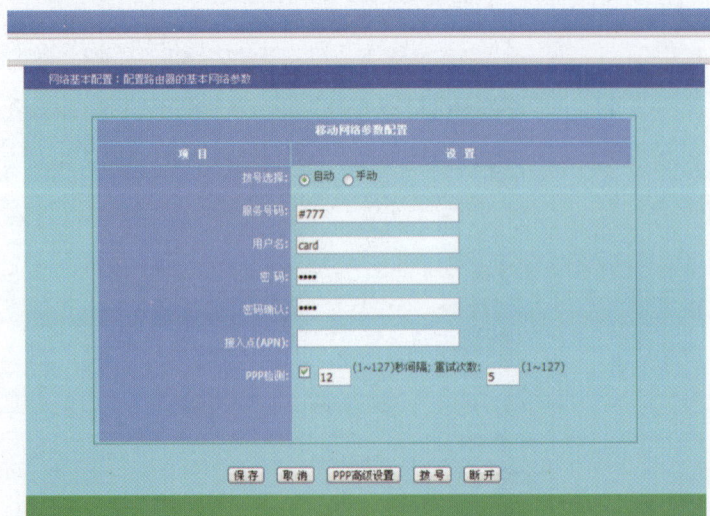

设备出厂用户名和密码为 card，用户需要填写路由器通信卡给定的用户名和密码，单击"PPP 高级设置"进入如下所示的界面，在指定 IP 中，填写通信卡绑定的 IP 地址。

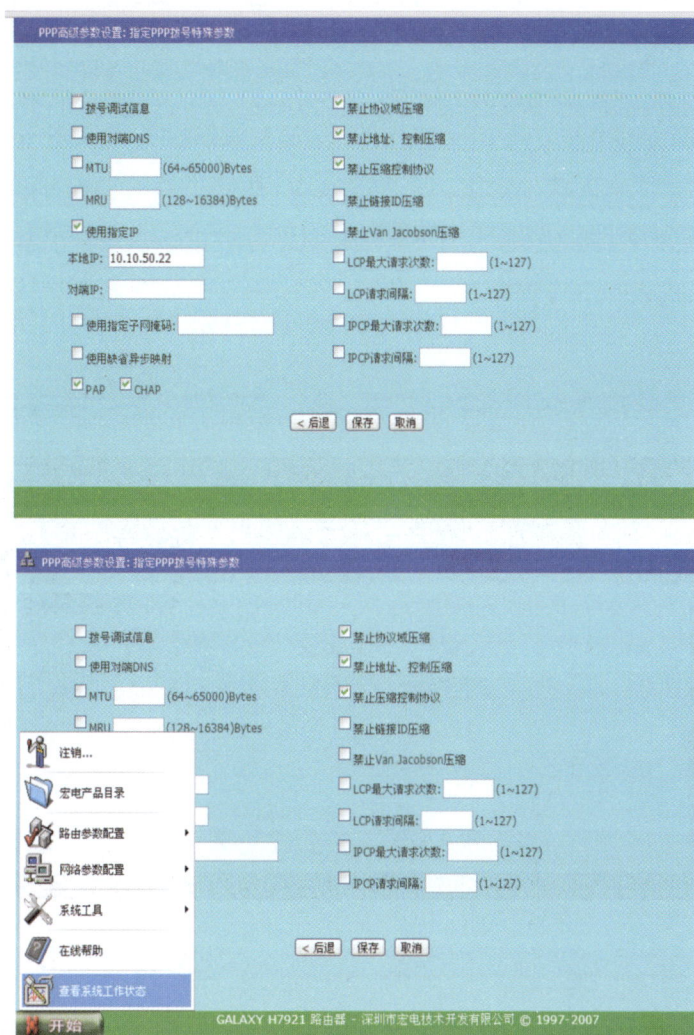

在全部设置完成后，通过系统工作状态栏查看路由器工作状态。

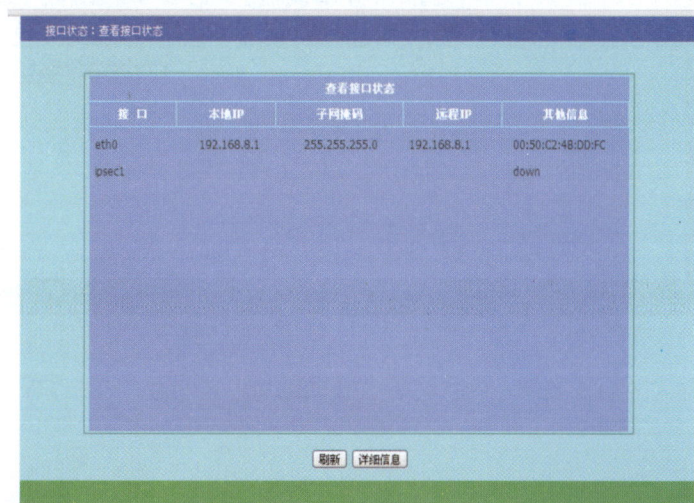

如果路由器设置正确，工作正常，等待几分钟后，在上图状态栏中可以看到路由器通信卡绑定的 IP 地址显示出来。

（二）3G路由器设置

随着电信网络设备的升级，海洋站使用的 CDMA 通信设备也要跟着升级。宏电公司为此推出 3G 版路由器，以适应这种变化。下面说明 3G 版路由器的设置方法。

在浏览器中输入 192.168.8.1 地址，回车弹出对话框要求输入用户名和密码，用户名和密码均是 admin，然后进入如下设置界面。

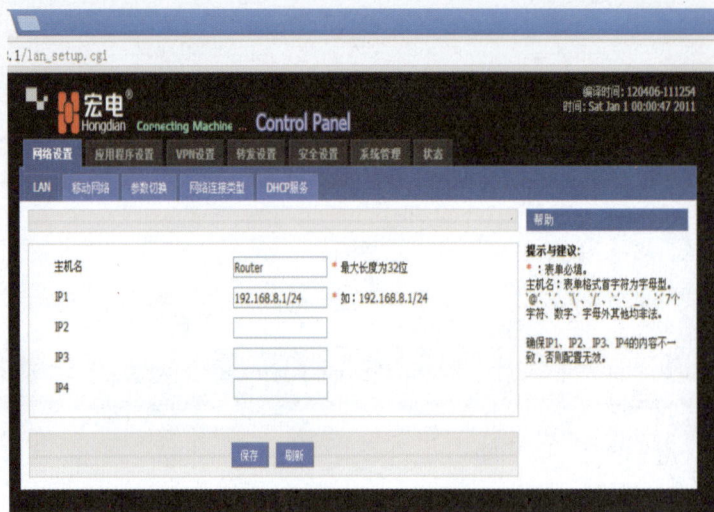

在主菜单中选择"网络设置"，然后选择"移动网络"，单击"添加"按钮，进入如下界面。

输入路由器通信卡的用户名和密码，并保存。

在主菜单中选择"转发设置"，再选"NAT&DMZ"项，进入如下所示的界面。

单击"添加"按钮，然后选择"NAT"进入如下所示的界面。

设置好后保存，进入状态页面，选择"移动网络状态"，看到如下所示的界面。

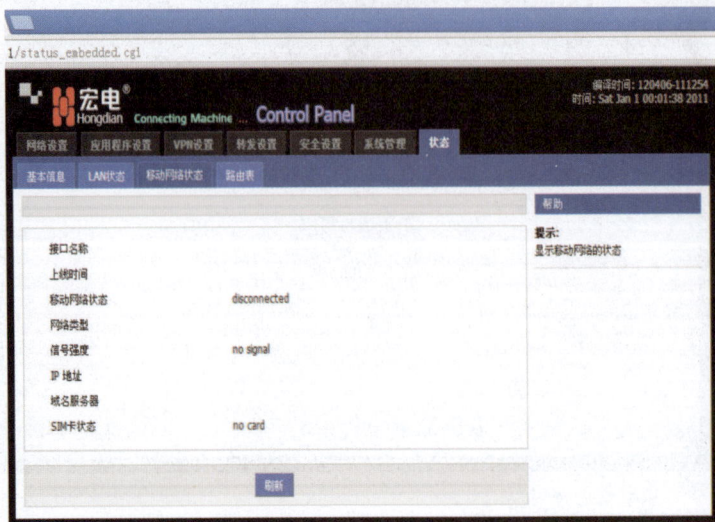

等待几分钟，如果设置正确，路由器工作状态正常，"移动网络状态"应显示"connected"，"信号强度"应保证在 20 以上，"IP 地址"将显示路由器通信卡绑定的 IP 地址。

三、网络通信

当测点与接收站直接铺设光纤或架设微波通过网络通信时，气象采集器或水位计使用通信板配置网络通信模块经网线连接与接收站进行数据通信。

观测系统配置的网络通信模块一般为 MOXA NPort5110 或 NPort6150。模块和计算机的设置如下。

首先设置计算机的 IP 地址，设置实例如下所示。

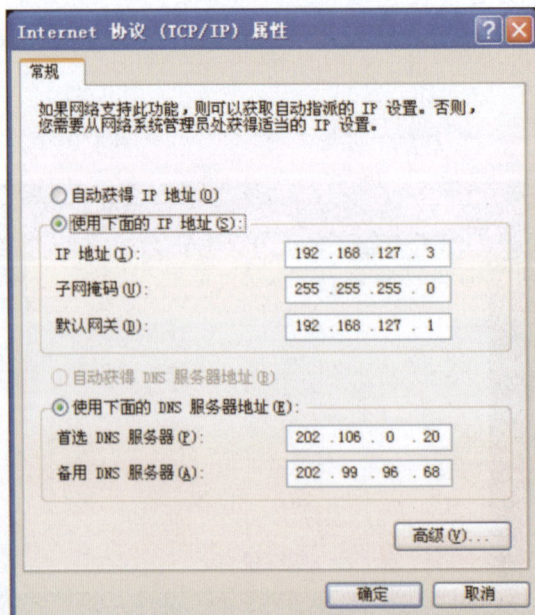

然后,启动通信模块配置的通信软件"NPort Administrator",进入软件如下所示的主界面。

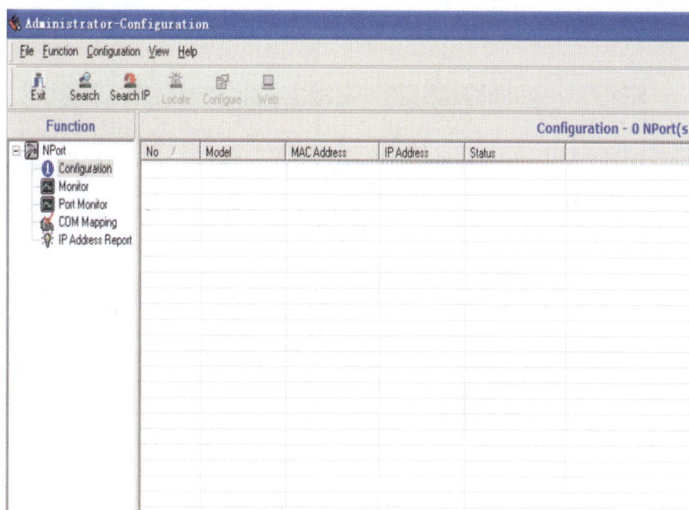

在主界面的工具栏单击"Search"按钮,弹出如下所示的界面。

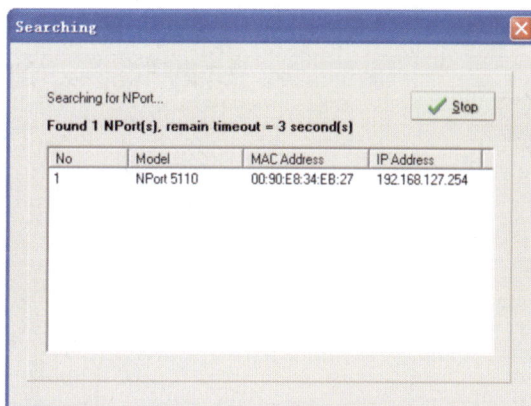

通信模块出厂默认 IP 地址为 192.168.127.254,窗口显示这个 IP 地址说明通信模块已经找到,并会显示在主界面内,如下所示。

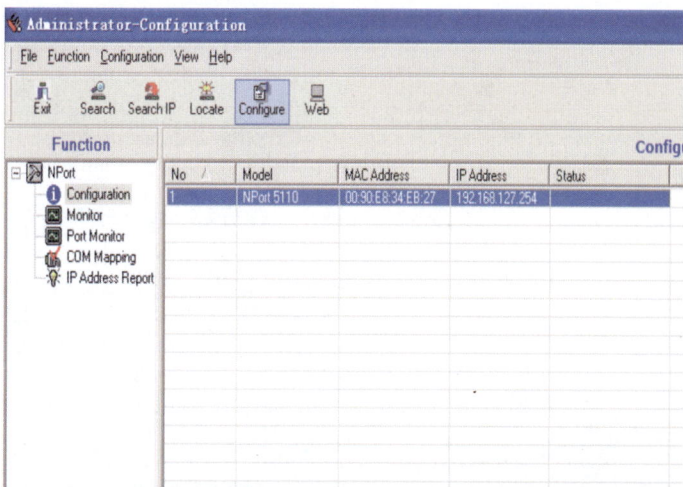

　　用户如果需要修改模块的 IP 地址，可以双击显示模块 IP 地址的状态栏，弹出下面窗口，在"Network"中修改 IP 地址并保存。

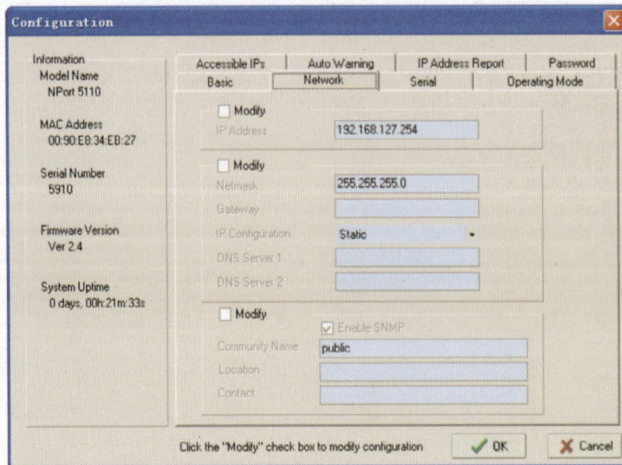

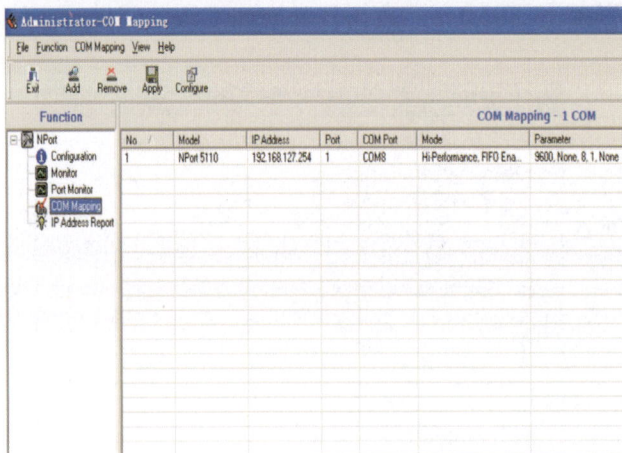

　　在左边树状节点中选中"COM Mapping"单击，在显示的菜单栏中选择"Add Target"，就会添加连接的模块，在 Com Mapping 状态栏内双击，弹出串口设置窗口，如下所示，建议选 com8 以后的串口号使用。

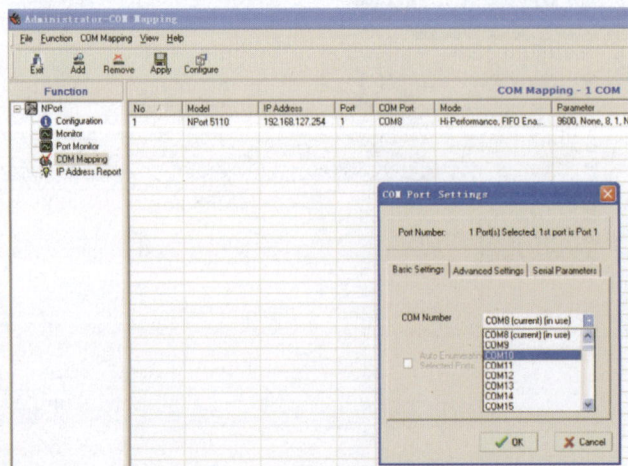

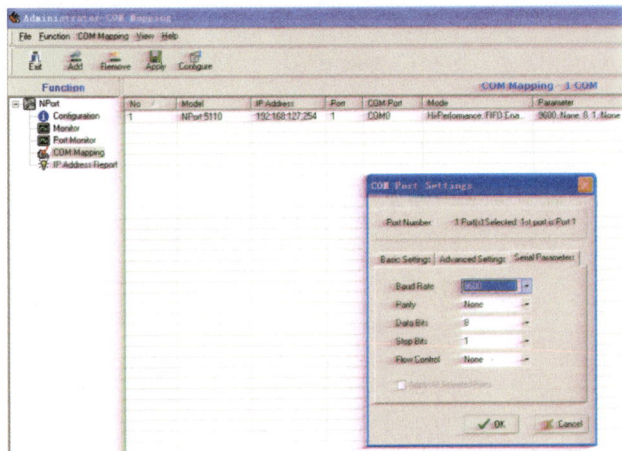

　　设置好后保存，在主界面工具栏单击"Apply"完成设置。最后，在值班软件中为使用
网络通信的分站设置虚拟的 com 口，完成值班程序的设置。

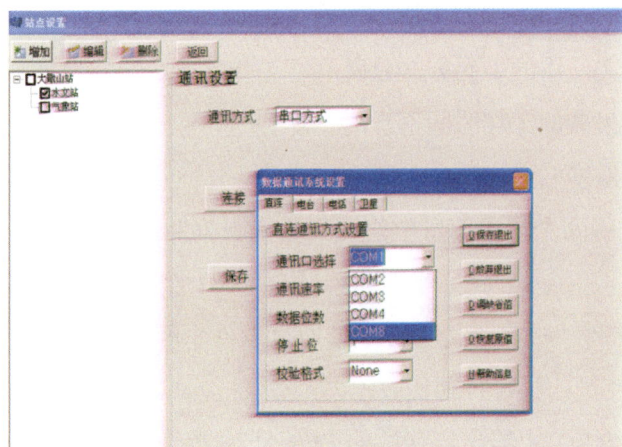

　　如果设置成功，通信链路工作正常，在值班程序的主界面中，"连接状态"会显示绿色，
等待几分钟，实时数据将显示在主界面上，下图所示为一个水文站的实例。

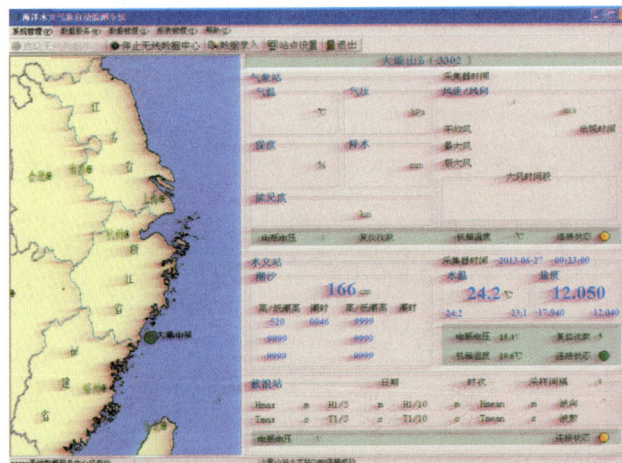

【复习题】

一、问答题

1. 海洋站的基本信息中，以 4 位阿拉伯数字表示的是什么代码？

2. 海洋站的基本信息中，以 5 位阿拉伯数字表示的是什么代码？

3. 海洋站的基本信息中，以 3 位英文字母表示的是什么名称代码？

4. 海洋站水文气象自动监测系统使用什么数据录入原始数据中？

5. 海洋站水文气象自动监测系统使用什么数据录入整点数据中？

6. 海洋站数据报文使用的编码方式是什么？

7. 当发现数据采集器的工作时间不准时，如何进行校准？

8. 海洋站值班软件中站点类型分为哪几种类型？

9. 用户通过修改哪两个观测信息中值从而改变数据曲线的纵坐标，以更好地显示观测数据曲线？

10. 海洋站值班软件生成的上传文件地址通过软件中哪一项进行设置指定？

11. CDMA 通信使用的是哪种通信技术？

12. CDMA 或 GPRS 路由器出厂默认的 IP 地址是 哪个？

13. 为了保证 CDMA 或 GPRS 通信正常，信号强度要多少以上？

14. 网络模块 5110 出厂默认的 IP 地址是什么？

15. 海洋站数据报文国际通用电码名称是如何表示的？

16. 海洋站数据报文电码名称是什么？

17. 海洋站水文气象自动监测系统在使用网络通信时，为检测通信链路是否连通，在计算机的哪个界面使用什么命令来测试通信链路状态？

18. 正常情况下几小时观测一次波浪？加密观测时为几小时观测一次？

19. 海洋站自动监测系统使用 CDMA 或 GPRS 通信中，DSC IP 指的是什么？

20. 水文和气象原始数据，每个小时的第一个数据是如何表示的？

21. 海洋站水文气象自动监测系统直流供电不能低于多少伏？

二、简答题

1. 简述海洋站值班软件升级方法。

2. 在海洋站水文气象自动监测系统值班软件历史数据查看中，潮汐数据曲线如果出现明显毛刺，说明产生毛刺可能的原因。

3. 简述海洋站水文气象自动监测系统值班软件生成几种上传数据文件，以及数据文件的通常更新间隔。

4. 简述如何备份海洋站值班软件，以及备份的时间间隔通常是多长。

5. 简述如何人工补发报文文件。

三、分析题

1. 海滨观测规范（2006）中月报表一共生成几种月报文件，每种月报文件主要生成哪类观测数据？

2. 列举出海洋站水文气象自动监测系统中通常使用的通信方式及优缺点。

附录10-1　XFY3-1型风速风向传感器使用说明

一、简介

XFY3-1型风速风向传感器具有抗强阵风、耐海洋性气候、测风范围宽、动态特性好、轻便等特点，可以广泛地应用在海洋站、平台、舰船、浮标上测风。

二、主要技术指标

（一）测量范围、准确度

1. 风速部分

测量范围：（0～75）m/s

启动风速：0.9 m/s

准　确　度：当风速≤10.0 m/s 时为 ±1 m/s；

当风速＞10.0 m/s 时为读数的 ±10%。

输出信号：方波，范围约为（0～800）Hz。

计算公式：$v = 0.096 \times f$

v 为风速（m/s）

f 为频率（Hz）

2. 风向部分

测量范围：（0～360）°

准　确　度：±5°

输出信号：（0～5）V 直流电压

（二）环境条件

工作温度范围：（-20～+50）℃

储存温度范围：（-40～+60）℃

（三）电源

DC（9～16）V

（四）尺寸及重量

长 × 高：555 mm × 373 mm

螺旋桨直径：180 mm

重量：2 kg

三、安装

（一）传感器安装

风速风向传感器一般装于较高处，要求传感器安装位置周围没有影响风场的遮挡物。

风速风向传感器安装座上的凸出的 N 字为风向指北线，在陆地安装时应使其对准地理北；在船舶安装时，传感器的指北线与传感器安装座的中心线所在平面必须与船舶艏艉线平行。

风速风向传感器可安装在标准的 1′1/4″（外径 ϕ 42.5 mm）钢管上，或者安装在厂家提供的安装座上，用风速风向传感器底座上的不锈钢喉箍紧固。

（二）电缆连接

打开风速风向传感器接线盒的盒盖，可以看到信号转换板（正文图 8-21 风传感器电缆接线图）。按照正文图 8-21 所示接好电缆，用电缆锁紧接头的螺母锁紧即可。安装盒盖时一定要压紧，只有这样，才能将盒盖上的密封条压紧，使接线盒密封。

附录10-2 HMP45A型温湿传感器使用说明

一、简介

　　HMP45A 型温湿传感器用于测量相对湿度和温度。相对湿度测量基于 HUMICAP®180 电容式聚合物薄膜传感器。温度测量基于铂电阻传感器 Pt 1000。

　　湿度和温度传感器都位于探头的顶部，并使用膜式过滤器保护。HMP45A 型温湿传感器的温度和相对湿度输出信号均为（0 ~ 1）V 电压输出。

二、技术指标

（一）测量指标

1. 温度

测量范围：（-40 ~ +60）℃

输出信号：（-40 ~ +60）℃ 相当于（0 ~ 1）VDC

准 确 度：在 +20℃的准确度：±0.2℃

在整个测量温度范围内的准确度：±0.5℃（附图 10-2-1）

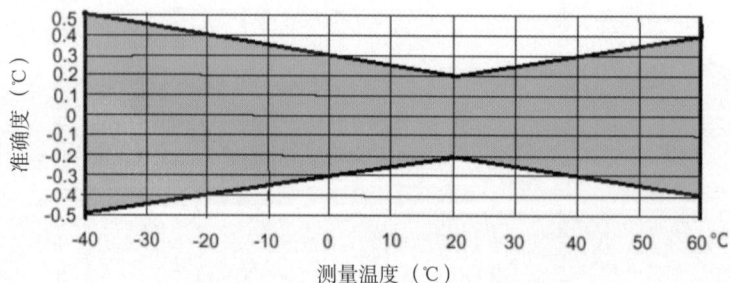

附图10-2-1 温度测量误差分布曲线

2. 相对湿度

测量范围：（0 ~ 100）%

输出信号：（0 ~ 100）% 相当于（0 ~ 1）VDC

准 确 度：+20℃，包括非线性和迟滞性

相对于工厂基准的准确度：±1%

现场校准（相对于普通基准）的准确度：±2%（0% ～ 90%）；±3%（90% ～ 100%）

典型的长期稳定性：优于 1% ／年

温度系数：±0.05% ／℃

在＋ 20℃的响应时间（90%）：对配备膜式过滤器的传感器为 15 s

湿度传感器类型：HUMICAP®180

（二）工作温度

（－ 40 ～＋ 60）℃

（三）储存温度

（－ 40 ～＋ 80）℃

（四）电源

（7 ～ 35）VDC， ＜ 4 mA

（五）稳定时间

500 ms

（六）壳体材料

ABS 塑料

三、安装

（一）传感器安装

温湿传感器安装在防辐射罩内，具体操作如下。

（1）在选定的位置焊接或固定防辐射罩安装板。

（2）拧下防辐射罩的 3 个固定螺母，将其 3 根固定螺杆插在安装板上，拧紧固定螺母。

（3）将温湿传感器顶端的黄色防护罩去掉。将传感器中间的接插部分用水密胶布包紧，以防长期振动后接触不良。

（4）松开防辐射罩的传感器固定箍，插入传感器，拧紧固定箍。

（5）用塑料勒带将传感器电缆固定于安装板上，以防振动损坏。

（二）接线

1. 传感器接线

传感器本身自带约 3 m 长度的短电缆，电缆颜色定义如附图 10-2-2 所示。"信号地"

在差分测量中供输出信号使用。利用"信号地"，电缆可以扩展到 100 m 而不会影响测量的准确度。当不需要相对于"信号地"测量输出信号时，应把"地"和"信号地"连接到同一点。

2. 建议电缆连接方式

为避免电缆在室外连接容易漏水腐蚀造成故障，电缆不要有接头，建议把信号电缆与传感器直接焊接后再行安装。

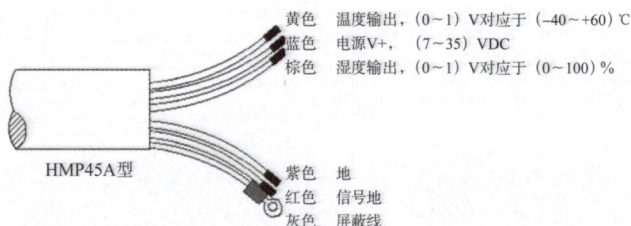

黄色　温度输出，(0～1) V对应于 (-40～+60)℃
蓝色　电源V+，(7～35) VDC
棕色　湿度输出，(0～1) V对应于 (0～100)%

HMP45A型

紫色　地
红色　信号地
灰色　屏蔽线

附图10-2-2　温湿传感器芯线颜色定义

改装工序如下（附图 10-2-3）。

头部　　　　尾部　　　固定螺钉　电缆锁紧接头

附图10-2-3　HMP45A型温湿传感器外观

（1）拔下传感器头部，拧下传感器的固定螺钉，取下尾部塑料外壳。

（2）从线路板上焊下传感器原配电缆（正文图 8-15）。

（3）插入新电缆，并用电缆锁紧接头固定。

（4）按照正文图 8-16 焊接新电缆的芯线。

（5）把传感器装好。

（三）传感器维护

传感器尾部线路板只有电源反接保护和抗干扰电路，不会影响测量准确度，因而更换和检测传感器时只更换其头部即可。

附录10-3 278型气压传感器使用说明

一、简介

Setra 公司的气压传感器在发货之前均经过仔细校准。应该像对待精密仪器那样小心地使用气压传感器。

278 型气压传感器测量绝对压力,并转换为与绝对压力成比例的电压模拟信号输出,输出信号(0 ~ 5)VDC。

二、技术指标

(一)测量范围、准确度

测量范围:(800 ~ 1 100)hPa

准 确 度:±1 hPa

(二)使用温度

(-40 ~ +60)℃

(三)电源电压

(9.5 ~ 28)VDC

三、安装

(一)传感器安装

278 型气压传感器安装尺寸为 91 mm × 61 mm,可直接固定在数据采集器内部的底板上。

(二)接线

278 型气压传感器有 5 个接线端,接线端定义如下所示。

序号	名称	功能
1	EXT TRIG	外部触发信号: 0 VDC——休眠方式 (3~28)VDC——工作方式

序号	名称	功能
2	AGND*	模拟信号地
3	GND*	电源地（负电源）
4	SUPPLY	电源（正电源）
5	VOUT	电压输出

由于278型气压传感器直接安装在数据采集器内，因此传感器与数据采集器间的连接电缆也在产品出厂前在数据采集器内连接完毕，一般情况下用户无需改动。

内部连线如下。

数据采集器端插头型号为TJC3-5，通过18 cm长的扁平电缆直接与气压传感器的端子连接。为使传感器连续工作，注意要将传感器的1、4端子短接。

TJC序号	传感器端子	功能	备注
1	4、1	12V	传感器电源
2	3	GND	传感器电源地
3	2	AGND	模拟信号地
4	5	OUT+	模拟信号输出
5			

附录10-4　SL3型降水传感器使用说明

一、用途和特点

SL3 型降水传感器用于测量降水量。传感器采用翻斗式计数原理，具有简单可靠，使用方便的特点。改进后的传感器进水口过滤网易于拆卸清洗。

二、技术指标

（1）测量范围：（0 ～ 1 000）mm

（2）测量准确度：±1 mm

（3）电源电压：DC 15 V

（4）传感器尺寸：ϕ 210 mm × 520 mm

（5）传感器材料：不锈钢

（6）使用环境温度：（0 ～ 60）℃

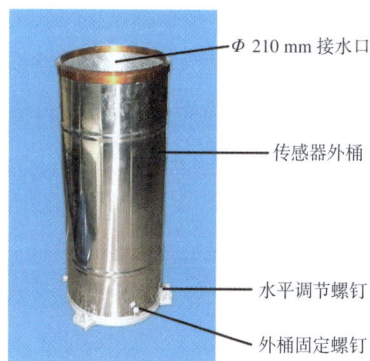

ϕ 210 mm 接水口

传感器外桶

水平调节螺钉

外桶固定螺钉

三、外形结构

SL3 型降水传感器外形如附图 10-4-1 所示。

附图10-4-1　SL3型雨量计

四、安装方法

（1）在气象观测场按附图 10-4-2 要求，用混凝土打一个安装底座，底座要求平整，高出地面 180 mm。

（2）在安装底座上预留 3 个高出底座平面 40 mm 的 M8 螺杆。

（3）在安装底座上预留 1 ～ 2 条深 20 mm，贯穿中心的泄水槽。

（4）将传感器安装在底座上，调整图 4-2 所示的水平调整螺钉，使雨量桶保持水平。

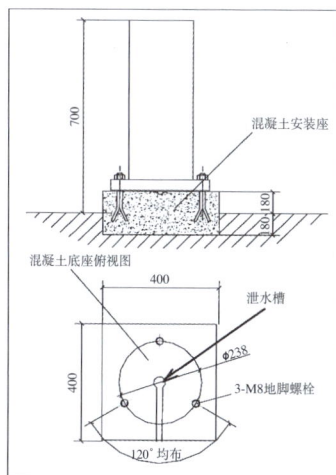

附图10-4-2　雨量计安装示意图

五、使用与连接

（1）传感器安装就绪后，打开雨量桶，用万用表电阻档测量接线柱两端的电阻。当用手拨动翻斗时，电阻数值应变动。如果电阻数值不变，应检查翻斗后部的干簧管与磁铁的距离是否太远，可用手小心地板动干簧管，使其靠近磁铁，直到电阻数值变动为止。如果电阻数值始终不变，则说明干簧管损坏或磁铁失磁，需要更换干簧管或磁铁。

（2）将系统配备的两芯电缆，一端接在传感器接线柱两端，另一端接在数据采集器规定的位置上。

（3）系统运行后，当有水进入降水传感器时，从数据采集器显示屏上可以观察到传感器的工作状态。通常也是采用这种办法判断降水传感器工作是否正常。

六、传感器超差的解决方法

传感器检定后如果超差，有以下两种办法可以解决。

（1）调整翻斗固定螺钉的松紧程度，使其达到要求。

（2）根据检定时的数据计算其标定数据，在数据采集器的雨量传感器标定菜单上修改其标定系数。举例：假设检定时降水量的标准值 A 为 50 mm，但传感器输出的读数 B 却为 48 mm，则传感器的斜率 K 应改为：

$$K = A / (10 \times B) = 50 / (10 \times 48) = 0.010\,417$$

附录10-5　WAS425A型超声风速风向传感器使用说明

一、简介

WAS425 型超声风速风向传感器采用超声波测风原理，内有一个微型控制器，它采集和处理风速风向数据，并进行串行通信。具有以下特点。

（1）数字输出。

（2）无活动部件，使用寿命长。

（3）开机自检。

（4）耐污染、耐腐蚀（外露的表面材料为不锈钢和阳极氧化铝）。

（5）对准真北的方法简单。

二、技术指标

（一）测量范围、准确度

（1）风速

测量范围：$(0 \sim 65)$ m/s

准 确 度：当读数小于 50 m/s 时，±0.135 m/s 或读数的 ±3 %，

当读数等于或大于 50 m/s 时，读数的 ±5 %。

分 辨 率：0.1 m/s。

（2）风向

测量范围：$(0 \sim 360)^{\circ}$。

准 确 度：±2°。

分 辨 率：1°。

（二）工作电源

$(10 \sim 15)$ V DC，15 mA。

（三）输出方式

RS-232 数字输出。

（四）工作温度

－40 ～ +50℃。

（五）尺寸重量

27.9 cm×24.3 cm×53.3 cm，0.7 kg。

三、安装

（一）传感器安装

WAS425 型超声风速风向传感器的安装位置一般在主桅顶部，要求传感器安装位置周围没有影响风场的遮挡物。传感器可以用直径 1 英寸的转接管或者 Vaisala 公司的 WAC425 型传感器支架安装。

在一个换能器臂附近标注有永久性的"N"（北）字，在另一个换能器臂附近标注有永久性的"S"（南）字。标有"N"和"S"的两个换能器之间的连线构成传感器的指北线，如附图 10-5-1 所示。

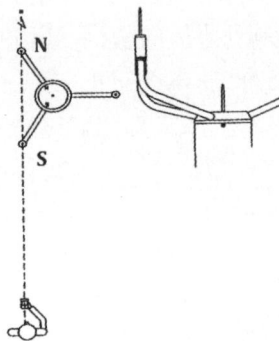

附图10-5-1　风传感器的指北线

注意：在船舶上安装时，传感器的指北线必须与船舶艏艉线平行。

（二）电缆连接

1. 传感器电缆

传感器本身自带 2 m 长电缆，此电缆通过一个 16 芯防水插座与传感器连接，插座的定义如附表 10-5-1 所示。

附表10-5-1　传感器电缆插座定义

插脚编号	说　明
1	+12 VDC的地
2	地
3	+36 VDC的地
4	未用
5	模拟输出跳接线（由工厂安装在电缆内） 选择模拟输出＝5号与7号脚之间有跳接线 选择RS-232输出＝5号脚无跳接线
6	RS-232输出跳接线（由工厂安装在电缆内） 选择RS-232输出＝6号与7号脚之间有跳接线 选择模拟输出＝6号脚无跳接线

插脚编号	说　明
7	地
8	RS-232输出／模拟输出的地
9	RS232输出传感器的数据
10	RS232输入传感器的数据
11	+12 VDC电源
12	输入传感器的模拟风向基准电压（+1～+4 VDC）
13	输出传感器的模拟风向电压
14	输出传感器的模拟风速频率
15	输出传感器的模拟风速电压
16	+36 VDC电源（仅由WAS425AH型传感器使用）

在船上安装时，为了更换传感器和测试方便，在传感器短电缆的另一端焊接一个PLT16-6转接插座，连线表如附表10-5-2所示。

附表10-5-2　传感器与PLT16-6插座连线

PLT16-6编号	传感器插座端	名　称	备　注
1	1	+12V	传感器电源
2	2	GND	传感器地线
3	10	FRD	传感器数据收
4	9	FTD	传感器数据发
5	8	PGND	通信地
6	NC		不接

2. 传感器与主机连接

传感器与主机之间连接电缆的一端焊接 PLT16-6 插头，可直接与传感器连接，另一端焊接航空插头，可直接与主机连接。电缆有 5 根芯线，两端一对一焊接。这样做的优点是：

（1）传感器更换时只需插拔接插件，便于操作。

（2）测试时，传感器可以直接插入数据采集器。

附录10-6 绝缘压接端子使用说明

    电缆芯线与接线端子连接时，建议使用合适的压接端子，这样做既能够可靠连接，又可以防止多股导线与邻近的连接器短路。其外形如附图 10-6-1 所示，图中 A 部分为中空镀锡铜管，B 部分为塑料绝缘套管。

    目前市场供应的为 CE 型产品，通常选用 CE003408（导线截面积 $\leqslant$ 0.3 mm^2，用于信号线连接）和 CE15008（导线截面积 $\leqslant$ 1 mm^2，用于电源线连接）。把导线剥头 8 mm 后捻紧，插入绝缘压接端子后用专用钳子夹紧即可。

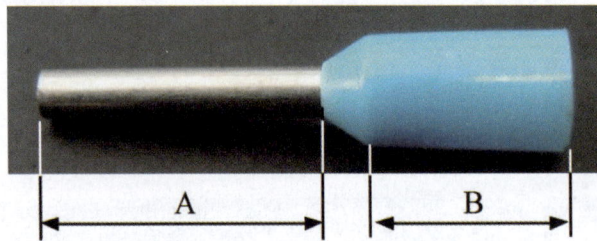

附图10-6-1 绝缘压接端子示意图

附录10-7　电缆锁紧接头使用说明

电缆进入机壳时一般用锁紧接头紧固，一方面防止电缆松动，另一方面阻止外面空气进入机箱腐蚀内部器件。其结构如附图 10-7-1 所示。

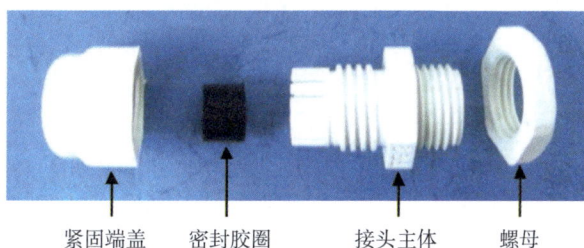

紧固端盖　　密封胶圈　　接头主体　　螺母

附图10-7-1　电缆锁紧接头结构示意图

使用电缆锁紧接头的步骤如下。

（1）把接头主体用螺母固定在机壳上。

（2）把紧固端盖和密封胶圈顺序套在电缆上。

（3）把电缆剥离到合适长度，对各芯线进行预加工（焊接或压接）。

（4）把预加工过的芯线连同其后未剥离的一小段电缆穿过接头主体，并把密封胶圈推入接头主体。

（5）反复调整电缆、接头主体以及密封胶圈的相对位置，使电缆未剥离部分与接头主体的右端齐平。

（6）拧紧紧固端盖。

附录10-8 "地理北"确定方法（铅垂线法）

铅垂线法是常用的一种确定"地理北"的方法。在当地真太阳时正午，观测铅垂线的投影或者风杆的阴影，其方向即为"地理北"。

真太阳时正午的计算方法：

（1）查阅当地的经度（设为 Lo），并把 Lo 的数值换算成以度为单位。

（2）按下式计算以北京时间表示的当地真太阳时正午（设为 T）：

$$T = 12 + (120 - Lo)/15$$

式中，T 的数值以小时为单位，实际使用需换算表达成时、分、秒的形式。

举例：

（1）某地经度 Lo 为 117°7.09′

$$Lo = 117°7.09′ = 117° + (7.09/60)° = 117.118\,2°$$

（2）以北京时间表示的当地真太阳时正午

$$T = 12 + (120 - 117.118\,2)/15 = 12.192\,12\ （时）$$
$$0.192\,12\ 时 × (60\ 分/时) = 11.527\,2\ 分$$
$$0.527\,2\ 分 × (60\ 秒/分) = 31.63\,2\ 秒 ≈ 32\ 秒$$

因此，以北京时间表示的当地真太阳时正午为 12 时 11 分 32 秒。

附录10-9　YZY4-3型温盐传感器

一、用途和特点

YZY4-3型温盐传感器可实时观测海洋的水温和盐度，并可将测量的数据存储或向上位机传送。适用于海上浮标和海洋台站等现场的长期观测。

二、技术指标

- 测量范围和准确度：

  温度：-2 ～ 40℃　　±0.2℃

  盐度：8 ～ 36　　　±0.5

- 电源电压：12 V　DC

  工作电流：≤ 60 mA

- 传感器壳体材料：ABS 和聚甲醛塑料。

- 传感器尺寸和重量：

  尺寸：ϕ 56×330 mm

  重量：1.7 kg（空气中）

- 使用水深：≤ 50m

- 信号输出：RS232 接口

- 数据格式 [[[[SST¦WT=±××.××¦SL=××.××]]]]

  WT——温度数据；SL——盐度数据

- 传输速率：9 600

- 工作方式：上位机向传感器供电后 10 s，传感器向上位机连续传输数据，每秒一组，断电停止传输。

- 信号电缆：五芯水密电缆线

  1 号线——12 V　DC

  2 号线——GND

  3 号线——TXD

  4 号线——RXD

  5 号线——GND

三、传感器外形结构

传感器外形结构简图如附图 10-9-1 所示。

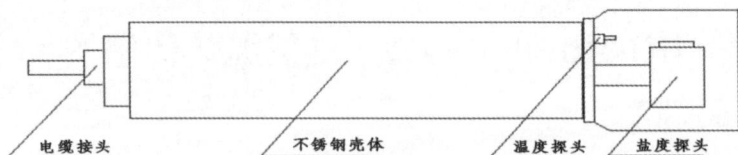

附图10-9-1 传感器外形结构简图

四、工作原理

（一）原理框图

温盐传感器主要由测温敏感元件、电导池、振荡器、标准电阻、多路转换开关、放大器、交直流转换器、A/D 转换和单片机等组成。信号通过电缆输出，如附图 10-9-2 所示。

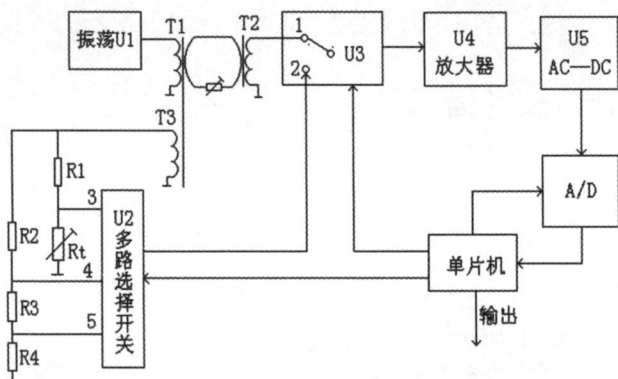

附图10-9-2 自动校准电路的温盐传感器原理框图

（二）基本工作原理

温度传感器采用热敏电阻测温，盐度传感器采用电磁感应式电导池测量电导率。由自动校准电路，随时校正零点和满度的漂移，将测得的温度和电导率，采用国际新盐标公式计算出盐度值。提高了电路工作的稳定性。微机进行自动校准的控制、数据采集、数据处理和传输。

五、使用方法和注意事项

（1）信号电缆勿承受拉力，勿摇摆，以防止断线。

（2）盐度是测量导流管内海水的电阻，海水中的气泡会影响测量精度，安装传感器时应尽量离开海水表面的气泡层。

（3）导流管为玻璃管，切勿碰破，否则会影响测量的准确度。如果导流管破裂，应及时更换，重新标定。

（4）传感器不得随便拆卸，遇有问题须请专业人员修理。密封橡胶件两年更换一次，以保证传感器的水密性能。

（5）传感器在井中安装时，要保持传感器的探头与井壁的距离在 20 cm 以上，以保证测量的准确。

（6）传感器长期使用，须每年复检一次。

附录10-10 使用HMP155数字接口传感器

XZC3-1 数据采集器使用的 HMP45A 温湿度传感器已经停产，目前 VAISALA 公司的替代产品为 HMP155 数字化传感器。从 HMP45A 传感器升级为 HMP155 数字传感器的步骤如下。

（1）首先确认 XZY3-1 数据采集器已经完成软件升级。

（2）将数据采集器主板上的温湿度测量选择短路块从模拟一侧改到 232 一侧。

（3）用国家海洋技术中心提供的专用接线盒按照下图连线。

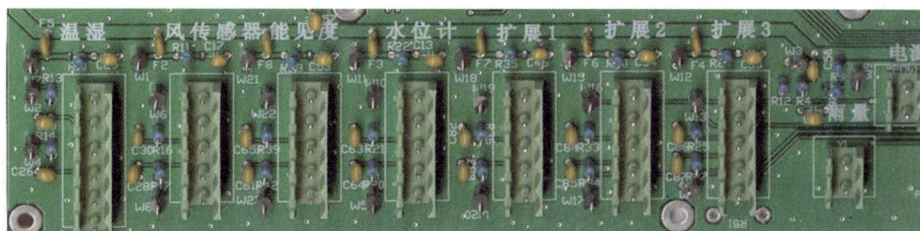

数据采集器接线端子

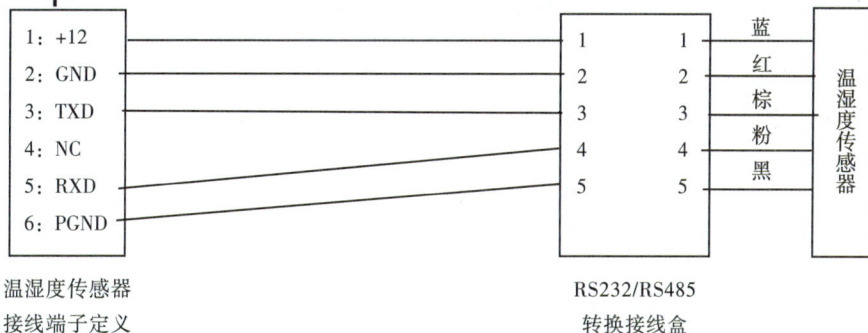

温湿度传感器接线端子定义		RS232/RS485 转换接线盒		温湿度传感器
1：+12	1	1	蓝	
2：GND	2	2	红	
3：TXD	3	3	棕	
4：NC	4	4	粉	
5：RXD	5	5	黑	
6：PGND				

第四部分 数据通信及常见故障分析

朱家尖地波雷达站

目前已建成的海区级观测数据传输体系，从地面、空中、水面等多方位对水文气象等数据进行采集与传输。在整个观测、传输与处理过程中，所采用的信息技术包括通信技术、网络技术、计算机编程技术等。整个传输体系使用了涵盖通信、网络、服务器、PC 计算机、存储等各类硬件设备，以及通过编程技术开发的各类软件系统。

先进的信息技术大量应用在了观测数据的传输与处理中，各种不同的设备、协议，经过各种软件的串联，通过系统集成，组织成了一张高效的传输网络。然而，在日常的业务工作中，飞速发展、日新月异的新技术也给我们的业务工作人员带来了许多新的问题。

- 疑问

工作中我们的业务人员经常会碰到网络传输的许多故障，在排查结果的过程中会存在许多的疑问，例如：

（1）上级单位来电话说数据没收到，我这里怎么找原因？

（2）站里突然断电了，恢复来电后电脑开不起来了，是什么原因？我该怎么办？

（3）电脑开机的时候"嘀 - 嘀 --"地叫，怎么回事？

（4）电脑从这个屋子搬到了那个屋子，开不了机，是怎么回事？

（5）机房柜子的设备灯一直在闪，有什么问题？

（6）技术人员电话里让我协助"PING"一下试试。什么是"PING"？我怎么操作？

（7）软件界面上如何查看数据是否正常？最新的数据是什么时次的？

（8）技术人员让我看看网络是否通，我该如何检查呢？

（9）我们站的数据都是自动化传输，平时看看都没什么大问题，怎么月底统计报告中的传输率、有效率都没达到 100% 呢？

（10）上面来进行保密检查了，我可什么都没干呀，为什么说我的电脑有问题呢？

- 疑惑的名词

什么是光电转换器、交换机、路由器、防火墙、服务器、工控机？

什么是共享文件夹？

什么是局域网、网络映射？

什么是计算机的 CPU、主板、内存、硬盘、显卡？

第十一章　海区观测数据传输网体系简介

第一节　通信方式简介

　　国家海洋局已经在东海区建立了以光纤专线通信为主体，卫星通信、无线通信为辅助的多层次多手段的观测数据传输体系。各种通信方式的特点、适用环境各有侧重。各接收设备形状如下图所示。

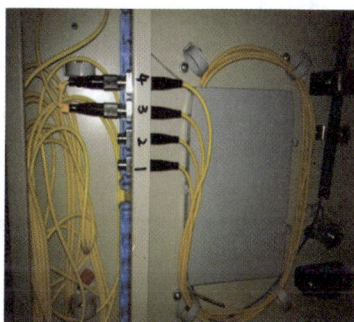

光纤　　　　　　　　无线　　　　　　　　卫星

一、光纤专线

　　光纤通信（Fiber-optic communication）是指一种利用光与光纤（optical fiber）传递资讯的一种方式。光纤介质如下图所示。

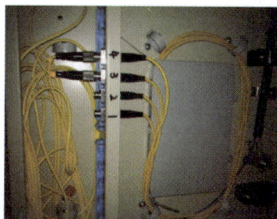

光纤通信属于有线通信的一种。光纤通信具有传输容量大、保密性好等优点。光纤通信已经成为当今最主要的有线通信方式。传统电缆与光纤传输原理如图 11-1 所示。

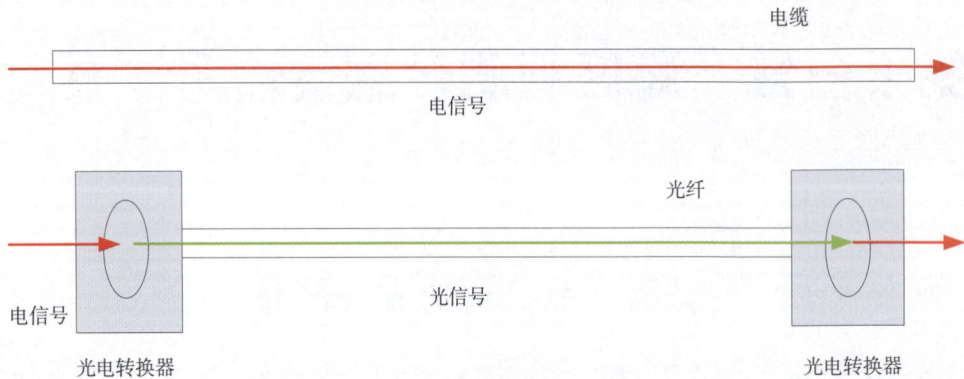

图11-1 传统电缆和光纤传输原理图

光纤通常用于信号高带宽以及长距离的传输,其具有低损耗、高容量,以及不需要太多中继器等优点。具体归纳为:① 容量大;② 衰减小。光纤每千米衰减比目前容量最大的通信同轴电缆每千米衰减要低一个数量级以上;③ 体积小,重量轻;④ 防干扰性能好。

光纤不受强电干扰、电气信号干扰和雷电干扰,抗电磁脉冲能力也很强,保密性好。光纤里面都是玻璃纤维,外面有很多保护,不容易损坏,但是一旦出现损坏,维修并不能像电缆一样能迅速恢复。

实际工作中常见的问题:光电转换器故障和光纤意外中断。故障发生后应首先检查光电转换器是否正常工作,如确认其工作状态正常,则应立即向运营商报修线路故障。光电转换器如右图所示。

二、CDMA通信

CDMA 采用码分多址技术,具有适应性强,几乎不受地理环境限制,扩展性好,设备维护上更容易实现等优点。但是其受数据速率和天气等条件的限制较大,其工作原理如图 11-2 所示。

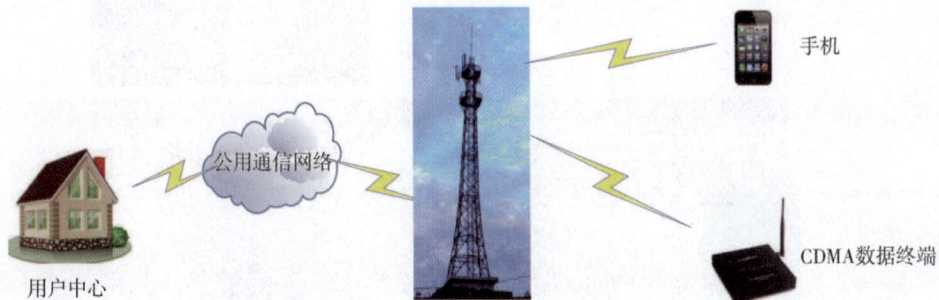

图11-2 CDMA通信原理图

目前常用的设备如下图所示。

实际工作中常见的问题：网络突然无信号或信号很弱，这种现象一般是由于天气或网络覆盖等原因造成的，此情况应与运营商沟通进行网络优化。在站点建设初期，应根据网络覆盖情况选择站点的通信手段。

三、VSAT卫星通信

VSAT(Very Small Aperture Terminal)于 20 世纪 80 年代开始在美国兴起的一种卫星通信技术。VSAT 卫星通信系统由空间和地面两部分组成。卫星通信系统的空间部分就是卫星，一般使用地球静止轨道通信卫星；其地面部分由中枢站、远端站和网络控制单元组成。

VSAT 系统由室外单元和室内单元组成。室外单元即射频设备，包括小口径天线、上下变频器和各种放大器；室内单元即中频及基带设备，包括调制解调器、编译码器等，其具体组成因业务类型不同而略有不同。

四、北斗卫星通信

中国北斗卫星导航系统（BeiDou Navigation Satellite System-'BDS）是我国自行研制的全球卫星定位与通信系统。系统由空间端、地面端和用户端组成，可为各类用户提供高精度、高可靠定位、导航、授时服务，并具有短报文通信能力，且初步具备区域导航、定位和授时能力。

其数据传输流程如图 11-3 所示。

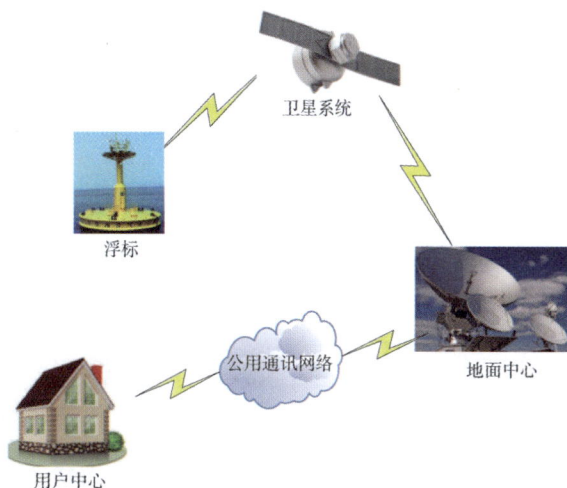

图11-3 北斗卫星通信原理图

五、各类通信方式比较

在实际的传输体系中，不仅要考虑到各种通信手段的传输效率及稳定性，还需要考虑到使用费用的高低、传输的安全性。以上各类通信方式的优缺点比较如表 11-1 所示。

表11-1 各种通信手段比较

序号	方式	传输距离	费用	安全性	日常维护	故障修复	
						收发设备	链路
1	光纤专线	—	较高	较高	方便	较容易	中等
2	CDMA	近	低	中等	方便	容易	中等
3	VSAT	—	高	中等	较方便	中等	较困难
4	北斗	—	较高	较高	较方便	中等	较困难
5	微波	近	低	中等	方便	中等	—

第二节 海区数据传输体系

海洋站观测数据传输按照"观测站—中心站—海区业务中心—国家业务中心"的流程进行传输。远洋志愿船和大型浮标观测数据按照"观测点—海区业务中心（中心站）—国家业务中心"的流程进行传输。海区业务中心作为海区级的网络和数据传输汇总节点，将数据汇集后传输至国家业务中心。其数据传输流程如图 11-4 所示。

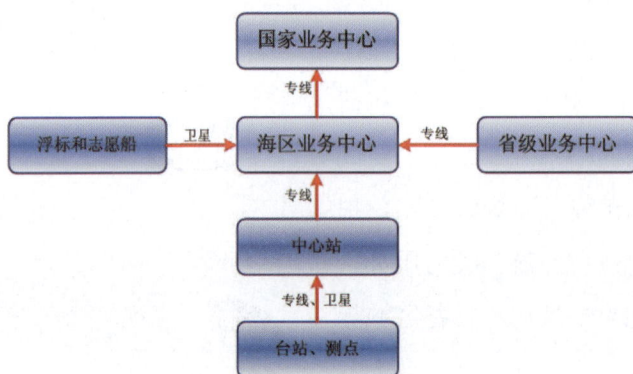

图11-4 海区立体观测传输流程

第三节 传输节点网络结构及硬件设备

整个海区级的观测数据传输网络是由许多的节点组成的。通常我们将地理位置在一栋楼、隶属于某个单位的节点称之为一个"局域网"节点。

局域网的定义：局域网（Local Area Network，LAN）是指在某一区域内由多台计算机互联成的计算机组。

　　某个"局域网"节点一般主要由网络通信设备和计算机、服务器设备两大类硬件设备组成。网络通信设备包括光电转换器、路由器、交换机等；计算机、服务器设备包括服务器、计算机、工控机等。

　　节点内的计算机、服务器接入到交换机，经防火墙、路由器后通过通信设备与外部网络连接。

一、网络通信设备

　　网络通信设备主要由外部链路接入层、安全防护层和内部数据交换层 3 层组成。

（一）外部链路接入层

　　主要设备有光电转换器、路由器。光电转换器用于连接外部线路。路由器与光电转换器连接，用于连接多个不同的网络，进行地址转换，可由一台或多台路由器连接组成。光电转换器和路由器如下图所示。

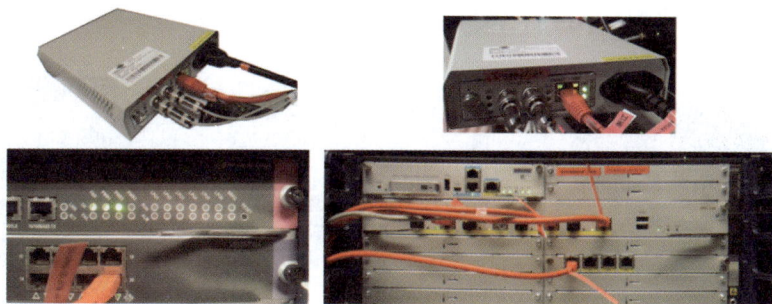

　　目前中心站节点：汇聚路由器对外负责连接其下属观测站，对内负责连接安全防护层；核心路由器负责连接中心站与海区业务中心之间的网络。

（二）安全防护层

　　主要设备为防火墙，用于保护本地局域网内的计算机和服务器，有效防御外部攻击。通常部署在外部链路接入层（路由器）和内部数据交换层（交换机）之间。防火墙设备如下图所示。

　　中心站节点另配有 CDMA-VPDN 设备，作用是对通过 CDMA 传输的数据进行认证。

（三）内部数据交换层

主要设备有交换机，用于连接局域网内的多台设备，实现本地计算机、服务器之间的数据传输。交换机设备如下图所示。

二、计算机、服务器设备

（一）计算机或工控机

至少配有 2 台计算机或工控机。台站节点分别安装数据采集软件、数据传输软件，负责从采集器读取数据、传输数据；中心站节点分别安装数据传输软件和数据监控软件。部分海洋站另配有一台 VSAT 通信计算机，负责 VSAT 通信。计算机和工控机设备如下图所示。

（二）服务器

台站节点配有 1 台服务器，用于存储接收到的数据文件。服务器设备如下图所示。

【复习题】

1. 海区观测数据传输的方式主要有哪些？

2. 离岸的海洋站可采取的通信方式有哪些？

3. 光纤通信中信号的载体是什么？

4. 海洋站观测数据传输是按照什么样的流程进行传输的？

5. 观测数据传输节点内主要由哪两大类设备组成？

6. 网络通信设备由哪 3 层组成？

7. 常见的可用于实现连接外部线路、网络系统安全防护和内部数据交换分别是哪些设备？

8. 台站或中心站节点一般至少配有一台服务器，说明其用途。

9. 一般局域网中的计算机和服务器通过什么设备进行网络连接？

第十二章　日常运维工作与常见故障排查

第一节　计算机、服务器等终端设备常见故障排查

首先，来认识一下计算机和服务器的外形以及内部构造。

计算机外形和内部构造如下图所示。

服务器外形和内部构造如下图所示。

内部零件：CPU、内存、硬盘、显卡、主板分别如下图所示。

各零件在机箱内部的位置如下图所示。

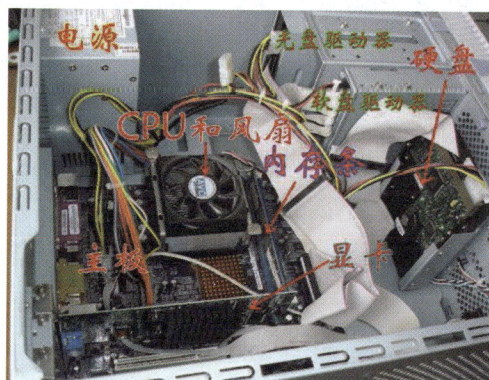

当计算机、服务器发生死机或是无法操作时，可通过检查电源、硬件指示灯、操作系统信息、应用软件进行排查，以下介绍几种常见的故障情况及排查方法。

一、计算机无法启动常见原因与解决办法

（一）内存故障

当计算机出现无法正常开机的状况，其内存出故障的可能性较大。一般情况下只要拔出内存，用橡皮擦轻轻擦拭下再准确安装好就能解决问题。

当内存磨损比较严重，导致无法正常使用，须更换内存条，建议使用相同品牌、型号、频率和大小的内存条，否则可能发生不兼容，导致计算机无法正常启动。

（二）电源故障

当计算机完全无法开机时，首先检查电源插头是否插紧、接线板是否有电。

然后可以检查计算机机箱后背的电源模块，如风扇未转动，或电源指示灯未亮，则是电源故障，应及时更换电源。

（三）机箱内硬件插槽灰尘多

长期未清理机箱内部，灰尘就可能积累在插槽缝隙里，导致硬件与插槽接触不良。通常机箱内部积尘的状况如下图所示。

可以使用机箱专用清理工具，定期清理灰尘，同时将硬件插紧，防止松动，保证计算机处于良好的工作环境。专用清理工具和清理方法如下图所示。

（四）断电造成无法开机

突然断电造成无法开机或无法进入系统的情况，一般通过重装系统解决。严重时可能导致硬盘损坏，此时只能更换硬盘来解决。另外，计算机在开机的状态下尽量不要搬动，否则硬盘容易损坏。

跳闸

线路检修

可能导致硬盘损坏

二、计算机开机时常见报警提示音

- 1短：系统正常启动。
- 1长2短：显示器或显示卡错误。
- 不断地响（长声）：内存条未插紧或损坏。重插内存条，若还是不行，只有更换新的内存条。

  重复短响：检查计算机电源。

三、共享文件夹丢失

共享文件夹的作用：让局域网内的所有电脑都能获取共享文件夹内的资源，在数据传输过程中，许多数据的交换采用此方式。

【设置共享文件夹】步骤如图 12-1 所示。

（1）右键所需共享的文件夹，选择"共享和安全"。

（2）在"共享"选项卡中的"网络共享和安全"勾选"在网络上共享这个文件夹"与"允许网络用户更改我的文件"，并单击"确定"按钮。

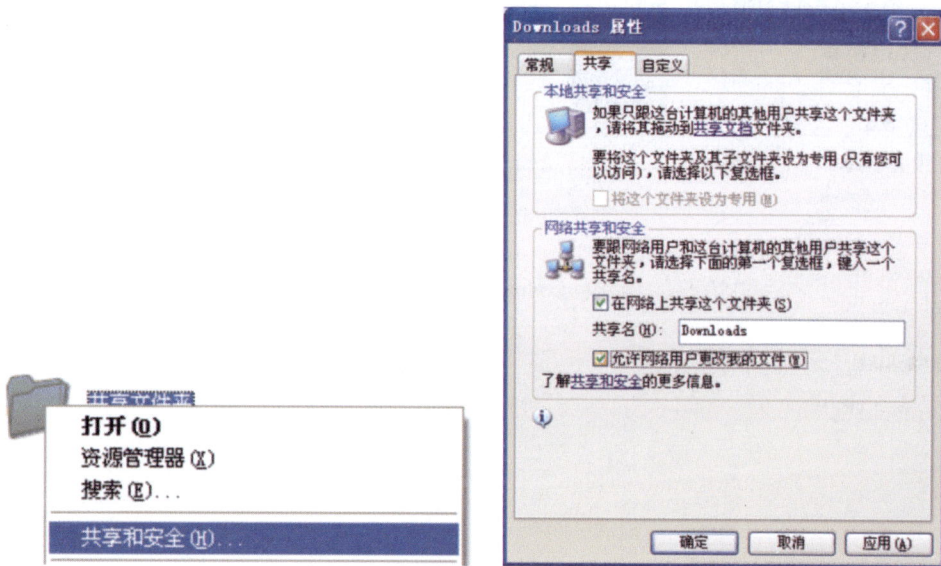

图12-1 设置共享文件夹

设置后的文件夹如图 12-2 所示。

图12-2 文件夹处于共享状态

四、网络映射断开

网络映射的作用：将局域网内部某个共享文件夹映射成一个本地磁盘分区，以便快速访问。数据传输过程中当发现网络驱动器断开时，其状态如图 12-3 所示，双击该驱动器即可重新连接。

图12-3 网络驱动器异常状态

【新建网络映射】步骤如图 12-4 所示。

（1）打开"我的电脑"，单击"工具"，选择"映射网络驱动器"。

（2）点击"驱动器"下拉框，选择盘符。

（3）单击"浏览"按钮，选择所需映射的文件夹，并点击"确定"按钮。

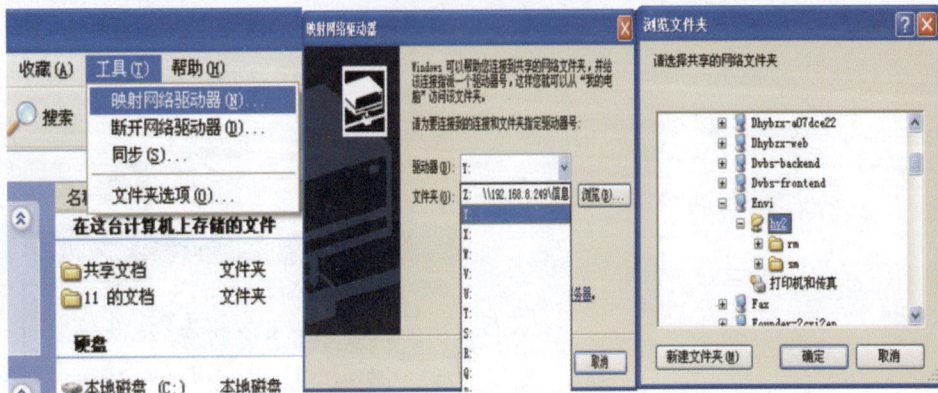

图12-4　建立网络映射

网络映射建立之后的状态如图 12-5 所示。

图12-5　网络驱动器正常状态

五、设备警示灯报警

检查硬件设备警示灯也是排查硬件故障的方法之一。

以服务器为例，正常情况下电源灯亮，告警灯暗，如图 12-6 所示。

电源灯：　告警灯：　（图中红框所在位置）

图12-6　服务器面板

硬件出现异常时有以下几种状态：① 电源灯暗；② 电源灯亮但设备无法启动和运行；③ 告警灯亮或闪烁。

【解决方法】

（1）如电源灯暗，则检查电源连接是否正常，可采取更换电源线、接线板等方式进行排查；如仍无法通电，则说明计算机电源硬件故障需维修。

（2）如电源灯亮但设备无法启动和运行，可首先尝试重启设备看系统是否能正常运行。如仍无法启动，则致电设备客服电话，进行远程协助排查故障。

（3）如告警灯亮或闪烁，则致电设备客服电话，进行远程协助排查故障。当确定硬件故障时，直接报修。

第二节　网络通信设备常见故障排查

一、光纤通信故障排查

（一）硬件检查

传输网内的数据是各节点逐级传输的，各节点局域网硬件设备的物理连接次序基本相同，因此均可采取逐层排查的方式对通信状况进行判断。

第一步：内部本地；

第二步：对外连接；

第三步：逐点排查。

第一步：内部本地 ——检查本台计算机

无论是计算机还是服务器，如数据无法传输，首先考虑网络问题：查看计算机显示屏右下角本地连接是否断开（有红色大叉标记表示断开），如图 12-7 所示为断开状态。

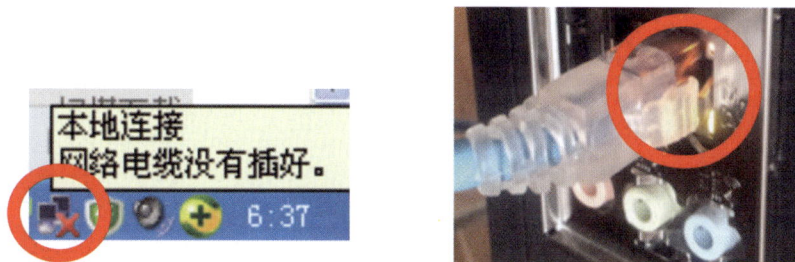

图12-7　本地连接断开示意图

如显示断开：检查网线是否插紧、状态指示灯是否亮，若网线插紧后指示灯仍不亮，则更换网线后再检查。

第二步：对外连接 ——检查电信光纤转换器

检查电信光纤转换器状态指示灯，若指示灯"LOS"亮红灯如图 12-8 所示，则表示外部网络中断，直接向运营商报修。

图12-8　光纤设备告警灯

第三步：逐点排查——检查交换机和路由器

检查交换机状态指示灯，若有"alarm"亮红灯如图 12-9 所示，则表示交换机故障。

图12-9　交换机信号灯

检查路由器工作状态指示灯，若"alarm"亮红灯如图 12-10 所示，则表示路由器故障。

图12-10　路由器指示灯（LINK/ACT）

（二）利用"PING"命令检查

若计算机、网络设备均显示连接正常，但数据仍无法传输，则需对外部网络连接进行检查。现以某海洋站为例，在计算机或服务器上使用PING命令，检查与各级设备连接是否畅通，如图 12-11 所示。

【检查方法】调用 PING 命令步骤：

（1）点击屏幕左下角"开始"菜单，选择"运行"。

（2）输入"cmd"，点击"确定"按钮。

（3）输入"PING"+空格+ip 地址"+回车键。

正常现象：

单台计算机依次 PING 本地交换机地址（即网关）、本地防火墙、本地路由器、上级节点路由器地址均显示"Reply"，则表示连接成功，如图 12-11 中红框所示。

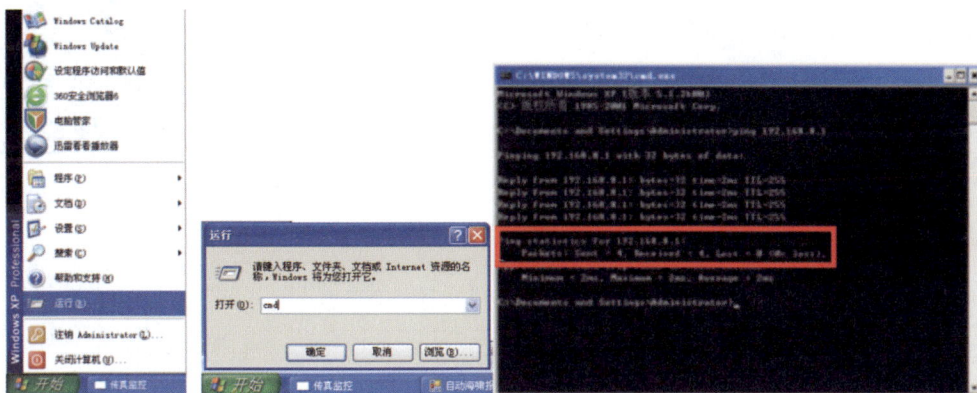

图12-11 "PING"操作流程

异常现象：

单台计算机依次 PING 本地交换机地址（即网关）、上级节点路由器地址。当 PING 其中某个地址时显示"Request timed out"，表示此地址无法连接，如图 12-12 所示。

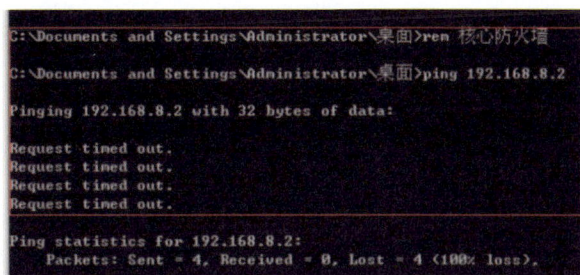

图12-12 网络链接异常情况示意图

【解决方法】

（1）如 PING 至本地交换机地址（即网关）不通，此时可换一台同一局域网内计算机进行 PING 操作，如果仍 PING 不通，则可能是交换机发生故障；如 PING 连接正常，则第一台计算机发生通信故障。

（2）如计算机与交换机连接正常，则逐级 PING 上级节点，当 PING 其中某个设备地址时显示"Request timed out"，则说明此设备发生通信故障。

（3）通过上述逐级判断后，如确认是设备故障则联系设备供应商进行维修，如线路故障则向运营商（电信、移动等）报修。

二、无线通信（CDMA）故障排查

部分海洋站处在海岛或者偏远地区，光纤无法铺设，一般采用
CDMA 通信实现数据传输，其发送设备如图 12-13 所示。

如果无线通信传输中断，可能的原因及解决办法如下。

（1）CDMA 通信设备网线连接故障。解决办法：重新连接
CDMA 设备与计算机之间网线，并通过断电重启设备。

（2）因天气或其他原因导致信号不畅。解决办法：将 CDMA
通信设备放置空旷区域，并重启设备。

图12-13　CDMA通信设备

（3）当发现多台 CDMA 设备传输同时发生无法传输数据时，可能是无线认证设备故障。解决办法：联系所属中心站进行排查，此外还需留意是否由于资费原因导致停机。

第三节　日常值班检查工作与常见故障处理

日常值班检查包括计算机系统时钟校准检查、数据传输软件检查、海洋台站数据、雷达数据等的检查。

一、时钟校准检查

拨打 12117，根据中国电信的电话报时，与计算机系统时间进行比较，电话报时每 10 s
报时 1 次。若相差超过 30 s，则需对计算机系统时钟进行校准。建议每周检查一次。

二、数据传输软件检查

通过检查数据传输软件"海洋环境观测数据通信与管理"，来判断传输是否正常。检查"海洋站数据"、"离岸数据"和"雷达站数据"中的"事件"，如无红色"失败"字样且每隔一段时间均有文件传输记录产生，则表示该软件运行正常。

正常情况：文件传输状态记录为蓝绿色，且有"文件传输成功"字样，则表示该软件运行正常，如图 12-14 所示。

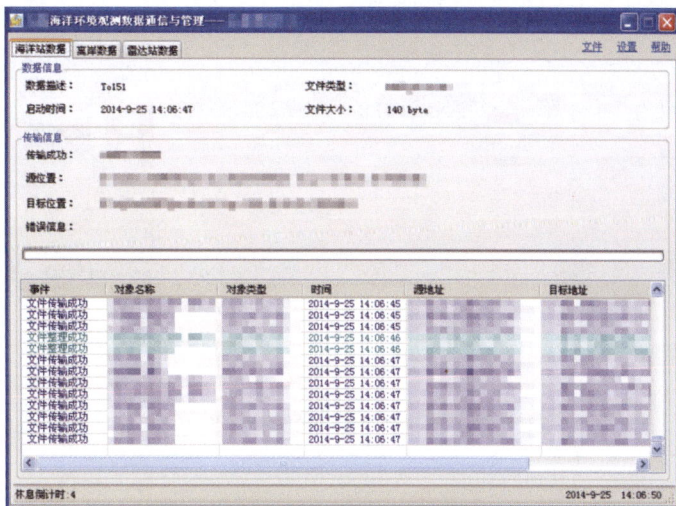

图12-14　数据传输正常

异常情况：文件传输状态记录为多次出现红色，则表示有文件传输异常，如图 12-15 所示。

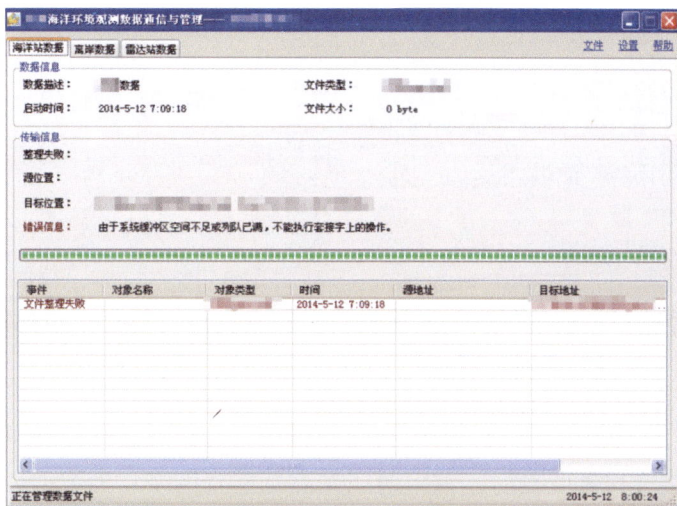

图12-15　数据传输异常

【解决方法】

（1）检查网络是否畅通。

（2）如出现"非法的 Win32 位应用程序"错误，则用正常的程序覆盖出问题的程序文件。

三、海洋台站数据

台站、中心站如果要检查观测数据是否已经传输到上级，可以通过打开上级文件服务器的 URL 链接进行检查，中心站 WEB 界面如图 12-16 所示。

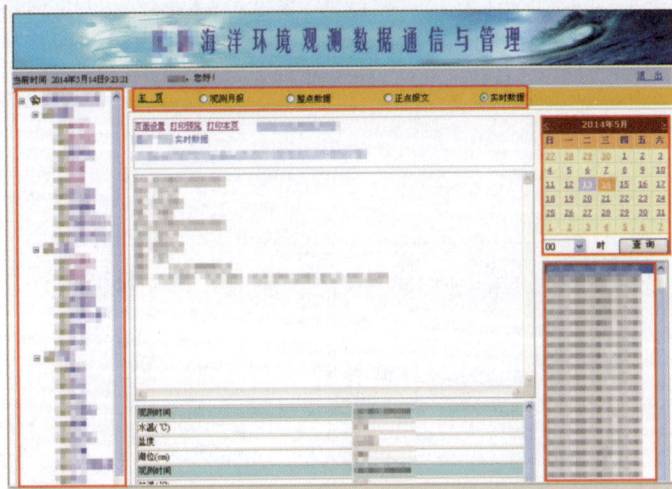

图12-16 海洋环境观测通信与管理界面

登录系统之后，先在左边选择需要查看的站点，再依次选择想查看的数据类型、时间，点击"查询"按钮，会在右侧的框中出现对应的文件，双击某一具体文件之后在主界面会出现文件中的数据。

四、地波雷达数据

目前，观测中常用中程地波雷达。

（一）Z站-S站地波雷达站

【检查方法】通过"中心站雷达数据接收"，检查文件时间和记录的最新时间。

正常情况：文件时间与当前时间相差小于30 min（图12-17）。

异常情况：文件时间与当前时间相差大于30 min，或文件无法入库（图12-18）。

【解决方法】当文件未收到时，致电所属站点并检查网络。当数据无法入库时，重新启动该接收程序。

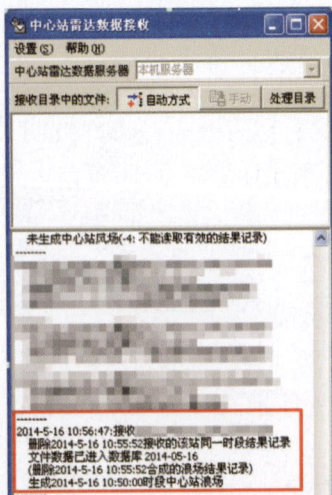

图12-17 地波雷达数据接收正常

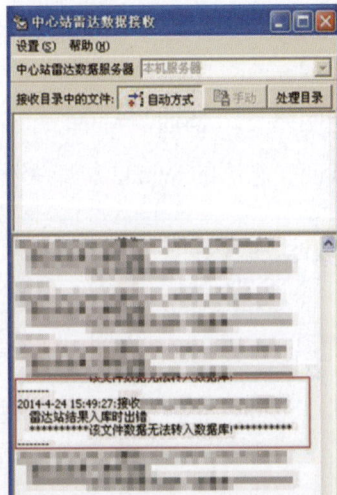

图12-18 地波雷达数据接收异常

（二）S站-D站、L站-Y站

【检查方法】 通过中心站处理软件程序检查地波雷达接收情况。

正常情况：雷达数据正常合成，且雷达数据合成的最新时间与系统时间相差小于 30 min。

异常情况：无合成数据生成。

【解决方法】 确认哪个站点数据未到。打开数据接收目录，分别检查相应站目录下的最新数据的，如某站点的最新数据与合成数据一致，则此站点出现问题，若可以确定网络通信正常，应立即致电该站。

五、X波段雷达数据

（一）台站检查方法

1. 检查雷达数据分割软件WaveX-Split运行是否正常

其软件运行状态如图 12-19 所示。

正常情况：在软件运行状态框内，如果时间与当前时间相差不超过 40 min，且第一菜单显示为"停止"字样。

异常情况：

（1）软件报错

【解决方法】 将错误信息截图保存；关闭错误信息，重启软件。如果错误依旧，致电东海预报中心信息室。

（2）软件打开，但是数据处理并未运行，此时第一菜单显示为"开始"字样

【解决方法】 鼠标单击"开始"菜单。

图12-19 显示雷达数据分割软件WaveX-Split界面

2. 检查数据传输是否正常

X 波段雷达数据利用"海洋环境观测数据通信与管理"软件进行传输，其软件运行状态如图 12-20 所示。

正常情况：切换到"雷达站数据"选项卡，若对应雷达文件在传输界面显示"文件整理成功"、"文件传输成功"等非红色字样。

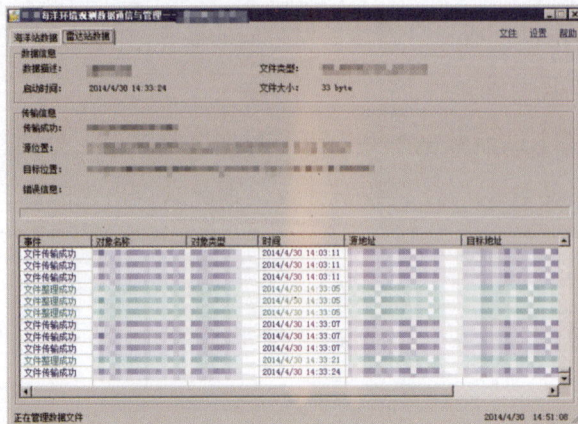

图12-20　X波段雷达数据接收

异常情况：有红色字样显示文件传输失败。

【解决方法】检查网络映射磁盘是否存在或连接是否已断开（图12-21）。

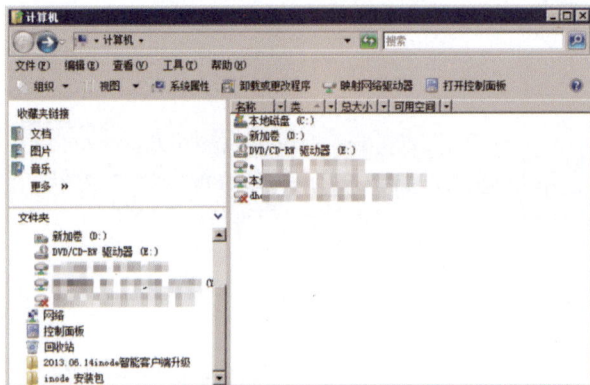

图12-21　网络映射

（二）中心站检查方法

直接打开文件服务器，进入各X波段雷达子目录，查看最新雷达数据文件是否到达（图12-22）。

正常情况：当前数据与系统时间相差小于30 min。

异常情况：当前数据与系统时间相差大于30 min。

【解决方法】在确认数据文件未到的情况下致电该站点，并检查网络。

图12-22　X波雷达数据接收

六、GPS数据

GPS软件有数据采集程序、数据上传程序、数据接收程序和存储程序，日常检查如下。

（1）数据采集程序，安装在海洋站，功能是从GPS设备获取GPS数据。现有两个版本。新版本具有补发数据的功能，而旧版本没有。

GPS数据采集程序正常情况：① 老版本中界面有最新的文件名；② 新版本中界面上最新时间后显示绿色。其他情况为不正常，如图12-23所示。

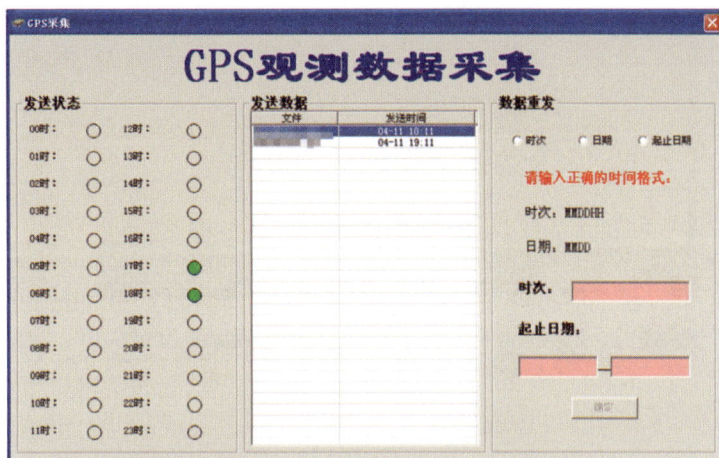

图12-23　数据采集程序

（2）数据上传程序，各节点均需安装，如图12-24所示。

正常情况：文件名与采集程序获取的最新文件一致。

异常情况：如果文件大小一直在变大，文件名一直不变，说明该文件有问题，需退出传输程序，删除待传文件；如果文件大小一直在变大变小，但文件名一直不变，说明上级节点出问题，请联系上级节点。

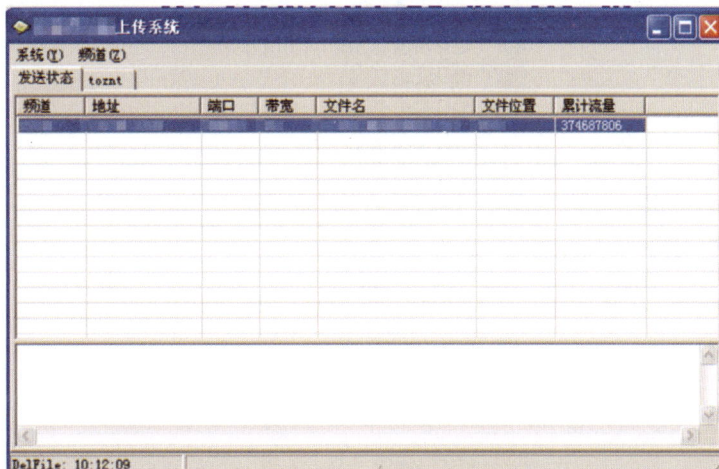

图12-24　数据上传程序

（3）数据接收程序，如图 12-25 所示。正常情况下，在电脑托盘（默认屏幕右下角）内，有一卫星天线图标。在接收数据期间，该图标变为彩色闪烁。

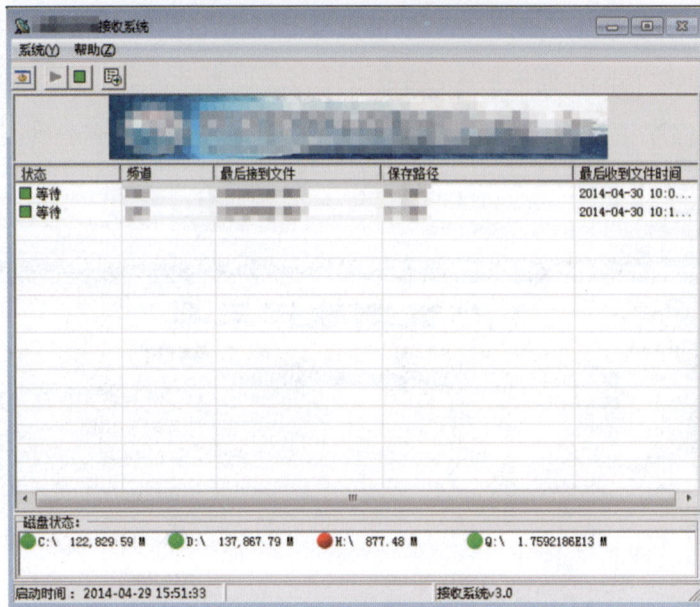

图12-25　数据接收程序

（4）存储程序，安装在中心站，如图 12-26 所示。

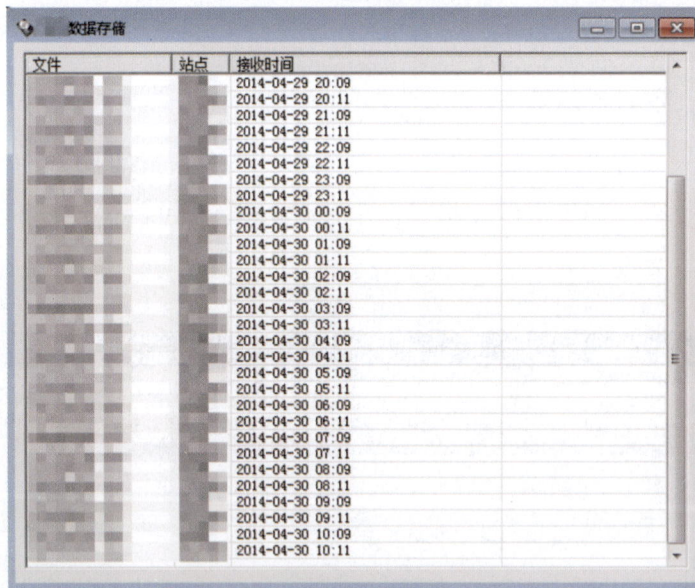

图12-26　存储程序

第四节 日常维护建议

一、硬件设备

需定期检查设备指示灯状态、线路连接状态、设备温度、设备声音，以此及时发现故障，防患于未然；定期对服务器、磁盘存储的运行状态进行巡检（例如CPU、内存、磁盘使用率等）（图12-27、图12-28）；对硬件设备定期进行巡检，由专业机构提供巡检、维保服务以及日常技术支持。

图12-27 磁盘使用率查看界面

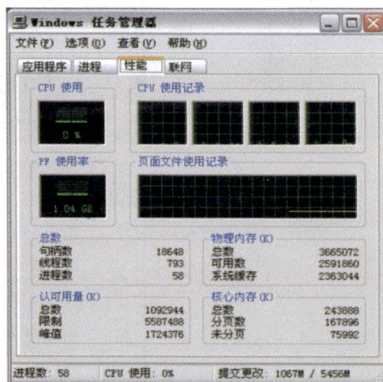

图12-28 CPU使用率查看界面

二、网络配置

网络配置的内容须定期备份保存；当数据链路发生变更的时候，及时整理链路清单，便于线路故障修复时快速查询信息。

三、计算机远程

当中心站、海洋站需要协助进行远程调试的时候，应先开启远程协助功能。

【远程开启方法】如图12-29所示。

（1）右键"我的电脑"。

（2）单击"属性"选项卡。

（3）在系统属性对话框中，选择"远程"选项卡，在"远程协助"与"远程桌面"的勾选框中打勾，并点击"确定"按钮。

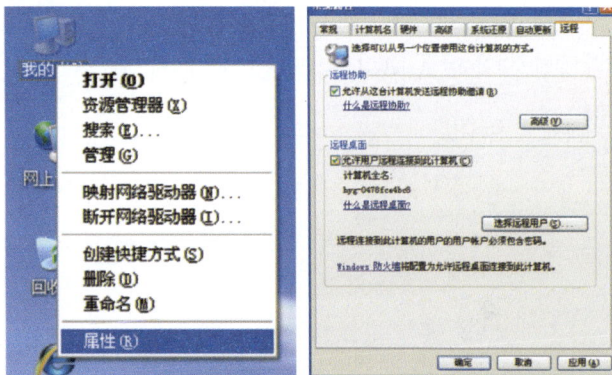

图12-29 开启远程桌面

若开启远程桌面后,依旧无法远程,可有两种方法解决：① 关闭 windows 防火墙；② 将"远程桌面"功能加入例外。

（1）关闭 windows 防火墙方法，如图 12-30 所示。

① 点击"开始"菜单，选择"设置"，单击"控制面板"。

② 单击"安全中心"。

③ 单击"windows 防火墙"。

④ 点选"关闭（不推荐）"，并点击"确定"按钮。

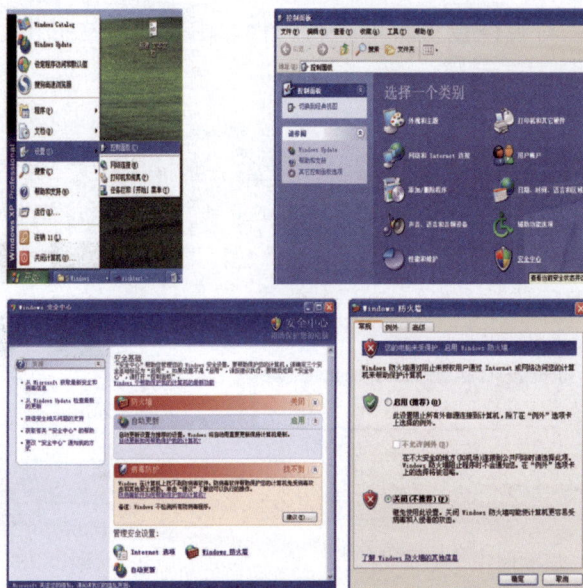

图12-30 关闭防火墙

（2）将"远程桌面"功能加入例外，如图 12-31 所示。

① 点击"开始"菜单，选择"设置"，单击"控制面板"。

② 单击"安全中心"。

③ 单击"windows 防火墙"。

④ 选择"例外"选项卡。

⑤ 在"远程协助"与"远程桌面"前打勾，并点击"确定"按钮。

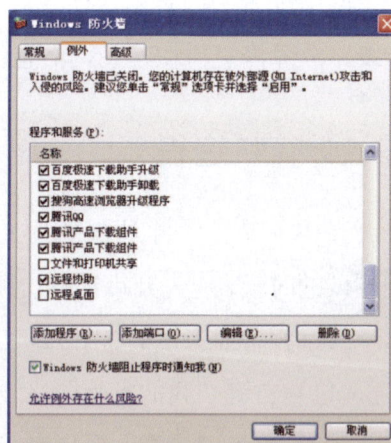

图12-31 "远程桌面"功能加入例外

【复习题】

1. 计算机无法启动的常见原因有哪些?

2. 当计算机内存出现故障,有哪些解决方法?

3. 计算机开机时常见的报警提示音有哪些?

4. 共享文件夹的作用是什么?

5. 发现网络映射断开时,该如何操作?

6. 简述新建网络映射的步骤。

7. 计算机或服务器的电源灯不亮或告警灯闪烁,该如何排查?

8. 若计算机显示屏右下角本地连接有红色大叉标记,表示什么?

9. 检查电信光纤转换器状态指示灯,若指示灯"LOS"亮红灯,表示出现什么情况,可采取什么措施?

10. 无线通信传输中断的原因可能有哪些?

11. 简述通过"PING"命令检查网络的步骤。

12. 进行"PING"命令检查网络的时候出现"Request timed out"和"Reply from"分别代表什么意思?

13. 当路由器出现故障的时候,使用局域网中的某台计算机"PING"交换机地址,是否会显示网络断开?

14. 当计算机系统时间与电信电话报时相差超过多少秒时,需进行计算机时钟校准?

15. 通过"海洋环境观测数据通信与管理"软件可以查询什么资料?

16. 日常维护中,需定期对硬件设备做什么检查?

第十三章　数据传输质量统计分析与解析

第一节　数据传输频次与报文形式

一、观测数据类型

各观测手段观测的数据包括水文气象（风、浪等）各类要素，各有所不同。

（1）海洋站观测数据

分钟数据（1 次 / min）。

整点数据（1 次 / h）。

正点报文（1 次 / 6 h）。

延时月报（1 次 / 月）。

（2）大型锚系浮标数据

1 次 / h（加密时 1 次 / 30 min）。

（3）志愿船数据

远洋志愿船（1 次 / 6 h）。

近岸志愿船（1 次 / min）。

（4）地波雷达数据

OSMAR-041：（1 次 / 10 min）。

OSMARS：（1 次 / 20 min）。

（5）X 波段雷达数据

1 次 / 30 min 或 1 次 / 1 h。

（6）GPS 数据数据

1 次 / 1 h。

二、观测数据报文形式

（1）海洋站（测）点数据报文形式

分钟级数据报文：txt 文件，每分钟一个文件，文件包含该测站所有观测要素信息。

整点数据报文：txt 文件，除波浪外，每个要素每天一个文件，下一个时次生成的文件上传后覆盖上一个时次上传的文件，波浪为每个小时一个文件，文件记录对应要素的整点观测值。

正点数据报文：txt 文件，每 6 h 一个文件，文件包含该测站所有观测要素前 6 h 内每小时的观测信息。

延时月报：txt 文件，为延时数据，根据不同的观测要素，每月生成不同的月报文件，经审核后，处理入库。

（2）大型锚系浮标数据报文形式

xml 文件，每个小时一个文件，文件中包含所有该测站所有观测要素信息。

（3）志愿船数据报文形式

远洋志愿船：txt 文件，每 6 h 一个文件，文件包含该船所有观测要素前 6 h 内每小时的观测信息。

近岸志愿船：xml 文件，每分钟一个文件，文件名中包含时间信息，文件包含该测站所有观测要素信息。

（4）地波雷达数据报文形式

OSMAR-041：二进制文件，每 10 min 一个文件。

OSMAR：txt 文件，每 20 min 一个文件。

（5）X 波段雷达数据报文形式

txt 文件，每 30 min 或 1 h 一个文件。

（6）GPS 数据报文形式

非格式化文件，1 次 / 1 h。

第二节 数据传输质量统计方式方法

一、应收文件

根据不同的数据类型，计算每月应收的文件个数总量（其统计方法见表 13-1）。

二、实收文件

计算每月实际收到的文件总个数。

表13-1 应收文件统计方法

序号	分类	数据类型	统计方法	个数/月（以30天计）
1	海洋站	分钟级	1个/分钟×24小时×60分钟×30天	43 200个
2		整点	某一要素：1个/天×30天	30个
3		正点	4个/天×30天	120个
4	浮标	整点（1个/小时）	1个/小时×24小时×30天	720个
5		半整点（1个/0.5小时）	1个/0.5小时×24小时×30天	1 440个
6	远洋志愿船	整点	4个/天×30天	120个
7	近海志愿船	分钟级	1个/分钟×24小时×60分钟×30天	43 200个
8	地波雷达	OSMAR041	6个/小时×24小时×30天	4 320个
9		OSMAR	3个/小时×24小时×30天	2 160个
10	X测波雷达	半整点	1个/0.5小时×24小时×30天	1 440个
11	GPS数据	整点	1个/小时×24小时×30天	720个

三、有效文件

根据不同观测数据的编报规范，解析该数据文件，只要有效数据个数大于等于1个，该文件即视为有效。

四、接收率

接收率＝实收文件／应收文件 ×100%

五、有效率

有效率＝有效文件／实收文件 ×100%

六、错误数据类型

目前判断错误数据类型主要分为以下4类。

（1）文件名及后缀错误。

（2）文件格式错误。

（3）数据内容为空。

（4）站代号错误。

第三节　数据传输质量报告解读

一、质量报告编制目的

掌握海区观测数据每月传输情况，为观测预报管理工作提供决策依据。

二、质量报告统计内容

（一）统计对象

海洋站（分钟、整点、正点、月报）、浮标（浅海大型锚系、ARGO）、志愿船（远洋、近岸）、地波雷达、X波段测波雷达、GPS。

（二）统计内容

1. 实时资料统计分析

（1）海洋站：分钟数据、整点数据和正点报文的接收率和有效率，正点报文要素（风、浪、潮位、水温、气温、气压、能见度）接收率。

（2）浮标：浅海大型锚系浮标接收率和有效率，ARGO浮标的接收率。

（3）志愿船：近海志愿船、远洋志愿船的接收率和有效率。

（4）地波雷达：单站、合成文件的接收率。

（5）X波段测波雷达：整点数据的接收率和有效率。

（6）GPS数据：整点数据的接收率。

2. 海洋观测设备仪器及通信状态

在质量报告中，对数据传输中断情况进行总结和记录。

3. 数据传输质量问题及建议

在质量报告中，对设备故障时间较长，数据长时间缺失、有误的情况进行记录，并分析提出解决意见。

【复习题】

1. 分钟级数据、整点数据、正点数据的要素有哪些?

2. GPS 数据的频次是多长时间?

3. X 波段雷达主要采集的是什么要素?

4. 整点报文中单个要素一天产生几个文件?

5. 目前的统计方法中,文件中有效数据个数大于等于几个,则该文件视为有效?

6. 目前,报文发送过程中常见的错误数据类型有哪几类?

7. 月度质量报告的统计对象有哪些?

第十四章　信息安全

第一节　相关法律法规

2012 年下发的《国家海洋局保密工作手册》中，汇总了各类保密法律法规、国家保密规定和国家海洋局保密规章制度。以下摘录部分内容。

- 涉及国家秘密的计算机信息系统，不得直接或间接地与国际互联网或其他公共信息网络相联接，必须实行物理隔离。
- 上网信息的保密管理坚持谁上网谁负责的原则。
- 按照"谁主管谁负责、谁运行谁负责"的原则，各部门在其职责范围内，负责本单位计算机信息系统的安全和保密管理。
- 加强计算机及网络安全保密知识教育，加强保密形势教育，使涉密人员懂得用涉密计算机上互联网的严重危害性，提高信息安全保密意识，自觉遵守保密纪律和有关保密规定。

第二节　业务工作中的操作规范

一、网络连接规范

根据规定的要求，数据传输专网应与互联网在内的其他一切网络实行严格的物理隔离，各类设备严格分类、登记和标识，并加强软硬件安全措施。

二、移动介质使用规范

观测数据传输网内计算机一律不得使用 U 盘、移动硬盘，统一采用光盘作为移动数据载体。

三、网络接入审批与登记

设备的网络接入必须按照网络等级规定执行，严格采取审批制度，网络变更时须采取更换硬盘、安全检查等措施。网段的计算机进行端口迁移，须填写登记表格。

四、数据借阅审批与登记

观测数据借阅必须进行审批与登记，建立数据借阅管理规定。海洋基础观测数据、基础地理数据、项目或课题要求安全等级比较高的数据或资料等，严禁存放在接入互联网的计算机上。

内部或外部借阅数据时，严格按照审批流程进行，并明确各环节责任人，填写审批登记表。

五、明确责任制

要按照"谁主管、谁负责"、"谁使用、谁负责"的原则，落实好安全工作责任制，保密工作责任落实到人，明确第一责任人。

六、安全培训与监管

不定期地对单位的工作人员进行全面的保密安全培训，加强其信息安全保密意识，在日常工作中严格按照相关制度实行监督管理，尤其针对相关工作人员的上岗、在岗、离岗各个环节都要实行严格的监管与登记。

【复习题】

1. 移动存储介质的使用过程中有哪些注意事项?

2. 数据传输网络连接过程中有哪些注意事项?

3. 安全工作的原则是什么?